"十三五"普通高等教育规划教材

数字系统设计实验指导教程

SHUZI XITONG SHEJI SHIYAN ZHIDAO JIAOCHENG

主　编　杨建华
副主编　王　鹏　赵建华
编　写　马　超　于小宁　冯　蓉
主　审　刘盼芝

中国电力出版社
CHINA ELECTRIC POWER PRESS

内 容 提 要

本书为“十三五”普通高等教育规划教材。

本书是与数字系统设计课程配套的实验课教材。主要内容包括：概述、QuartusⅡ9.0 开发软件简介、QuartusⅡ9.0 工程设计入门、数字系统设计基础实验、数字系统设计提高实验、数字系统设计综合设计实验、数字系统设计课程设计实验、GW48 EDA/SOPC 实验开发系统概要说明。附录包含实验常见问题及解答和部分实验参考程序。

本书可以作为本科、高职高专类高等院校的电子工程、通信工程等相关专业的 EDA 实验指导教材，也可作为从事电子产品开发等领域的工程技术人员的参考书。

图书在版编目（CIP）数据

数字系统设计实验指导教程/杨建华主编. —北京：中国电力出版社，2017.8

“十三五”普通高等教育规划教材

ISBN 978-7-5198-1097-9

Ⅰ. ①数… Ⅱ. ①杨… Ⅲ. ①数字系统－系统设计－实验－高等学校－教材 Ⅳ. ①TP271-33

中国版本图书馆 CIP 数据核字（2017）第 218273 号

出版发行：中国电力出版社

地　　址：北京市东城区北京站西街 19 号（邮政编码 100005）

网　　址：http://www.cepp.sgcc.com.cn

责任编辑：张　旻（010-63412536）

责任校对：郝军燕

装帧设计：赵姗姗

责任印制：吴　迪

印　　刷：三河市百盛印装有限公司

版　　次：2017 年 8 月第一版

印　　次：2017 年 8 月北京第一次印刷

开　　本：787 毫米×1092 毫米　16 开本

印　　张：15.5

字　　数：373 千字

定　　价：35.00 元

前　言

“数字系统设计”为一门电类专业基础课，与许多后续专业课有紧密的联系，通过该课程的学习将为后续课程学习打下良好的基础。随着大规模可编程逻辑器件FPGA/CPLD和EDA技术的快速发展以及广泛应用，对“数字系统设计”课程的教学也提出了更高的要求。同时，“数字系统设计”又是一门实践性很强的课程，实验环节有着重要和不可替代的作用，全国很多高等院校都设置了基于FPGA或者CPLD的数字系统设计实验课程。学生通过“数字系统设计实验”可以达到下列目标：进一步熟悉数字系统设计的基本理论，培养其利用软件开发硬件的基本技能，提高其分析问题和解决问题的能力以及工程实践能力；熟练掌握Quartus Ⅱ软件的设计应用方法、测试方法和综合优化技术；掌握常用的FPGA和CPLD器件的设计方法。

针对电子信息类培养模式的新需求和教学改革发展的要求，为了方便老师的实验教学，也便于同学们高质量完成实验课程，帮助同学们进一步巩固理论书本知识，提高分析问题和解决实际问题的能力，结合理论教材和实验仪器设备，编写了本书。

本书共8章：

第1章　概述。介绍了EDA技术，硬件描述语言，FPGA和CPLD以及其主要厂商和开发工具；简要介绍了ModelSim仿真软件以及通过例子展示了其使用方法，数字系统设计的主要流程等。

第2章　QuartusⅡ9.0开发软件简介。介绍了QuartusⅡ9.0的优点、设计流程、支持工具、安装步骤以及详细的开发平台介绍。

第3章　QuartusⅡ9.0工程设计入门。通过具体实验案例介绍了基于原理图、VHDL、状态机、LPM、混合模式等几种常见的设计输入方式。

第4章　数字系统设计基础实验。设计了11个基础实验案例。

第5章　数字系统设计提高实验。在基础实验的基础上，设计了9个提高型实验。

第6章　数字系统设计综合设计实验。综合前面的基础实验和提高型实验，设计了17个具有一定工程背景的综合设计型实验。对部分有一定设计难度的实验提供了实验源代码及波形仿真图。

第7章　数字系统设计课程设计实验。设计了9个具有较强工程背景的较复杂数字系统实验题目。要求学生能够根据要求分析题目，做出设计方案，进行系统设计和调试。培养学生独立思考问题的能力，充分调动学生的创造性思维。对部分有一定设计难度的实验提供了实验源代码及波形仿真图。

第8章　GW48 EDA/SOPC实验开发系统概要说明。详细介绍了GW48 EDA/SOPC实验开发系统。

附录A为实验常见问题及解答，总结了学生实验中经常遇到的软件和硬件相关问题及其解决办法；附录B给出了部分实验参考程序。

本书的编写得到了西安工业大学国家级电工电子实验教学示范中心的大力支持，在此表示衷心的感谢。本书得到西安工业大学校级重点教学改革项目“依托国家级实验教学示范中心，构建电子综合设计开放实验平台的探索与实践”（17JGZ04）的支持。

限于编者水平，书中不妥之处，恳请广大读者指正。

编　者

2017 年 7 月

目 录

第 1 章 概 述

1.1 EDA 技术概述

电子设计自动化（Electronic Design Automation，EDA）是以计算机为工作平台，以 EDA 软件为开发环境，以大规模可编程逻辑器件为设计载体实现既定的电子电路设计功能的一种技术。EDA 技术使得电子电路设计者的工作仅限于利用硬件描述语言和 EDA 软件平台来完成对系统硬件功能的实现，可极大地提高设计效率，减少设计周期，节省设计成本。EDA 是在 20 世纪 90 年代初从计算机辅助设计（CAD）、计算机辅助制造（CAM）、计算机辅助测试（CAT）和计算机辅助工程（CAE）的概念发展而来的。一般把 EDA 技术的发展分为 CAD、CAE 和 EDA 三个阶段。世界各 EDA 公司致力于推出兼容各种硬件实现方案和支持标准硬件描述语言的 EDA 工具软件，有效地将 EDA 技术推向成熟。今天，EDA 技术已经成为电子设计的重要工具，无论是设计芯片还是设计系统，如果没有 EDA 工具的支持都将是难以完成的。EDA 工具已经成为现代电路设计师的重要武器，正在起着越来越重要的作用。

利用 EDA 技术进行数字系统设计具有以下几个特点：

（1）全自动化。用软件方式设计的系统到硬件系统的转换，是由开发软件自动完成的。

（2）开发效率更高。设计中的错误和内容更新只需要修改相关代码，重新进行综合适配下载等操作即可完成。不需要改动硬件电路。

（3）开放性和标准化。现代 EDA 工具普遍采用标准化和开放性框架结构，任何一个 EDA 系统只要建立了一个符合标准的开放式框架结构，就可以接纳其他厂商的 EDA 工具一起进行设计工作。这样可以实现各种 EDA 工具间的优化组合，并集成在一个易于管理的统一环境之下，实现资源共享，有效提高设计效率，有利于大规模、有组织的设计开发工作。

（4）操作智能化。可以使设计人员不必深入学习许多的专业知识，还可以免除许多推导运算即可获得优化的设计结果。

（5）成果规范化。采用硬件描述语言可以支持从数字系统到门级的多层次的硬件描述。

（6）更完备的库。EDA 要具有强大的设计能力和更高的设计效率，必须配有丰富的库，比如元器件图形符号库、元器件模型库、工艺参数库、标准单元库、可复用的电路模块库、IP 库等。在电路设计的各个阶段，EDA 系统需要不同层次、不同种类的元器件模型库的支持。

1.2 硬件描述语言简介

硬件描述语言 HDL 是 EDA 技术中的重要组成部分，常用的硬件描述语言有 AHDL、VHDL 和 Verilog HDL，而 VHDL 和 Verilog HDL 是当前最流行的硬件描述语言。VHDL 是超高速集成电路硬件描述语言（Very-High-Speed Integrated Circuit Hardware Description Language）的英文缩写。VHDL 作为 IEEE 标准的硬件描述语言和 EDA 的重要组成部分，经过十几年的发展、应用和完善，以其强大的系统描述能力、规范的程序设计结构、灵活的语言表达风格和多层次的仿真测试手段，在电子设计领域得到了普遍的认同和广泛的接受，成为现代 EDA 领域的首选硬件设计语言。专家认为，在 21 世纪中，VHDL 与 Verilog 语言将承担起几乎全部的数字系统设计任务。VHDL 的特点如下：

（1）VHDL 具有强大的功能，覆盖面广，描述能力强。

（2）VHDL 具有良好的可读性。

（3）VHDL 具有良好的可移植性。

（4）使用 VHDL 可以延长设计的生命周期。

（5）VHDL 支持对大规模设计的分解和已有设计的再利用。

（6）VHDL 有利于保护知识产权。

Verilog HDL 也是目前应用最为广泛的硬件描述语言，并被 IEEE 采纳为 IEEE 1064 1995（即 Verilog 1995）标准，并于 2001 年和 2005 年分别升级为 Verilog 2001 和 SysemVerilog 2005 标准。Verilog HDL 可以用来进行各种层次的逻辑设计，也可以进行数字系统的逻辑综合、仿真验证和时序分析。Verilog HDL 适合算法级（Algorithm）、寄存器传输级（RTL）、逻辑级（Logic）、门级（Gate）和版图级（Layout）等各个层次的电路设计和描述。采用 Verilog HDL 进行电路设计的最大优点是其与工艺无关性，这使得设计者在进行电路设计时可以不必过多考虑工艺实现的具体细节，只需要根据系统设计的要求施加不同的约束条件，即可设计出实际电路。实际上，利用计算机的强大功能，在 EDA 工具的支持下，把逻辑验证与具体工艺库相匹配，将布线及延迟计算分成不同的阶段来实现，从而减少了设计者的繁重劳动。

Verilog HDL 和 VHDL 都是用于电路设计的硬件描述语言，并且都已成为 IEEE 标准。Verilog HDL 具有与 VHDL 类似的特点，稍有不同的是 Verilog HDL 早在 1983 年就已经推出，至今已有 30 多年的应用历史，因而 Verilog HDL 拥有广泛的设计群体，其设计资源比 VHDL 丰富。另外 Verilog HDL 是在 C 语言的基础上演化而来的，因此只要具有 C 语言的编程基础，就很容易学会并掌握这种语言。

1.3 FPGA/CPLD 概 述

1.3.1 FPGA/CPLD 简介

PLD 的全称是 Programmable Logic Device（可编程逻辑器件），它是一种数字集成电路的半成品，在其芯片上按照一定的排列方式集成了大量的门和触发器等基本逻辑单元，用户可以利用某种开发工具对其进行加工即按照实际要求将这些片内的元件连接起来（此过程称为编程），使之完成一定的逻辑功能，从而成为一个可在实际电子系统中使用的专用集成电路。目前应用最广泛的 PLD 主要是 FPGA 和 CPLD。1985 年 Xilinx 公司首家推出了现场可编程逻辑器件（FPGA），它是一种新型的高密度 PLD，采用 CMOS-SRAM 工艺制作。其结构和阵列型 PLD 不同，它的内部由许多独立的可编程逻辑模块组成，逻辑模块之间可以灵活地相互连接，具有密度高、编程速度快、设计灵活和可再配置设计能力等许多优点。FPGA 出现以后立即受到世界范围内广大电子工程师的普遍欢迎，并得到迅速发展。20 世纪 80 年代末，在 Lattice 公司提出在系统可编程技术后，相继出现一系列具备在系统可编程能力的复杂可编程逻辑器件（CPLD）。CPLD 是在 EPLD 的基础上发展起来的，它采用 EECMOS 工艺制作，增加了内部连线，改进了内部体系结构，因其性能更好，设计更加灵活，其发展也非常迅速。

同以往的PAL、GAL等相比较，FPGA和CPLD的规模较大，可以代替几十甚至几千块通用IC芯片。在外围电路不动的情况下用不同程序就可以实现不同的电路功能。CPLD和FPGA在结构和应用上具有以下特点：

（1）结构。FPGA由逻辑功能块排列为阵列，并由可编程的内部连线连接这些功能块来实现一定的逻辑功能。CPLD由可编程与或门阵列以及宏单元构成。

（2）集成度。FPGA比CPLD的集成度更高，同时也具有更复杂的布线结构和逻辑实现。

（3）适合结构。CPLD组合逻辑功能很强，FPGA更适合设计复杂的时序逻辑。

（4）功耗。CPLD比FPGA的功耗大，集成密度越高越明显。

（5）速度。由于FPGA是门级编程，且逻辑块之间采用分布式互连；而CPLD是逻辑级编程，且逻辑块互连是集总式的。因此CPLD比FPGA有较高的速度和较大的时间可预测性。

（6）编程方式。目前，CPLD主要是基于EEPROM或者FLASH存储器编程，编程次数达1万次，其优点是系统断电后编程信息不丢失。CPLD又分为在编程器编程和在系统编程两种，在系统编程器件的优点是：不需要编程器，可先将器件装焊于印制板，再经过编程电缆进行编程，编程、调试和维护很方便。FPGA大部分是基于SRAM编程，其缺点是编程数据信息在系统断电后丢失，每次上电时，需从器件的外部存储器或者计算机中将编程信息数据写到SRAM中；其优点是可进行任意次数的编程，并在工作中快速编程，实现板级和系统级的动态配置，因此可称为在线重配置器件。

（7）使用方便性。在使用方便性上，CPLD比FPGA好，CPLD的编程工艺采用EEPROM或者FLASH技术，无需外部存储器芯片，使用简单，保密性好。基于SRAM编程的FPGA，其编程信息需存放在外部存储器上，需外部存储芯片，使用方法相对复杂，保密性差。

1.3.2 FPGA/CPLD主要厂商及开发工具

目前世界上有十几家生产FPGA/CPLD的公司，最大的三家是Altera公司、Xilinx公司、Lattice公司。

常用的FPGA/CPLD开发工具一般有集成开发工具和专业开发工具两种类型。

1. 集成开发工具

此类型的开发工具是芯片制造商为配合自己的FPGA/CPLD芯片而推出的一种集成开发环境，基本上能完成其FPGA/CPLD开发的所有工作，包括设计输入、仿真、综合、布线、下载等。此类开发工具应用在其公司的FPGA/CPLD芯片上，能提高设计效率，优化设计结果，充分利用芯片资源。其缺点是综合能力较差，不支持其他器件厂商出品的器件。由Altera公司、Xilinx公司、Lattice公司开发的集成开发工具有：

（1）Altera公司：MAX+plusⅡ、QuartusⅡ。

（2）Xilinx公司：Foundition、ISE。

（3）Lattice公司：ispLEVER。

2. 专业开发工具

此类型的开发工具能进行更为复杂和更高效率的设计，一般有专业的设计输入工具、专业的逻辑综合器、专业的仿真器等。

（1）专业的设计输入工具：Mentor公司的HDL Designer Series，通用编辑器UltraEdit，Innovada公司的Visual HDL。

（2）专业的逻辑综合器：Synplicity公司的Synplify和Synplify Pro，Synopsys公司的

FPGA Express、FPGA Complier 等。

（3）专业的仿真器：Mentor 子公司的 Modelsim，Cadance 公司的 NC-Verilog/NC-VHDL 等。

1.4 ModelSim 概 述

1.4.1 ModelSim 简介

ModelSim 仿真工具是 ModelTech 公司开发的，是业界最优秀的 HDL 语言仿真器。它支持 Verilog、VHDL 以及它们的混合仿真，是进行 FPGA/CPLD 设计的 RTL 级和门级电路仿真的首选。它可以将整个程序分步执行，使设计者直接看到它的程序下一步要执行的语句，而且在程序执行的任何步骤、任何时刻都可以查看任意变量的当前值，可以在 Dataflow 窗口查看某一单元或模块的输入输出的连续变化等，比 Quartus II 自带的仿真器功能强大得多，是目前业界最通用的仿真器之一。

ModelSim 分几种不同的版本：SE、PE 和 OEM，其中集成在 Actel、Atmel、Altera、Xilinx 以及 Lattice 等 FPGA 厂商设计工具中的均是其 OEM 版本。比如为 Altera 提供的 OEM 版本是 ModelSim-Altera，为 Xilinx 提供的版本是 ModelSim XE.SE。SE 版本为最高级别的版本，在功能和性能方面比 OEM 版本强很多。ModelSim 专业版具有快速的仿真性能和最先进的调试能力，全面支持 Unix、Linux 和 Windows 平台。

ModelSim 的主要特点是：

（1）RTL 级和门级优化，本地编译结构，编译仿真速度快。

（2）单内核 VHDL 和 Verilog 混合仿真。

（3）集成了性能分析、波形比较、代码覆盖等功能。

（4）C 和 Tcl/tk 接口，C 调试。

ModelSim 的功能更偏重于编译、仿真，不能指定编译的器件，不具有编程下载能力。在时序仿真时无法编辑输入波形，不像 MAX+Plus II 和 Quartus II 那样可以自行设置输入波形、仿真后自行产生输出波形，而需要在源文件中就确定输入，如编写测试程序来完成初始化、模块输入的工作，或者通过外部宏文件提供激励，这样才能看到仿真模块的时序波形图。

1.4.2 ModelSim 仿真的目的与分类

1. 仿真的目的

仿真的目的是在软件环境下，验证电路的行为和设想中的是否一致。

2. 仿真的分类

（1）功能仿真：是对源代码进行编译，检验在语法上是否正确，发现错误，并且提供出错的原因，设计者可以根据提示进行修改。编译通过后，仿真器再根据输入信号产生输出，根据输出可以判断功能是否正确。如果不正确，则需要反复修改代码，直到语法和功能都达到要求。功能仿真只验证在功能上是否正确（称为前仿真），在时序上不做验证。在做功能仿真时还需要注意，信号通过某个网络时是存在延迟的，而在功能仿真时不会体现出来，输入信号的改变会立即在输出端反映出来。所以必须牢记功能仿真和时序仿真是有区别的，这一点十分重要。

（2）时序仿真：又称为后仿真，是在电路已经映射到特定的工艺环境后，将电路的路径延迟和门延迟考虑进对电路行为的影响后，来比较电路行为是否还能够在一定条件下满足设计构想。

1.4.3 VHDL仿真流程

设计描述的VHDL程序输入后，可以对其进行仿真验证。仿真时需要为该VHDL设计实体输入激励程序，即测试平台文件（Test Bench），图1.1描述了VHDL的一般仿真过程。

首先仿真器读入VHDL文件和相应的测试平台文件，进行编译处理。由于VHDL项目文件还需要调用相应的库文件，因此仿真器还需要访问VHDL库资源。然后仿真器就可以通过测试平台的激励信号产生驱动信号源，并根据项目设计的综合或布局布线的输出，实现功能或时序仿真，输出仿真波形或者数据。功能仿真是在布局布线前的仿真操作，主要验证VHDL设计的功能是否满足设计要求；时序仿真是在布局布线后的仿真操作，主要是对信号的时序进行分析验证。

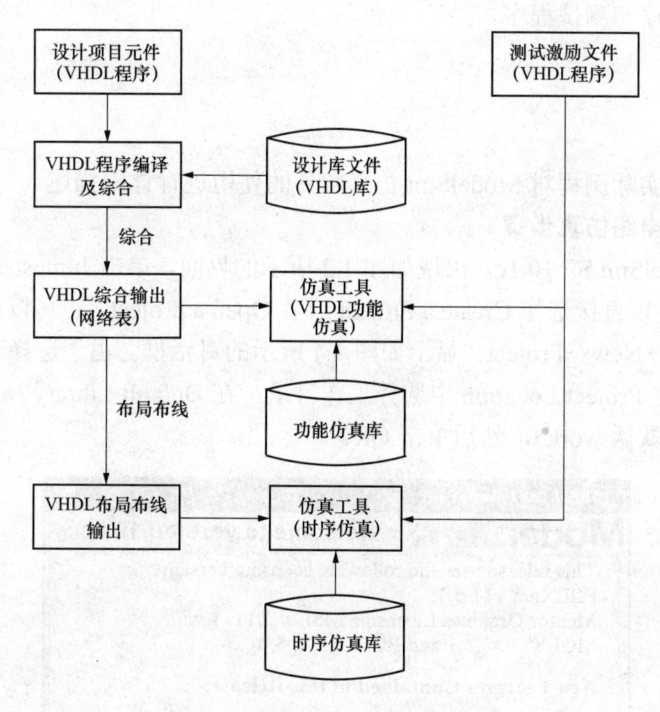

图1.1 VHDL的一般仿真过程

1.4.4 使用ModelSim的VHDL仿真

ModelSim可以对VHDL描述的设计实体进行功能功能仿真和时序仿真，但是时序仿真需要FPGA厂商专业设计工具，如QuartusⅡ综合之后的网表文件.vo才能进行。ModelSim仿真操作过程有两种方法：一是通过QuartusⅡ调用ModelSim，QuartusⅡ在编译之后自动把仿真需要的.vo文件及仿真库加到ModelSim中，操作简单；二是在ModelSim中建立仿真项目，手动加入QuartusⅡ编译生成的网表文件和仿真库。ModelSim常用命令见表1.1。

表1.1 ModelSim常用命令

命令	解释
vsim work.实体名	启动仿真
forc clk 0 0,1 10 -r 20	设置仿真时钟为50MHz（时间单位为ns）

续表

命　令	解　释
view wave	打开波形窗口
add wave －hex *	添加信号到波形中。其中*表示添加设计中的所有信号，-hex 表示以十六进制来表示波形传口中的信号值
run 3μs	开始仿真（run 2000 则表示运行 2000 个单位时间的仿真）
quit -sim	退出仿真，退出命令

基本的仿真步骤如下：

（1）建立工程。

（2）编写主程序和测试程序。

（3）编译。

（4）仿真。

（5）观察波形。

下面结合两个实际例程对 ModelSim 仿真软件的使用进行详细描述。

1.4.5　十分频电路仿真步骤

（1）启动 ModelSim SE 10.1c，出现如图 1.2 所示的界面，单击 Jumpstart 按钮，出现如图 1.3 所示的选项，可以直接选择 Create a Project 或者 Open a project，也可以选择进行关闭，通过点击菜单栏 File→New→Project，显示如图 1.4 所示的对话框。由于选择十分频的实验，所以命名为 div10，在 Project Location 中选择工作目录，在 Default Library Name 中填写设计所需编译到的库名（默认 work），然后单击 OK。

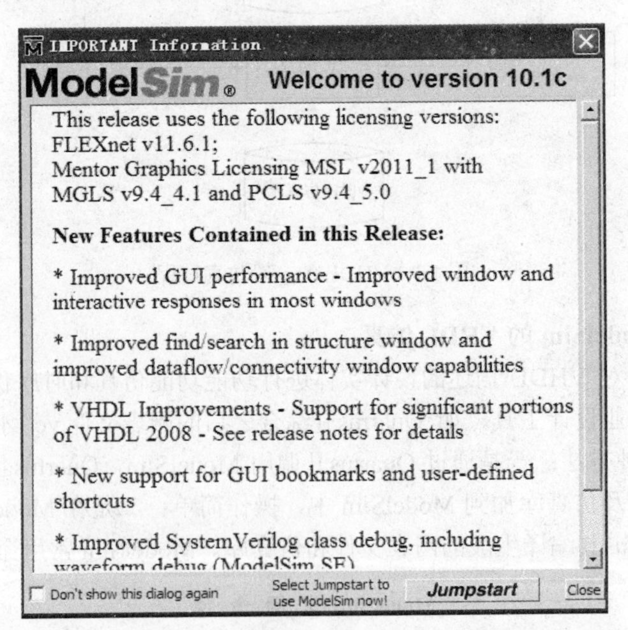

图 1.2　启动 1

这里说明一下，一般在建立工程（project）前，先建立一个工作库（library），将这个 library 命名为 work。尤其是第一次运行 ModelSim 时，是没有这个“work”的。但 project 一般都是在这个 work 下面工作的，所以有必要先建立这个 work。如果在 library 中有 work，就不必执行上一步骤了，直接新建工程。

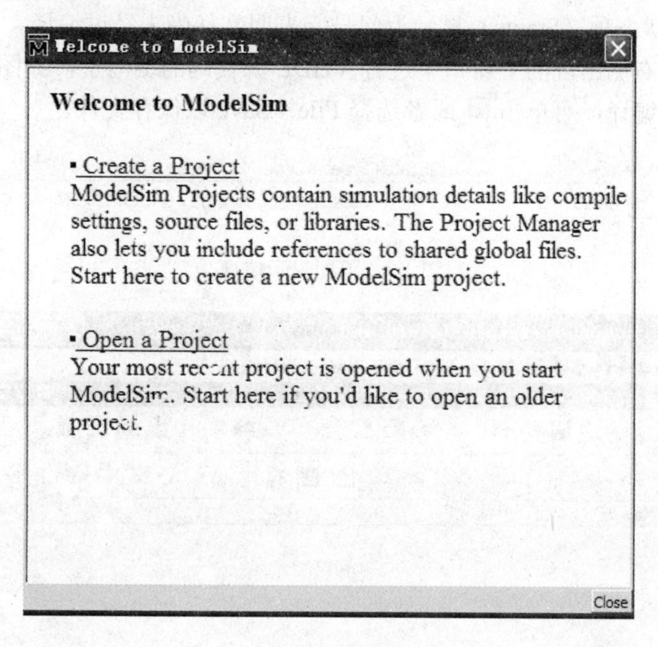

图 1.3　启动 2

（2）出现如图 1.5 所示的窗口，单击不同的图标为工程添加所需要的项目，这里单击 Create New File 来创建源程序的文件。

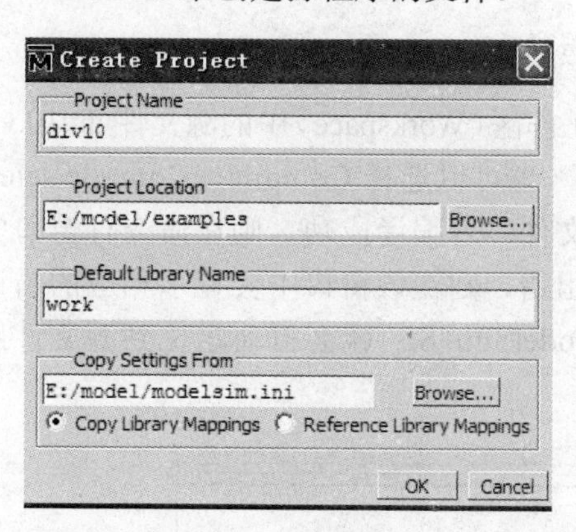

图 1.4　Create a Project

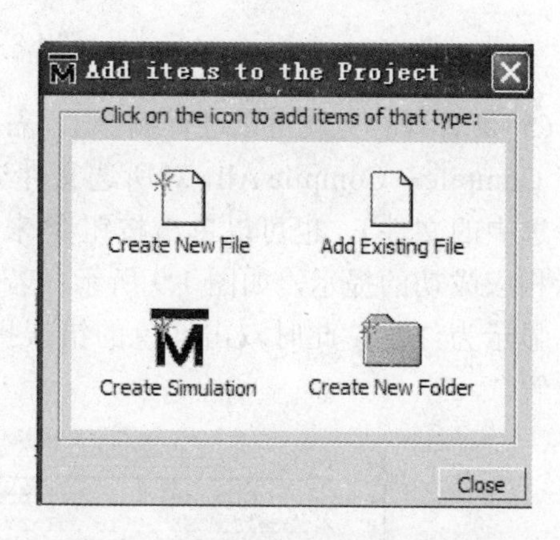

图 1.5　Add items to the Project 窗口

（3）在出现如图 1.6 所示的 Create Project File 对话框之后，在 File Name 中输入需要的文件名（如 div10，该文件名可与工程名不同），在 Add file as type 中选择文件类型为 VHDL，在 Folder 中选择文件存放路径，一般为所建工程所在路径，即默认 Top Level，单击 OK 按钮。然后在 Add items to the Project 窗口（见图

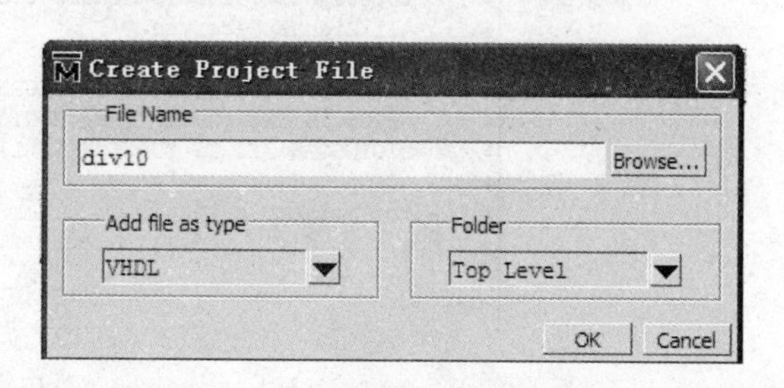

图 1.6　Create Project File 对话框

1.5）中单击 Close 按钮关闭该窗口。

（4）文件建立后，在左侧的工作区（Workspace）中就会出现该文件的相关信息，如图 1.7 所示。其中的状态项（Status）显示为问号，表明文件尚未经过编译。此时双击工作区中的文件，就可以在右侧出现的主窗口中进行 VHDL 源代码的编写了，如图 1.8 所示。编写完成后务必先保存再编译，可单击 或者选择 File→Save 以保存文件。

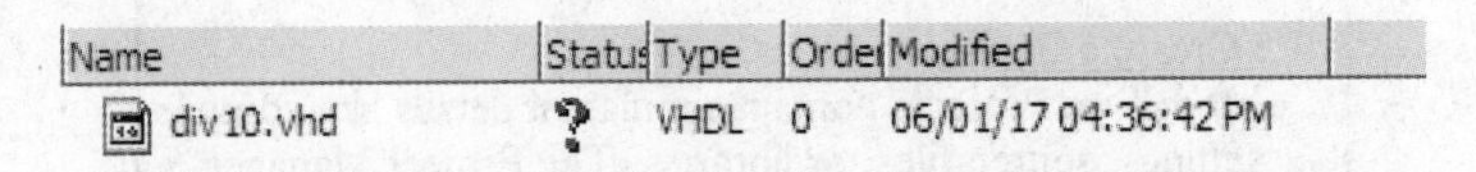

图 1.7　界面提示信息

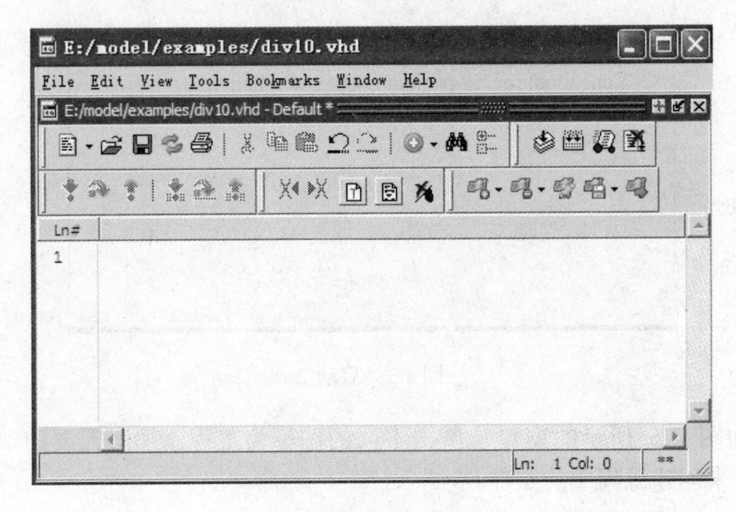

图 1.8　代码编写窗口

（5）文件保存完就可以进行编译了。右键单击工作区（Workspace）中的源文件 div10.vhdl，选择 Compile→Compile All，对所选文件进行编译（也可以选择 Compile→Compile selected 编译选中的文件），也可以单击按钮 来编译源文件。若编译成功，则在命令行窗口中会显示相应成功的提示，如图 1.9 所示；若是程序出错，则在该窗口中会显示相应的错误提示，显示为红色，此时双击红色的错误提示，ModelSim SE 就会自动定位到源文件出错的位置。

```
Transcript
# Reading E:/model/tcl/vsim/pref.tcl
# //  ModelSim SE 10.1c Jul 27 2012
# //
# //  Copyright 1991-2012 Mentor Graphics Corporation
# //  All Rights Reserved.
# //
# //  THIS WORK CONTAINS TRADE SECRET AND PROPRIETARY INFORMATION
# //  WHICH IS THE PROPERTY OF MENTOR GRAPHICS CORPORATION OR ITS
# //  LICENSORS AND IS SUBJECT TO LICENSE TERMS.
# //
# Loading project div10
# Compile of div10.vhd was successful.

ModelSim>
```

图 1.9　提示编译成功

（6）编译成功后就可以进行功能仿真了，可开始写测试程序（testbench），每一个主程序都要配套编写一个测试程序。testbench 可给主程序提供时钟和信号激励，使其正常工作，产生波形图。采用 testbench 方式对 VHDL 源文件进行仿真，在原来的工程中，右键单击工作区中的源文件（div10.vhdl），接着选择 Add to Project→New File 在工程中添加测试文件，其操作如图 1.10 所示。完成之后会出现如图 1.11 所示的 Create Project File 对话框（测试文件名为 div10_tb）。这样就把 div10_tb. vhdl 加载到 project 中了，双击 div10_tb. vhdl 在右边的程序编辑区中编写代码。

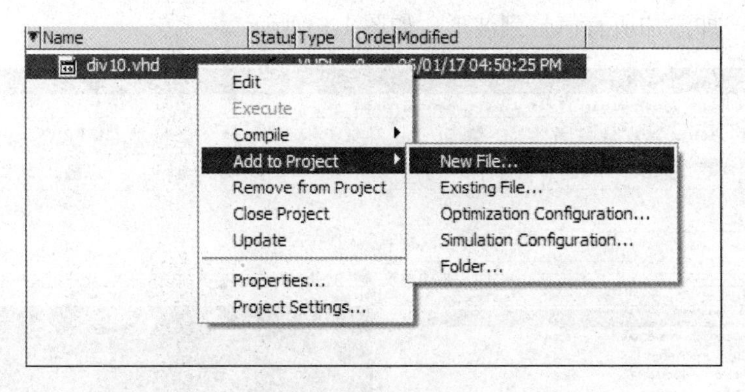

图 1.10　添加测试文件

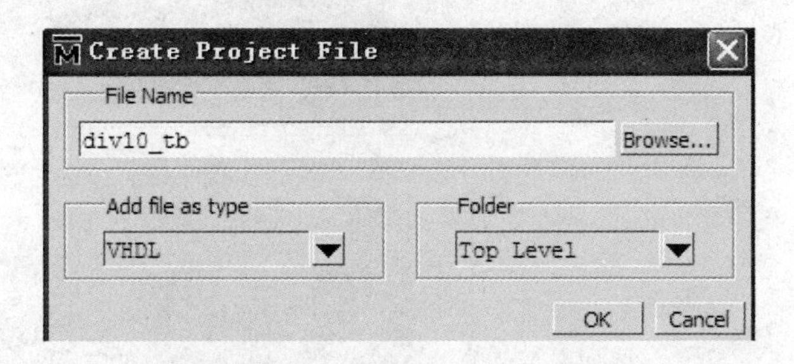

图 1.11　Create Project File 对话框

（7）编写完成后，按照步骤（5）的方法进行编译。编译成功后会出现如图 1.12 所示的成功提示，若有错误则改正之。

```
Transcript
# //  ModelSim SE 10.1c Jul 27 2012
# //
# //  Copyright 1991-2012 Mentor Graphics Corporation
# //  All Rights Reserved.
# //
# //  THIS WORK CONTAINS TRADE SECRET AND PROPRIETARY INFORMATION
# //  WHICH IS THE PROPERTY OF MENTOR GRAPHICS CORPORATION OR ITS
# //  LICENSORS AND IS SUBJECT TO LICENSE TERMS.
# //
# Loading project div10
# Compile of div10.vhd was successful.
# Compile of div10_tb.vhd was successful.

ModelSim>
```

图 1.12　提示编译成功

（8）右键单击工作区（Workspace）中的源文件（任意一个即可），选择 Compile→Compile All，对所选文件再进行一次全部编译。成功之后，就可以进行仿真了。

（9）在命令行窗口的命令符“>”后输入命令“vsim work.div10_tb”并回车，即对生成的 testbench 进行仿真。

（10）在命令行窗口的命令符“>”后输入命令“view wave”并回车，即可打开波形显示窗口。

（11）在命令行窗口的命令符“>”后输入命令“add wave -hex *”并回车（注意 hex 与*之间有个空格），即添加所有信号到波形，如图 1.13 所示。

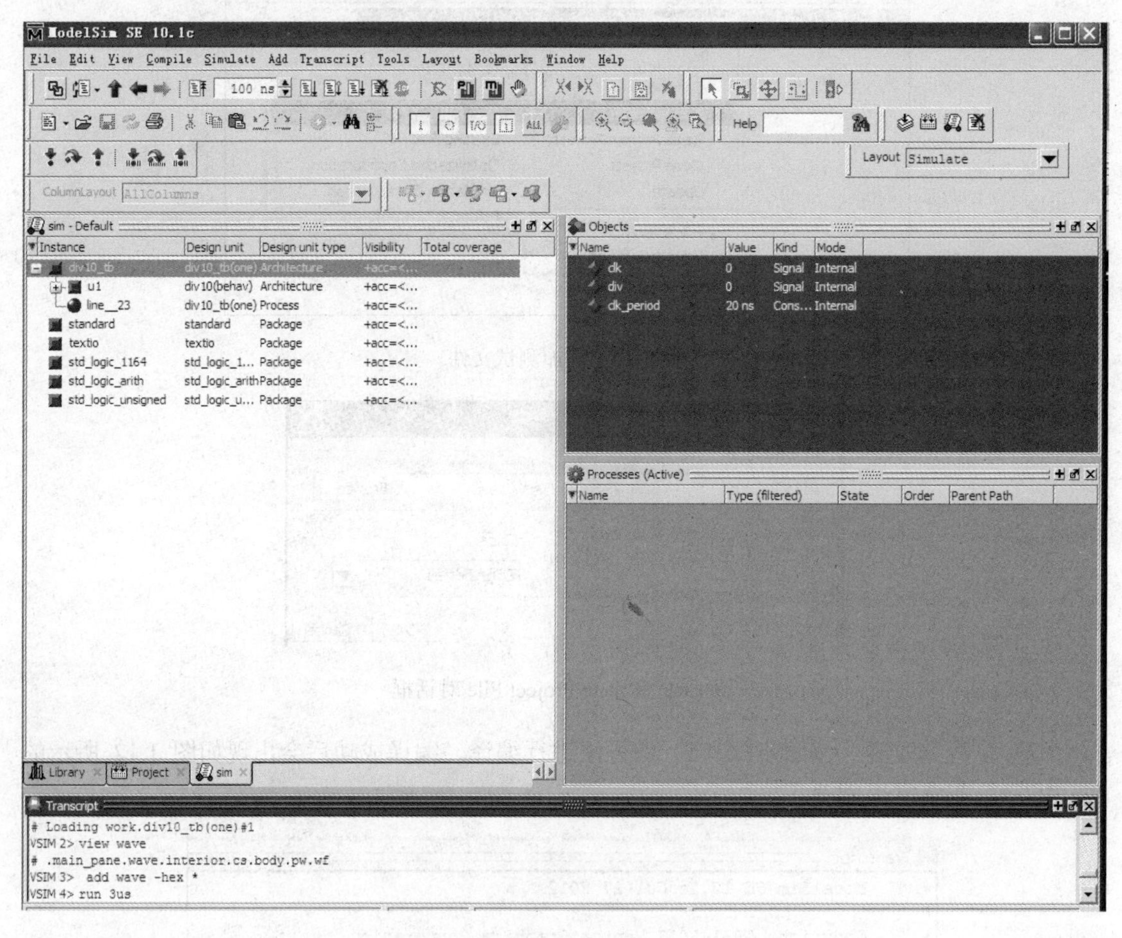

图 1.13 添加待测信号

（12）在进行了以上准备步骤之后，就可以进行真正的仿真了。在命令行窗口的命令符“>”后输入命令“run 3us”并回车，即可看到仿真结果（“run”是 ModelSim SE 中的运行命令，其后面一般紧跟仿真的时间长度）。其仿真结果如图 1.14 所示。

其中步骤（9）～（12）也可以通过界面手动操作的方式实现。

1.4.6 六进制计数器的 ModelSim 仿真

六进制计数器的实验（VHDL 代码）方法同上面一致，其仿真波形如图 1.15 所示。

（1）十分频电路的 VHDL 源代码：

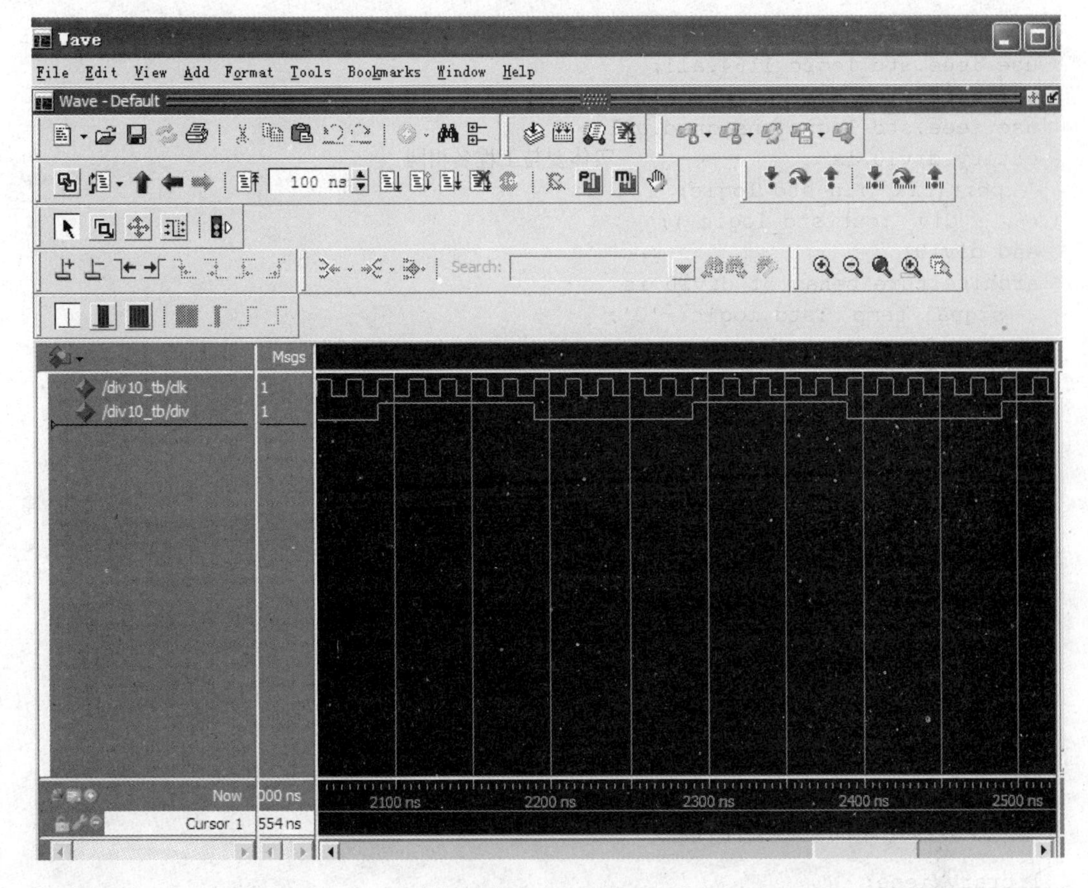

图 1.14　仿真结果

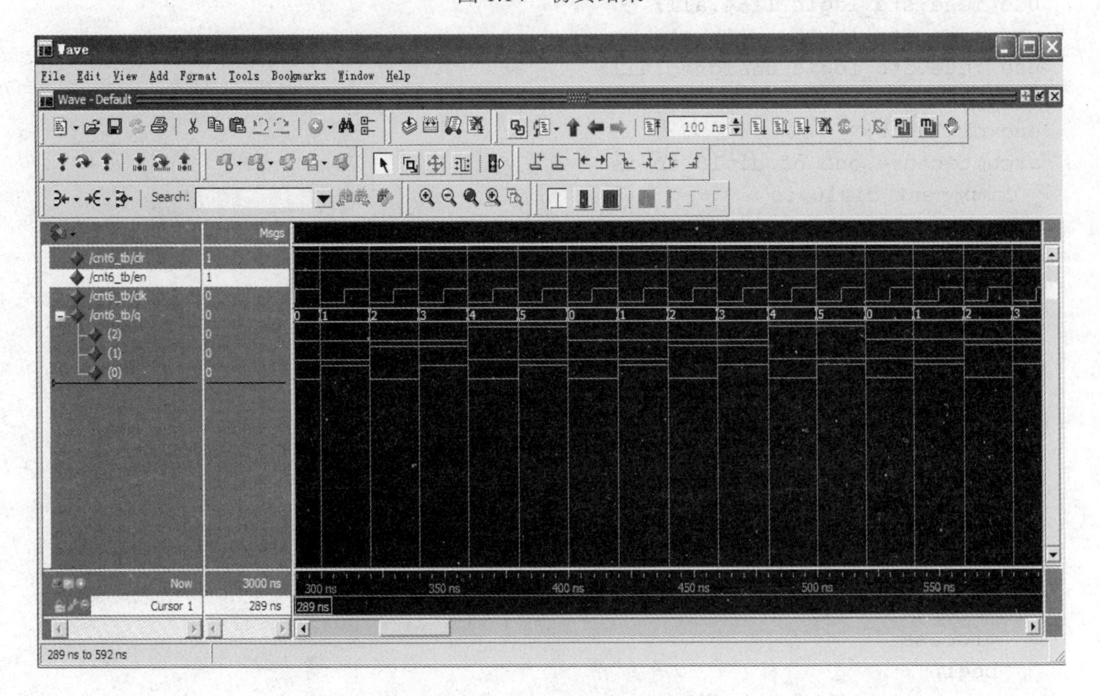

图 1.15　六进制计数器仿真波形

```
library ieee;
use ieee.std_logic_1164.all;
use ieee.std_logic_arith.all;
use ieee.std_logic_unsigned.all;
entity div10 is                    --实体要与工程名相同
  port(clk  :in std_logic;
      div  :out std_logic );
end div10;
architecture behav of div10 is
  signal temp  :std_logic:='0';
  signal count :std_logic_vector(2 downto 0):="000";
begin
  process(clk)
  begin
    if(clk'event and clk='1') then
      if(count="100") then
          count<=(others=>'0');
          temp<=not temp;
      else
          count<=count+1;
      end if;
    end if;
  end process;
  div<=temp;
end behav;
```

（2）十分频电路的测试文件代码：

```
library ieee;
use ieee.std_logic_1164.all;
use ieee.std_logic_arith.all;
use ieee.std_logic_unsigned.all;
entity div10_tb is
end div10_tb;
architecture one of div10_tb is
  component div10 is
    port(clk  :in std_logic;
        div  :out std_logic);
  end component;

  signal clk  :std_logic:='0';
  signal div  :std_logic:='0';
  constant clk_period:time:=20 ns;

  begin
  u1:
   div10 port map
   (clk=>clk,div=>div);

   process
   begin
     wait for clk_period/2;
     clk<='1';
```

```
      wait for clk_period/2;
      clk<='0';
    end process;
  end;
```

（3）六进制计数器的 VHDL 源代码：

```
library ieee;
use ieee.std_logic_1164.all;
use ieee.std_logic_arith.all;
use ieee.std_logic_unsigned.all;
entity cnt6 is
port
  (clr,en,clk :in std_logic;
  q  :out  std_logic_vector(2 downto 0)
  );
end entity;
architecture rtl of cnt6 is
signal tmp  :std_logic_vector(2 downto 0);
begin
   process(clk)
--     variable q6:integer;
     begin
       if(clk'event and clk='1') then
          if(clr='0')then
             tmp<="000";
          elsif(en='1') then
            if(tmp="101")then
               tmp<="000";
            else
               tmp<=unsigned(tmp)+'1';
          end if;
        end if;
      end if;
      q<=tmp;
--    qa<=q(0);
--    qb<=q(1);
--    qc<=q(2);
  end process;
end rtl;
```

（4）六进制计数器的测试文件代码：

```
library ieee;
use ieee.std_logic_1164.all;
   entity cnt6_tb is
end cnt6_tb;
architecture rtl of cnt6_tb is
   component cnt6
     port(
       clr,en,clk :in std_logic;
       q  :out  std_logic_vector(2 downto 0)
       );
  end component;
```

```
    signal clr  :std_logic:='0';
  signal en   :std_logic:='0';
  signal clk  :std_logic:='0';
  signal  q   :std_logic_vector(2 downto 0);
     constant clk_period :time :=20 ns;
  begin
    instant:cnt6 port map
    (
     clk=>clk,en=>en,clr=>clr,q=>q
     );
  clk_gen:process
  begin
     wait for clk_period/2;
     clk<='1';
     wait for clk_period/2;
     clk<='0';
  end process;

  clr_gen:process
  begin
     clr<='0';
     wait for 30 ns;
     clr<='1';
     wait;
  end process;
         en_gen:process
  begin
     en<='0';
     wait for 50ns;
     en<='1';
     wait;
   end process;
end rtl;
```

1.5 数字系统概述

数字系统开发的流程如图 1.16 所示，包括以下步骤。

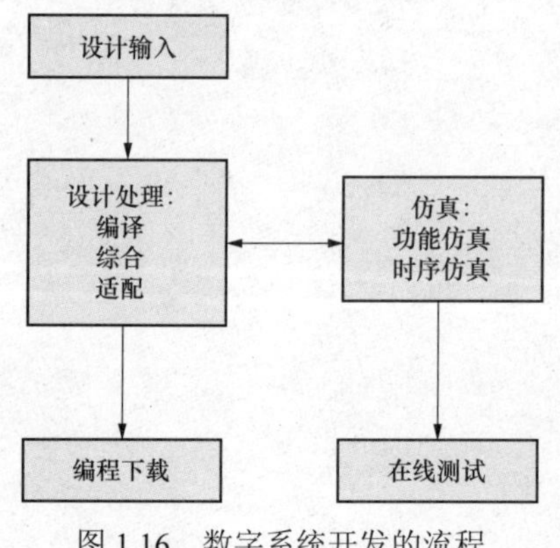

图 1.16　数字系统开发的流程

（1）设计输入。设计输入包括原理图输入、HDL 文本输入、EDIF 网表输入、波形输入等方式。HDL 文本输入和原理图输入好比高级语言和汇编语言的关系，HDL 的可移植性好，使用方便，但效率不如原理图输入；原理图输入可控性好，效率高，比较直观，但是设计大规模 PLD 时显得很烦琐，移植性差。在 TOP-down 设计方法中，描述器件总体功能的模块放置在最上层，称为顶层设计；描述器件最基本功能的模块放置在最下层，称为底层设计。可以在任何层次使用原理图或者硬件描述语言进行描述。通常做法是：在顶层设计中，使用原理图输入法表达连接关系和芯片内部逻辑到管脚的接口；在底层设计中，使用HDL描述各个模块的逻辑功能。

（2）设计处理。设计处理是数字系统开发的流程的中心环节，在该阶段，编译软件将对设计输入文件进行逻辑综合优化，并利用一片或者多片FPGA/CPLD器件进行自动适配，最后产生可用于编程的数据文件。

1）编译。EDA编译器首先从工程设计文件间的层次结构描述中提取信息，包含每个低层次文件中的错误信息，如设计文件的各种错误，并及时标出错误的位置，供设计者排除纠正，然后进行设计规则检查，检查设计有无超出器件资源或者规定的限制，并给出编译报告。

2）逻辑综合优化。综合就是将电路的高级语言转换成低级的、可与FPGA/CPLD的基本结构相对应的网表文件或者程序，由综合器完成。

3）适配和布局。利用适配器可将综合后的网表文件针对某一确定的目标器件进行逻辑映射，该操作包括底层器件配置、逻辑分割、逻辑优化、布局布线等。

4）生成编程文件。适配和布局环节是在设计检验通过后，由EDA软件自动完成的，它能以最优的方式对逻辑元件进行逻辑综合和布局，并确定实现元件间的互联，同时EDA软件会生成相应的报告文件。适配和布局后，可以利用适配所产生的仿真文件做精确的时序仿真，同时产生可用于编程的数据文件。

（3）仿真与定时分析。仿真和定时分析均属于设计校验，其作用是测试设计的逻辑功能和延时特性。仿真包括功能仿真和时序仿真。定时分析器可通过三种不同的分析模式分别对传播延时、时序逻辑性能和建立/保持时间进行分析。

（4）编程与验证。用得到的编程文件通过编程电缆配置CPLD/FPGA，加入实际激励，进行在线测试。

1.6 数字系统设计实验说明

1. 课前预习

（1）认真阅读实验指导书，了解实验内容。

（2）认真阅读有关实验的理论知识，掌握实验基本原理。

（3）提前设计程序代码，写出预习报告。

2. 实验过程

（1）按时到达实验室。

（2）认真听取老师对实验内容及实验要求的讲解。

（3）设计实验方案，认真仔细地写出源程序，进行仿真调试验证，有问题及时向指导老师请教。

（4）连接硬件调试，如发现异常现象，必须及时报告指导老师，严禁私自乱动。不能私自插拔实验箱上的器件，实验完毕，及时关闭电源开关。

（5）实验过程中，应仔细观察实验现象，认真记录实验数据、波形、逻辑关系等现象。

（6）实验做完后，请指导老师检查实验数据。

（7）做完实验后，整理实验台，关闭实验箱、计算机电源后方可离开。

3. 实验报告

（1）按要求认真填写实验报告书。

（2）认真分析实验结果，给出实验结论。

（3）按时将实验报告交给老师批阅。

4. 实验学生守则

（1）保持室内整洁，不准随地吐痰、不准乱丢杂物、不准大声喧哗、不准吸烟、不准吃东西。

（2）爱护公务，不得在实验桌及墙壁上书写刻画，不得擅自删除教学计算机里面的文件。

（3）安全用电，严禁触及任何带电体的裸露部分，严禁带电接线和拆线。

（4）实验结束后，必须清理实验桌，将实验设备按规定放好。

第 2 章　QuartusⅡ9.0 开发软件简介

2.1　QuartusⅡ9.0 简介

QuartusⅡ是 Altera 公司开发的综合性 PLD 开发软件，它能够支持 VHDL、Verilog HDL、AHDL（Altera Hardware Description Language）以及原理图等多种形式的输入，可以实现完成硬件配置的整个 PLD 流程，其中还包括有仿真器和综合器，可帮助对设计进行验证分析。它是一种综合性的开发平台，集中了可编程逻辑设计、系统级设计等多种功能。

QuartusⅡ可以在大多数操作系统中运行，如 Windows 和 Linux 等。它提供了功能强大而且操作方便的用户图形界面的设计方式，可以简化设计过程的复杂度。软件的欢迎界面如图 2.1 所示。

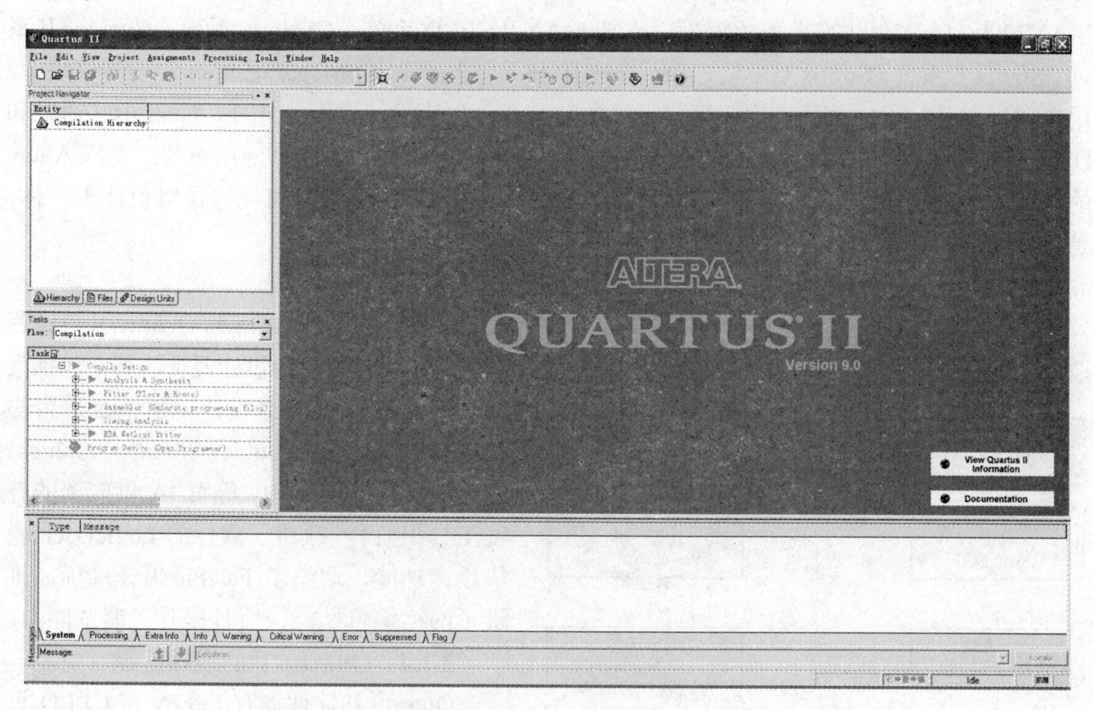

图 2.1　QuartusⅡ欢迎界面

在使用 QuartusⅡ进行设计过程中，可以使用其自带的 IP 核，其中包含了 LPM/Mega Function 宏功能模块库。这样，设计者可以直接利用在 IP 核中已存在的模块，从而大大降低设计过程的复杂度，提升设计速度。QuartusⅡ还可以支持 EDA 的工具，用户在进行设计流程的过程中，可以随时调用 EDA 的工具来完成设计。此外，QuartusⅡ通过和 Matlab/Simulink 与 DSP Builder 相结合，可以很便捷地实现各种 DSP 的应用系统。

QuartusⅡ是最新一代的硬件开发仿真平台。该平台与之前相比，提升了其中的 Logic Lock 模块的各项功能，支持网络协作设计，在原来的基础上增添了 Fast Fit 编译选项，提升了网络编辑性能和调试能力。QuartusⅡ平台与 Mentor Graphics、Synplicity、Cadence、Synopsys 和 Exemplar Logic 等 EDA 供应商的开发工具相兼容。

QuartusⅡ作为一种对硬件设计的集成开发环境，依靠其简单的操作模式以及强大的设计能力等优点，越来越广泛地被数字系统设计者所采用。

2.1.1 QuartusⅡ的优点

该软件界面友好、使用便捷、功能强大，是一个完全集成化的可编程逻辑设计环境，是先进的 EDA 工具软件。该软件具有开放性、与结构无关、多平台、完全集成化、丰富的设计库、模块化工具等特点，支持原理图、VHDL、Verilog HDL 以及 AHDL 等多种设计输入形式，内嵌自有的综合器以及仿真器，可以完成从设计输入到硬件配置的完整 PLD 设计流程。QuartusⅡ可以在 XP、Linux 以及 UNIX 上使用，除了可以使用 Tcl 脚本完成设计流程外，还提供了完善的用户图形界面设计方式。

2.1.2 QuartusⅡ对器件的支持

QuartusⅡ支持 Altera 公司的 MAX 3000A 系列、MAX 7000 系列、MAX 9000 系列、ACEX 1K 系列、APEX 20K 系列、APEXⅡ系列、FLEX 6000 系列、FLEX 10K 系列，支持 MAX7000/MAX3000 等乘积项器件；支持 MAXⅡCPLD 系列、Cyclone 系列、CycloneⅡ系列、StratixⅡ系列、Stratix GX 系列等；支持 IP 核，包含了 LPM/MegaFunction 宏功能模块库，用户可以充分利用成熟的模块，简化设计的复杂性，加快设计速度。此外，QuartusⅡ通过和 DSP Builder 工具与 Matlab/Simulink 相结合，可以方便地实现各种 DSP 应用系统；支持 Altera 的片上可编程系统（SOPC）开发，集系统级设计、嵌入式软件开发、可编程逻辑设计于一体，是一种综合性的开发平台。

2.1.3 QuartusⅡ对第三方 EDA 工具的支持

用户可以在设计流程的各个阶段使用熟悉的第三方 EDA 工具。Altera 的 QuartusⅡ可编程逻辑软件属于第四代 PLD 开发平台。该平台支持一个工作组环境下的设计要求，其中包括支持基于 Internet 的协作设计。Quartus 平台与 Cadence、ExemplarLogic、MentorGraphics、Synopsys 和 Synplicity 等 EDA 供应商的开发工具相兼容，改进了软件的 LogicLock 模块设计功能，增添了 FastFit 编译选项，推进了网络编辑性能，而且提升了调试能力。

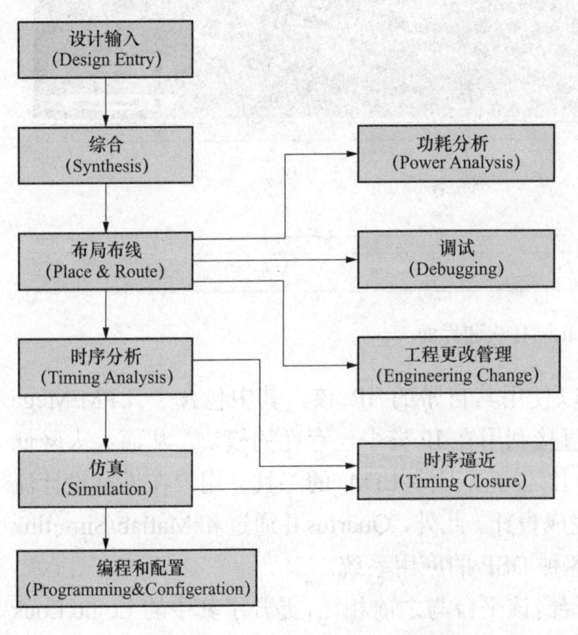

图 2.2 QuartusⅡ设计流程图

2.1.4 QuartusⅡ的设计流程

QuartusⅡ软件拥有 FPGA 和 CPLD 设计的所有阶段的解决方案。QuartusⅡ软件允许在设计流程的每个阶段使用 QuartusⅡ图形用户界面、EDA 工具界面或命令行界面。QuartusⅡ设计流程图如图 2.2 所示，可以使用 QuartusⅡ软件完成设计流程的所有阶段，其设计流程主要包含设计输入、综合、布局布线、时序分析、仿真、仿真、编程和配置。

2.2　Quartus II 9.0 安装步骤

2.2.1　安装过程

（1）双击运行 Quartus II 9.0 文件夹下的文件 Quartus II 9.0.exe，进入安装窗口，如图 2.3 所示，单击 Install 进行安装。

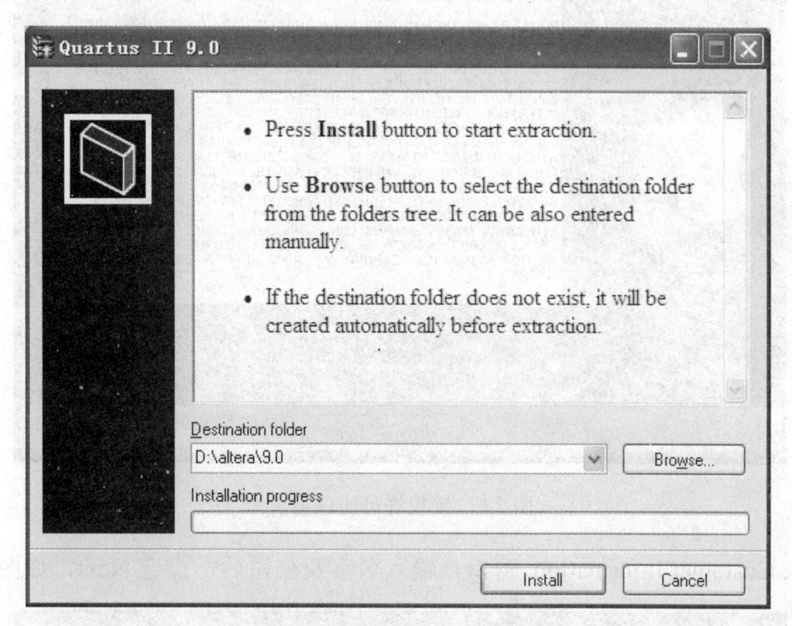

图 2.3　软件安装启动窗口

（2）进入 Web Edition Setup 窗口，点选 Next，如图 2.4 所示。

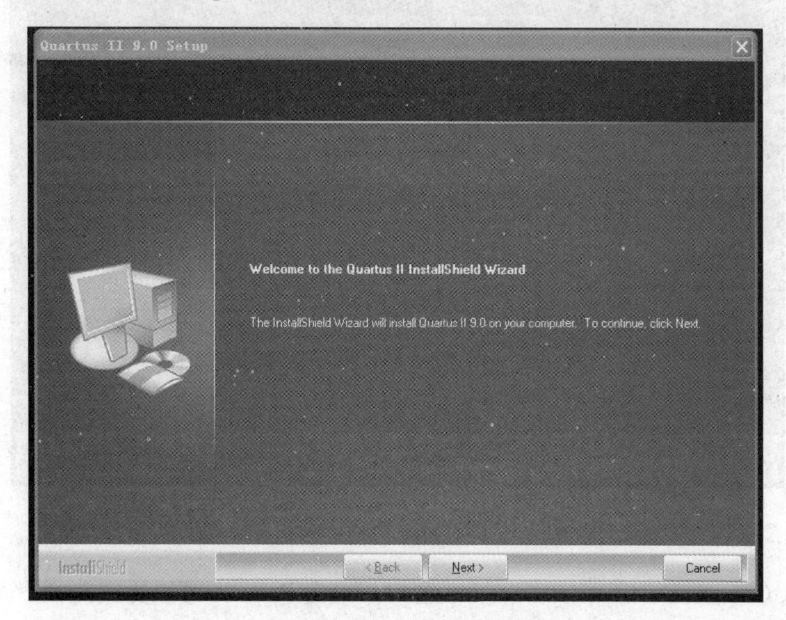

图 2.4　安装向导启动窗口

（3）进入 QuartusⅡ License Agreement 窗口，点选 I accept item of the licence agreement，如图 2.5 所示，点选 Next。

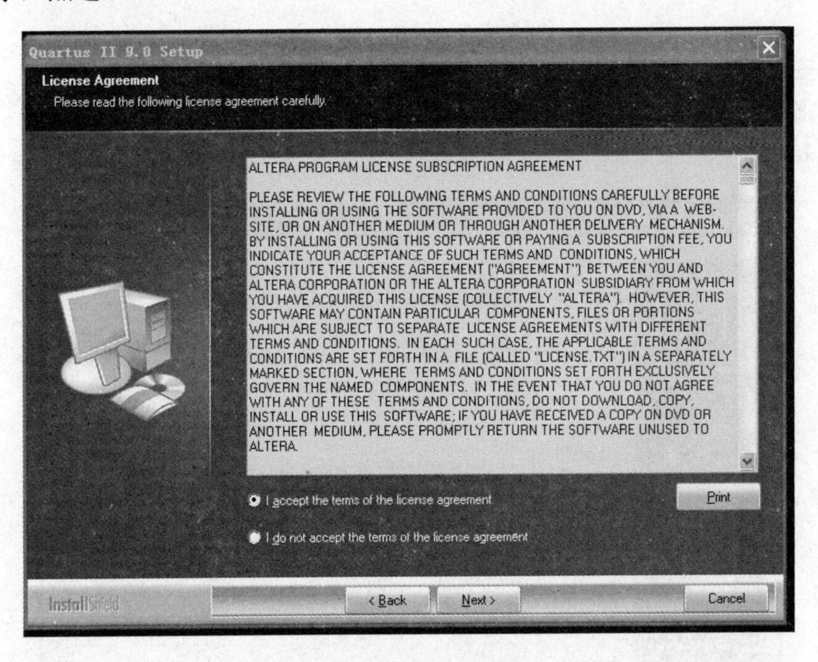

图 2.5　授权许可协议窗口

（4）进入 Customer Information 窗口，输入名字及公司后，点选 Next，如图 2.6 所示。

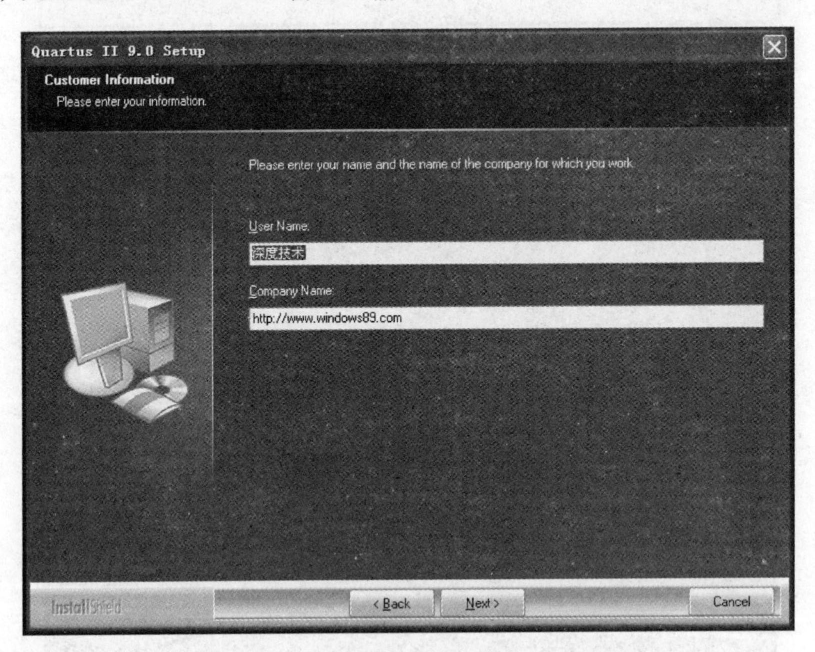

图 2.6　Customer Information 窗口

（5）进入 Choose Destination Location 窗口，单击 Browse 可以更改路径，改好路径后，点选 Next，如图 2.7 所示。

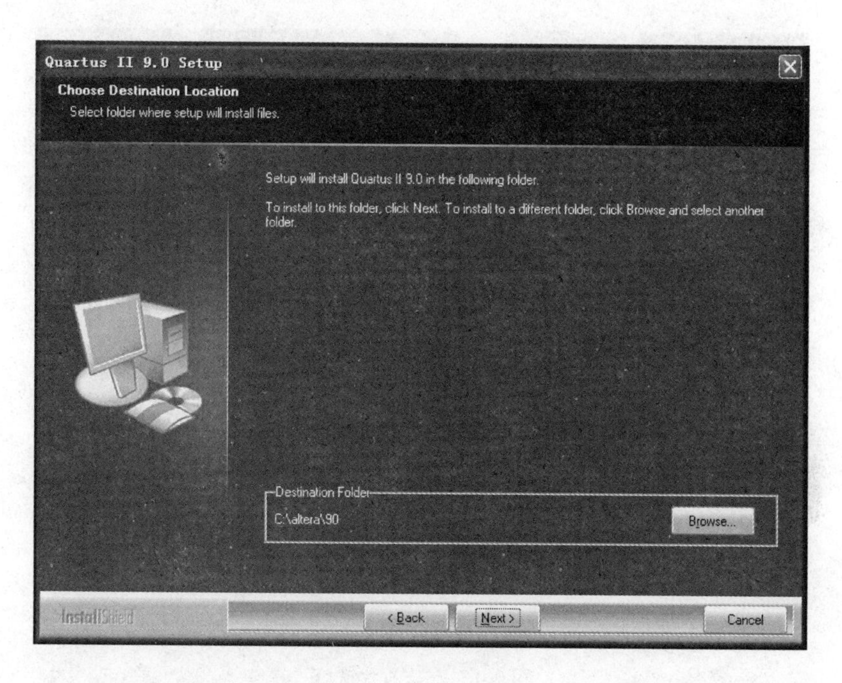

图 2.7　选择安装路径

（6）进入 Select Program Folder 窗口，点选 Next，如图 2.8 所示。

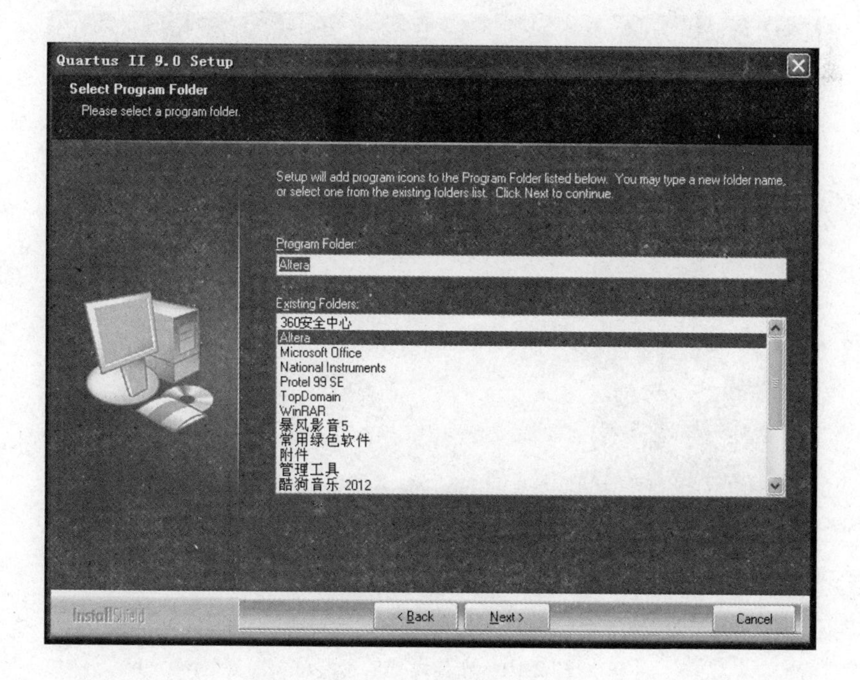

图 2.8　选择程序组

（7）进入 Setup Type 窗口，选择 Complete，点选 Next，如图 2.9 所示。

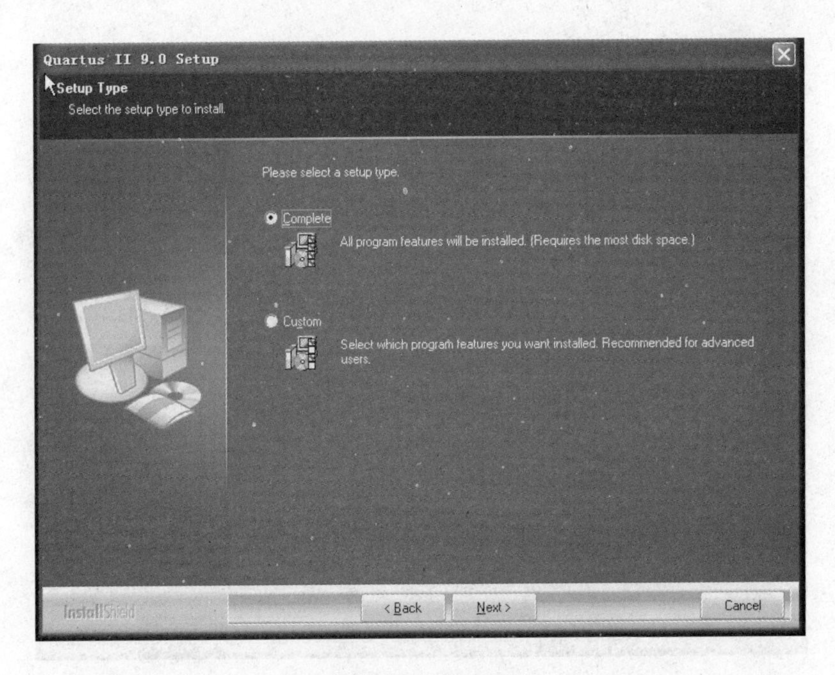

图 2.9 安装方式选择

（8）进入 Star Copying Files 窗口，点选 Next，如图 2.10 所示。

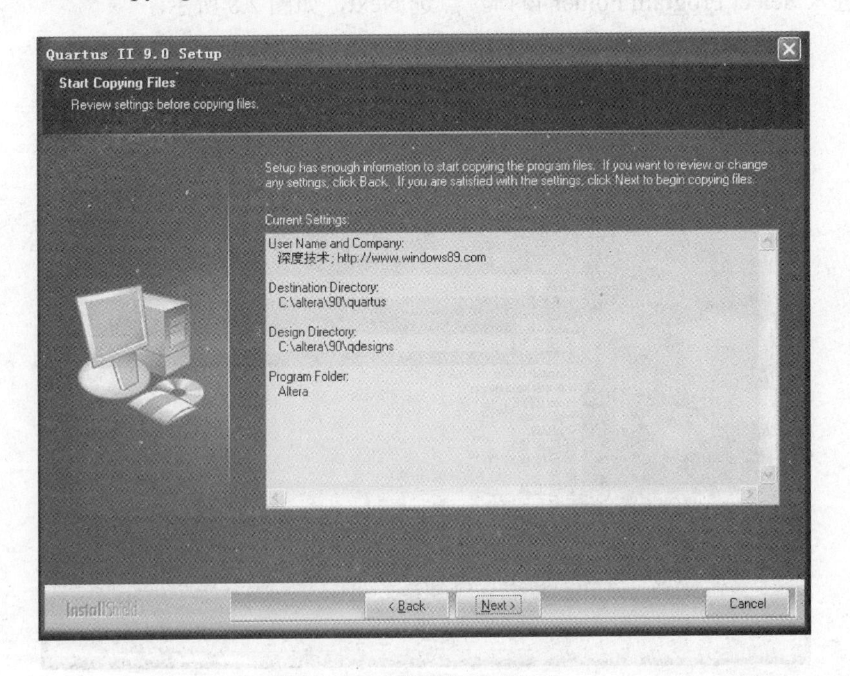

图 2.10 安装设置信息汇总

（9）进入安装窗口，这需要较长时间的等待，如图 2.11 所示。

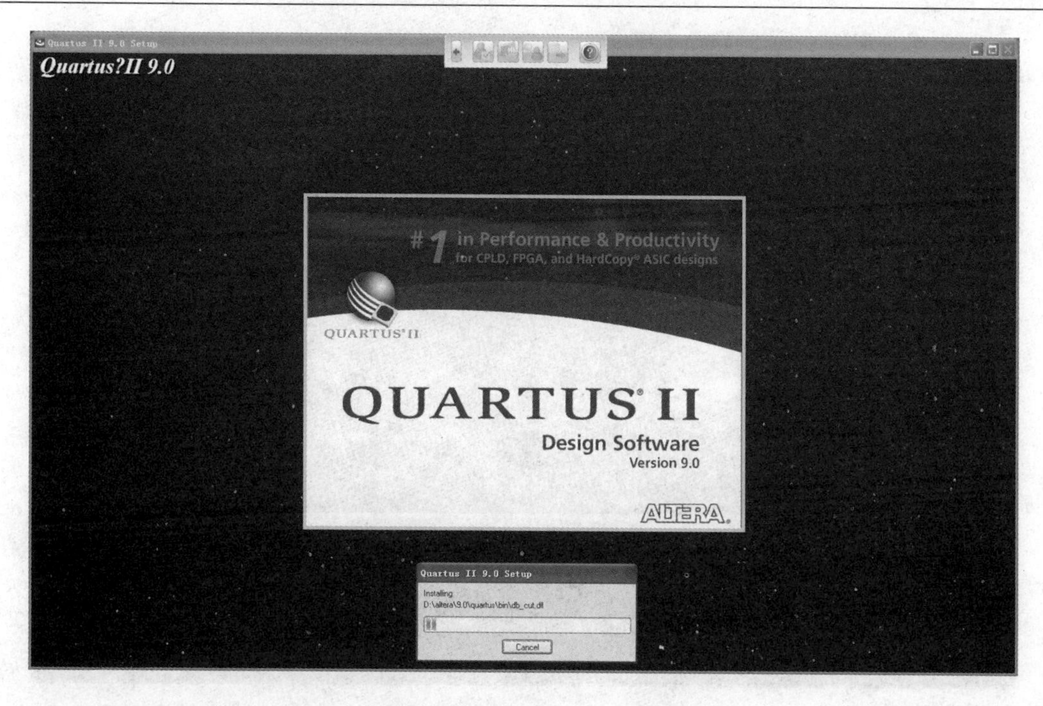

图 2.11　安装窗口（一）

（10）安装完毕后进入如下窗口，点选 Yes，如图 2.12 所示。

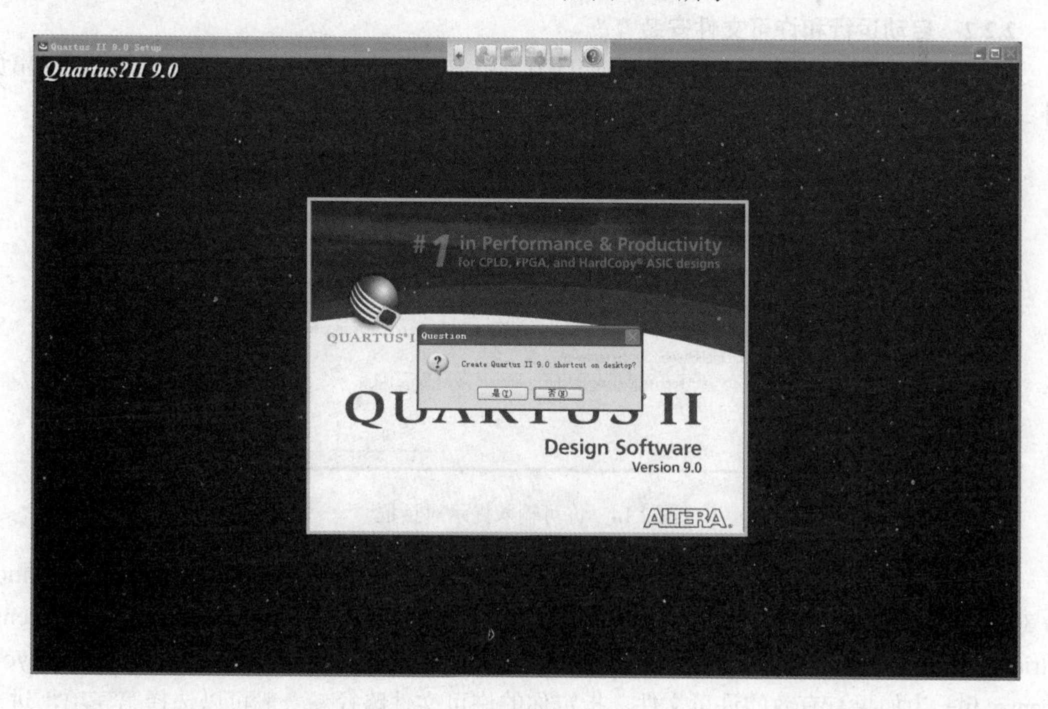

图 2.12　安装窗口（二）

（11）然后会出现如下安装完成窗口，如图 2.13 所示。

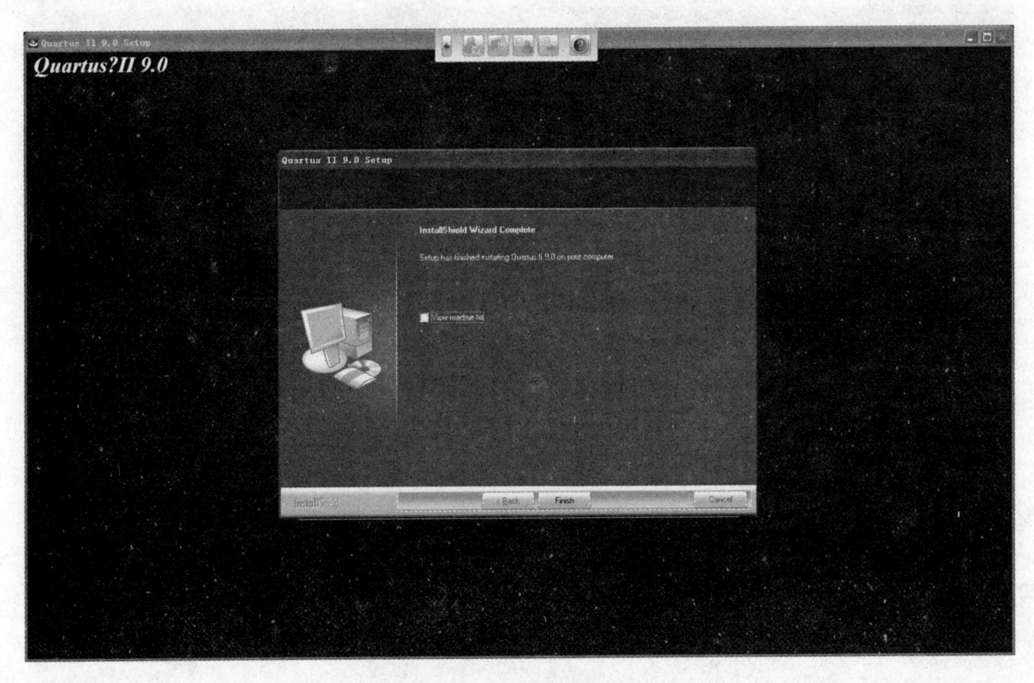

图 2.13　安装完成

至此，Quartus II 9.0 软件就顺利地安装到当前计算机上了。

2.2.2　启动运行和许可文件安装

（1）在 Windows 桌面，选择 Quartus II 9.0（32-Bit），启动软件。第一次启动时，弹出如图 2.14 所示的许可输入提示对话框。

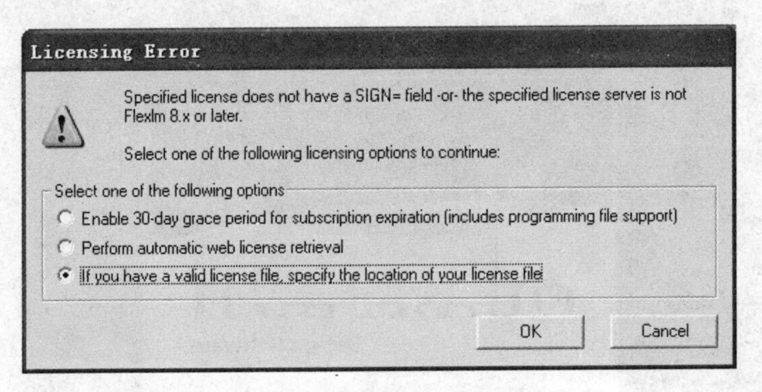

图 2.14　许可输入提示对话框

图 2.14 中有三种选择方式，第一项 Enable 30-day grace period for subscription expiration 为 30 天试用版，不需要许可文件，但是不能编程下载；第二项 Perform automatic web license retrieval 为自动查找网络许可；第三项 If you have a valid license file, specify the location of your license file 为如果有有效的许可文件，指定你的许可文件路径。一般可以选择第三项，进入如图 2.15 所示的许可文件设置对话框。

（2）单击查找许可文件位置的按钮，弹出标准 Windows 查找文件对话框，查找 Quartus II 9.0 许可文件所在的目录，选择许可文件 license.dat，单击 OK 按钮，完成许可文件的安装。

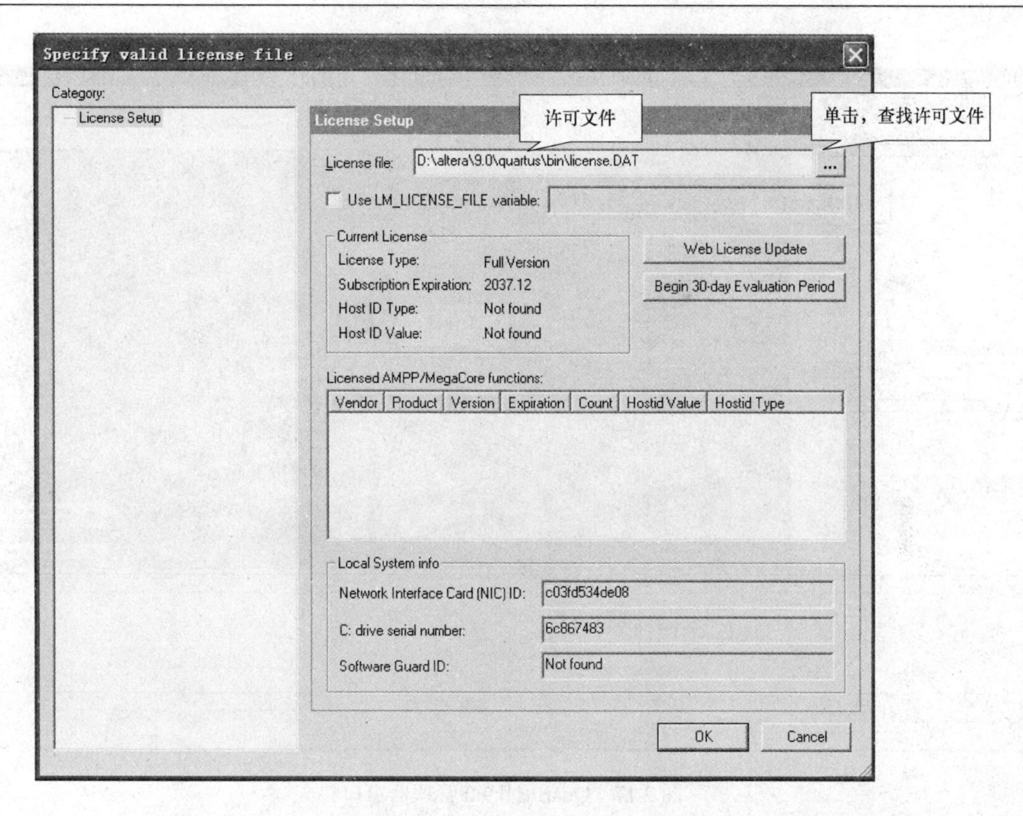

图 2.15　许可文件设置对话框

（3）许可文件设置完成后，Quartus II 9.0 软件初次运行的用户界面如图 2.16 所示。

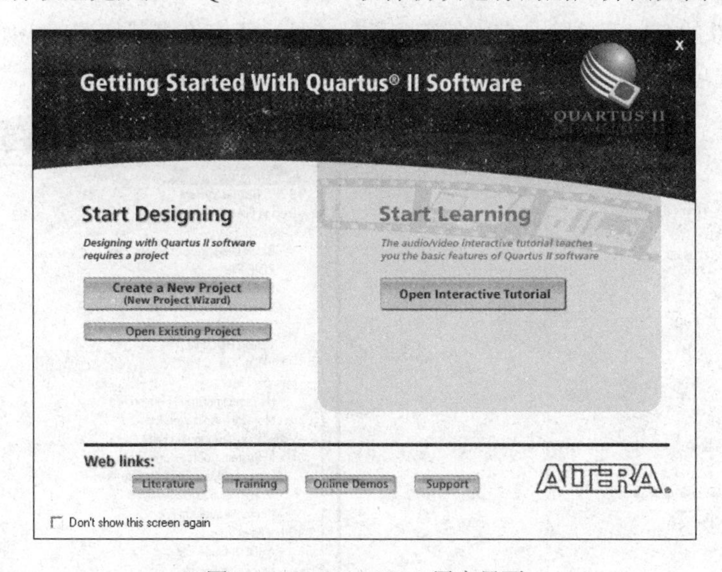

图 2.16　Quartus II 9.0 用户界面

2.3　Quartus II 9.0 开发环境介绍

启功 Quartus II 9.0，进入如图 2.17 所示的管理器窗口。

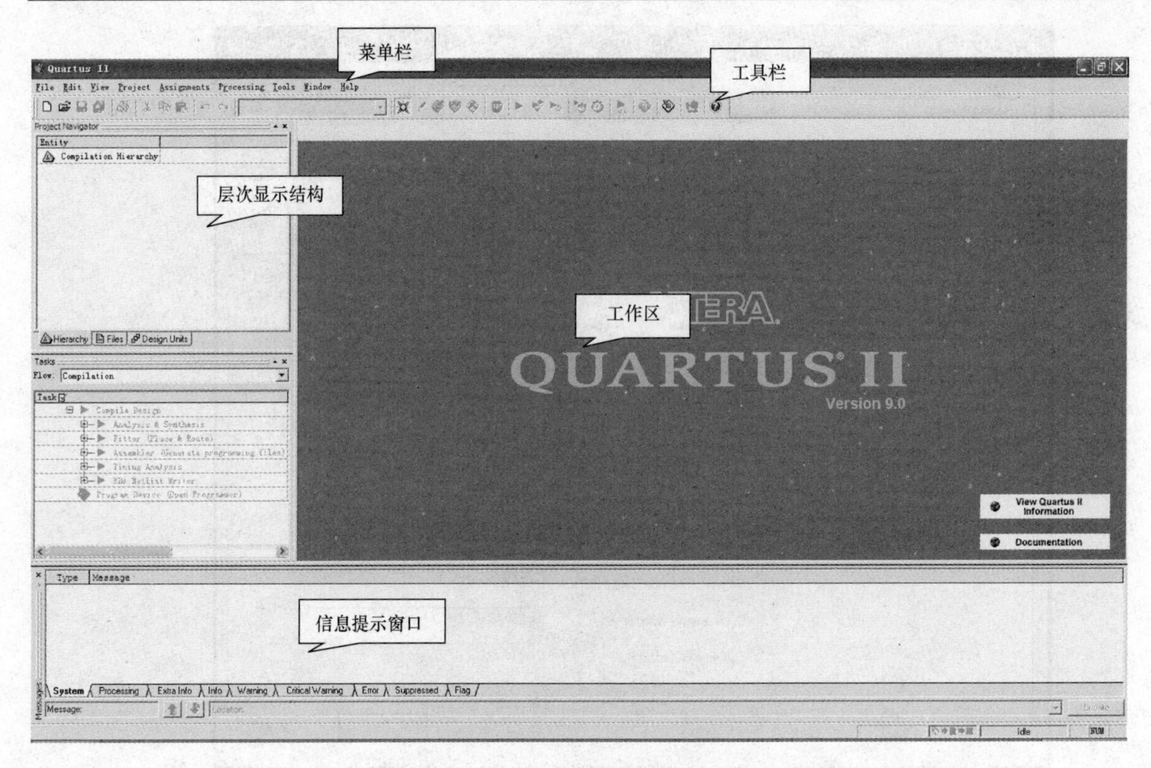

图 2.17 Quartus II 9.0 管理器窗口

2.3.1 菜单栏

1. File 菜单

Quartus II 9.0 的 File 菜单除具有文件管理的功能外，还有许多其他选项，如图 2.18 所示。

（1）New 选项：新建文件，其下还有子菜单，如图 2.19 所示。

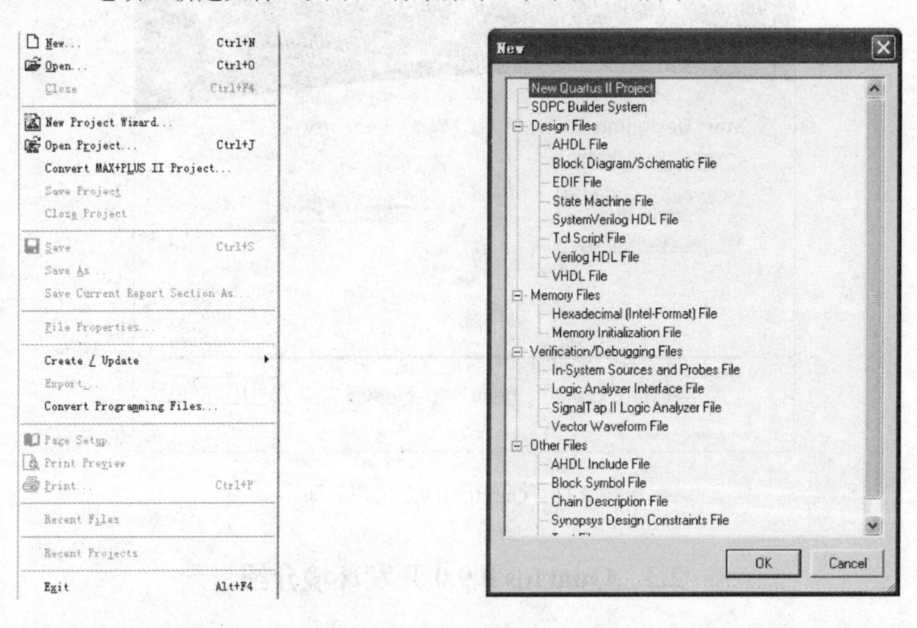

图 2.18 File 菜单　　　　图 2.19 New 选项

1）New Quartus Ⅱ Project 选项：新建 Quartus Ⅱ 工程。

2）SOPC Builder System 选项：SOPC Builder 系统。

3）Design　Files 选项：新建设计文件，常用的有 AHDL 文本文件、VHDL 文本文件、Verilog HDL 文本文件、原理图文件等。

4）Memory　Files 选项：内核文件等。

5）Verification/Debugging Files 选项：验证/测试文件。包括常用的 Vector Waveform File、SignalTap II Logic Analyzer File 等。

6）Other Files 选项：其他文件等。

（2）Open 选项：打开一个文件。

（3）New　Project　Wizard 选项：创建新工程。单击后弹出如图 2.20 所示对话框。单击对话框最上第一栏右侧的“…”按钮，找到文件夹已存盘的文件，再单击打开按钮，即出现如图所示的设置情况。对话框中第一行表示工程所在的工作库文件夹，第二行表示此项工程的工程名，第三行表示顶层文件的实体名，一般与工程名相同。

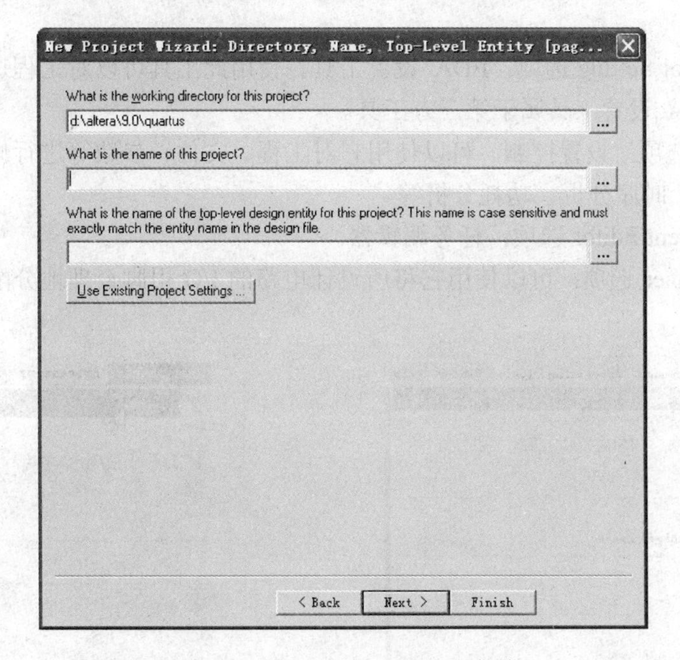

图 2.20　New Project Wizard 选项

（4）Creat/Update 选项：生成元件符号。可以将设计的电路封装成一个元件符号，供以后在原理图编辑器下进行层次设计时调用。

2. View 菜单

View 菜单可进行全屏显示或对窗口进行切换，包括层次窗口、状态窗口、消息窗口等，如图 2.21 所示。

3. Project 菜单

Project 菜单主要完成对设计的工程文件的操作与管理，把当前文件添加到工程中，在工程中添加、删除文件等，如图 2.22 所示。

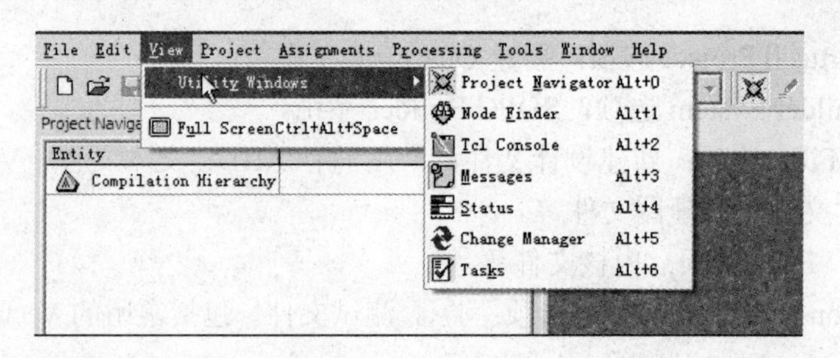

图 2.21 View 菜单

4. Assignments 菜单

Assignments 菜单如图 2.23 所示。

（1）Device 选项：为当前设计选择器件。

（2）Pins 选项：为当前层次树的一个或多个逻辑功能块分配芯片引脚或芯片内的位置。

（3）Timing Ananlysis Setting 选项：为当前设计的 tpd、tco、tsu、fmax 等时间参数设定时序要求。

（4）EDA Tool Setting 选项：EDA 设置工具。使用此工具可以对工程进行综合、仿真、时序分析等。EDA 设置工具属于第三方工具。

（5）Setting 选项：设置控制。可以使用它对工程、文件、参数等进行修改，还可以设置编译器、仿真器、时序分析、功耗分析等。

（6）Assignment Editor 选项：任务编辑器。

（7）Pin Planner 选项：可以使用它将所设计电路的 I/O 引脚合理地分配到已设定器件的引脚上。

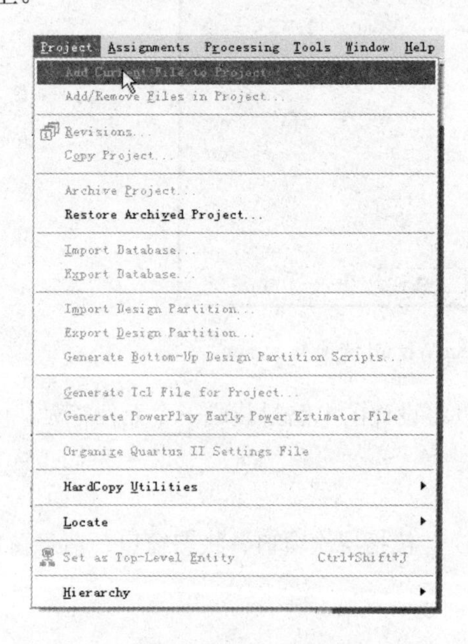

图 2.22 Project 菜单

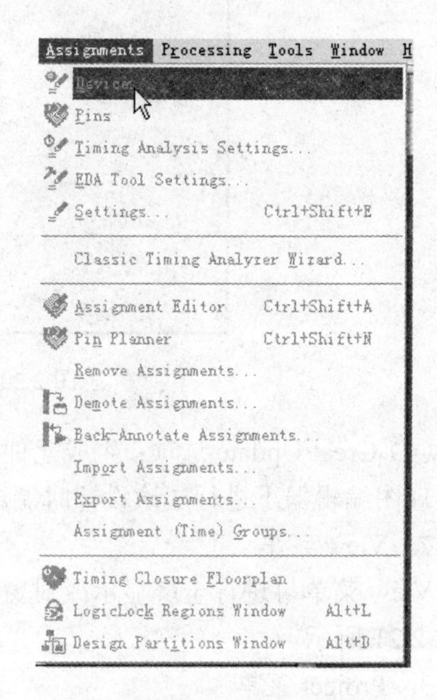

图 2.23 Assignments 菜单

5. Processing 菜单

Processing 菜单的功能是对所设计的电路进行编译和检查设计的正确性，如图 2.24

所示。

（1）Stop Process 选项：停止编译设计项目。

（2）Start Compilation 选项：开始完全编译过程，这里包括分析与综合、适配、装配文件、定时分析、网表文件提取等过程。

（3）Analyze Current File 选项：分析当前的设计文件，主要是对当前设计文件的语法、语序进行检查。

（4）Compilation Report 选项：适配信息报告，通过它可以查看详细的适配信息，包括设置和适配结果等。

（5）Start Simulation 选项：开始功能仿真。

（6）Simulation Report 选项：生成功能仿真报告。

（7）Compiler Tool 选项：它是一个编译工具，可以有选择地对项目中的各个文件分别进行编译。

（8）Simulation Tool 选项：对编译过的电路进行功能仿真和时序仿真。

（9）Classic Timing Analyzer Tool 选项：Classic 时序仿真工具。

（10）Powerplay Power Analyzer Tool 选项：PowerPlay 功耗分析工具。

6. Tools 菜单

Tools 菜单如图 2.25 所示。

（1）Run EDA Simulation Tool 选项：运行 EDA 仿真工具，EDA 是第三方仿真工具。

（2）Run EDA Timing analyzer Tool 选项：运行 EDA 时序分析工具，EDA 是第三方仿真工具。

（3）Programmer 选项：打开编程器窗口，以便对 Altera 的器件进行下载编程。

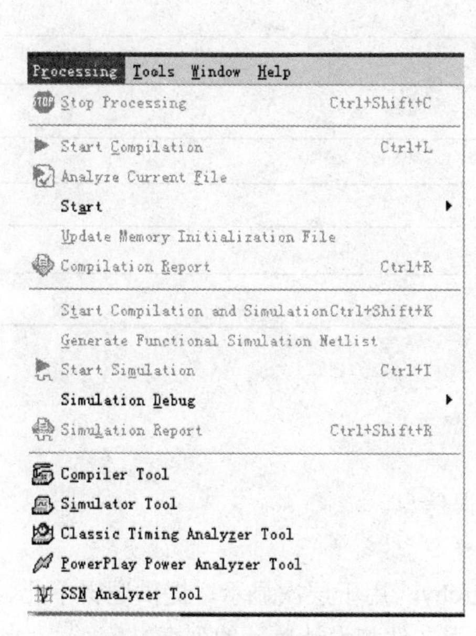

图 2.24　Processing 菜单

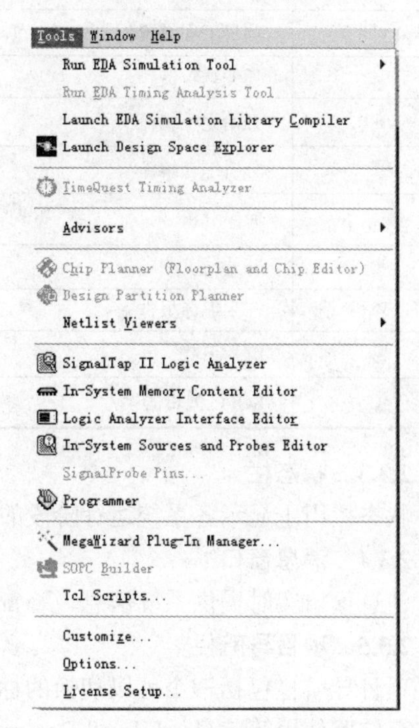

图 2.25　Tools 菜单

2.3.2 工具栏

工具栏紧邻菜单栏下方，如图 2.26 所示，它其实是各菜单功能的快捷按钮组合区，使用起来非常方便，在进行数字系统设计的各个阶段经常会用到。

图 2.26 工具栏

工具栏各按钮的基本功能见表 2.1。

表 2.1 工具栏各按钮的基本功能

按钮符号	基本功能
	建立一个新的图形、文本、波形或符号文件
	打开一个文件，启动相应的编辑器
	保存当前文件
	打印当前文件或窗口内容
	将选中的内容剪切到剪贴板
	将选中的内容复制到剪贴板
	粘贴剪贴板的内容到当前文件中
	撤销上次的操作
	单击此按钮后再单击窗口的任何部位，将显示相关帮助文档
	打开层次显示窗口或将其带至前台
	项目工程设置
	任务编辑器
	开始完全编译
	分析综合编译
	时序分析
	开始仿真
	产生编译报告
	编程下载
	SOPC 编辑器

2.3.3 状态栏

状态栏用于显示各系统运行阶段的进度。

2.3.4 消息窗口

消息窗口实时提供系统消息、警告及相关错误信息。

2.3.5 项目导航栏

项目导航栏包括三个可以切换的标签：Hierarchy，用于层次显示，提供逻辑单元、寄存器、存储器使用等信息；File 和 Design Units，工程文件和设计单元的列表。

第 3 章　Quartus Ⅱ 9.0 工程设计入门

3.1　基于原理图的工程设计

3.1.1　新建项目工程

使用 Quartus Ⅱ 设计一个数字逻辑电路，并用时序波形图对电路的功能进行仿真，同时还可以将设计正确的电路下载到可编程的逻辑器件（CPLD、FPGA）中。因软件在完成整个设计、编译、仿真和下载等这些工作过程中，会有很多相关的文件产生，为了便于管理这些文件，在设计电路之前，先要建立一个项目工程（New Project），并设置好这个工程能正常工作的相关条件和环境。

建立工程的方法和步骤如下：

（1）先建一个文件夹。在计算机本地硬盘某个地方建一个用于保存下一步工作中要产生的工程项目的文件夹（注意：文件夹的命名及其保存的路径中不能有中文字符）。本工程项目的所有文件都保存在这个文件夹中。

（2）再开始建立新项目工程，方法如图 3.1 所示，单击 File 菜单，选择下拉列表中的 New Project Wizard...命令，打开建立新项目工程的向导对话框。如图 3.2 所示，对话框提示选择项目工程保存位置、定义项目工程名称以及设计文件顶层实体名称。

具体方法如下：

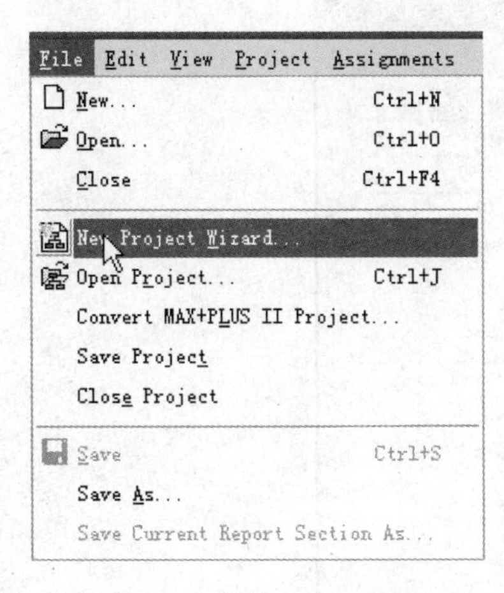

图 3.1　新建项目工程

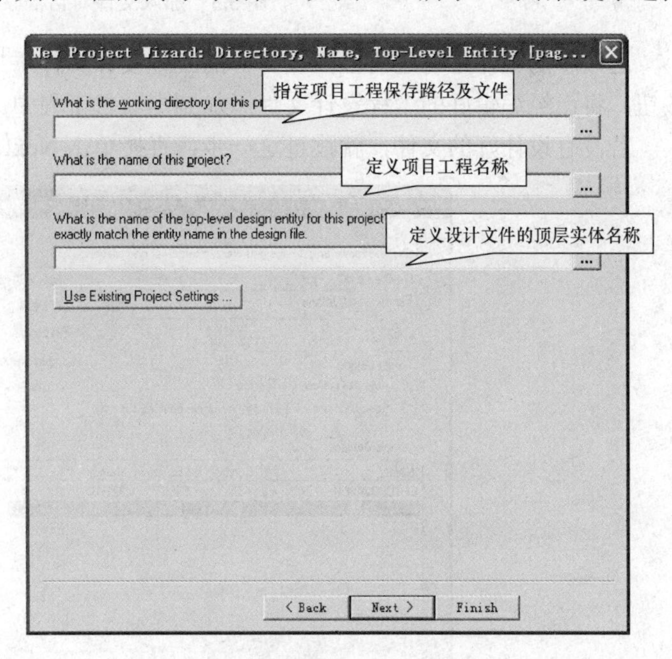

图 3.2　工程项目基本设置

第一栏选择项目工程保存的位置，方法是单击 ... 按钮，选择到刚才在第一步建立的文件夹。第二栏（项目工程名称）和第三栏（设计实体名称）软件会默认为与之前建立的文件夹名称一致。没有特别需要，一般选择软件的默认，不必特意去修改。需要注意的是：以上名称的命名中不能出现中文字符，否则软件的后续工作会出错（注意：项目顶层设计实体名称必须和项目名称保持一致）。

完成以上命名工作后，单击 Next，进入下一步，如图 3.3 所示。

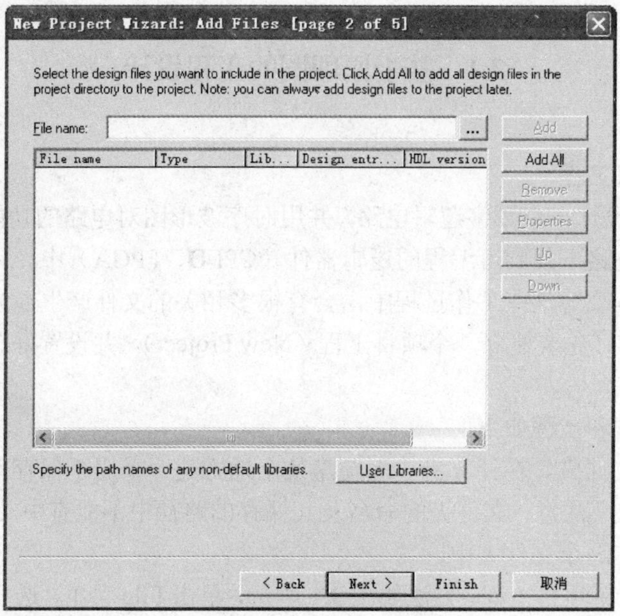

图 3.3　加入文件对话框

这一步的工作是将之前已经设计好的工程设计文件添加到本项目工程中，通过单击 Add 按钮，将已经编辑好的工程设计文件添加到本项目工程中。

若没有设计好的文件，就跳过这一步，直接单击 Next，再进入下一步，如图 3.4 所示。

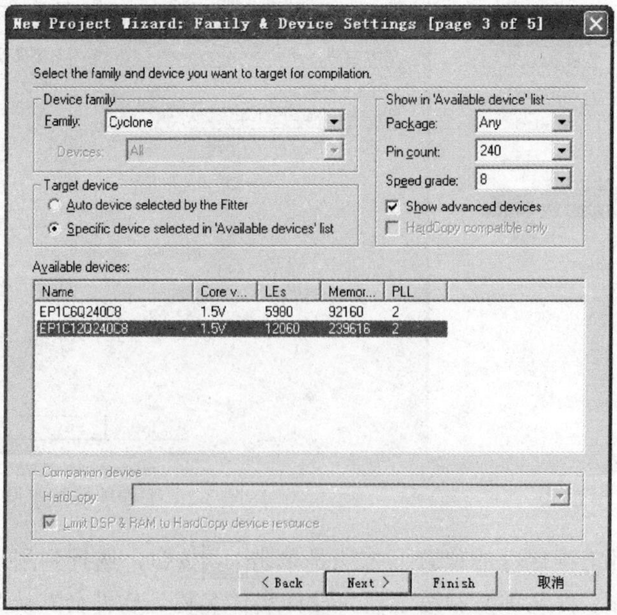

图 3.4　器件选择对话框

这一步的工作是选择好设计文件下载所需要的可编程芯片的型号，等熟悉了 CPLD 或 FPGA 器件以后，根据开发板或者实验箱的器件选择合适的器件型号。在此对话框也可以根据器件的系列、器件的封装形式、引脚数目和速度级别等约束条件进行器件选择。单击 Next，进入下一步，如图 3.5 所示。

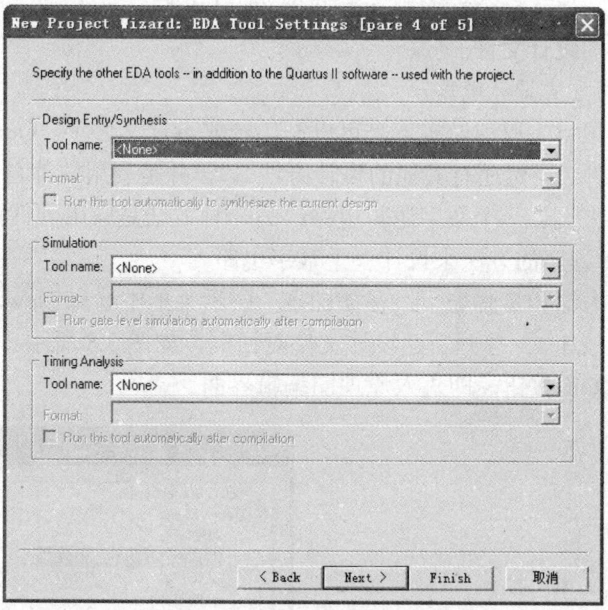

New Project Wizard: EDA Tool Settings [pare 4 of 5]
Specify the other EDA tools -- in addition to the Quartus II software -- used with the project.
Design Entry/Synthesis
Tool name:
<None>
Format:
Run this tool automatically to synthesize the current design
Simulation
Tool name:
<None>
Format:
Run gate-level simulation automatically after compilation
Timing Analysis
Tool name:
<None>
Format:
Run this tool automatically after compilation
< Back
Next >
Finish
取消

图 3.5　其他 EDA 工具

这一步是选择第三方 EDA 开发工具，如不需要，直接单击 Next，进入下一步，如图 3.6 所示。

New Project Wizard: Summary [page 5 of 5]
When you click Finish, the project will be created with the following settings:
Project directory:
D:/个人资料/桌面/ymq/
Project name: ymq
Top-level design entity: ymq
Number of files added: 0
Number of user libraries added: 0
Device assignments:
Family name: Cyclone
Device: EP1C12Q240C8
EDA tools:
Design entry/synthesis: <None>
Simulation: <None>
Timing analysis: <None>
Operating conditions:
Core voltage: 1.5V
Junction temperature range: 0-85
< Back
Next >
Finish
取消

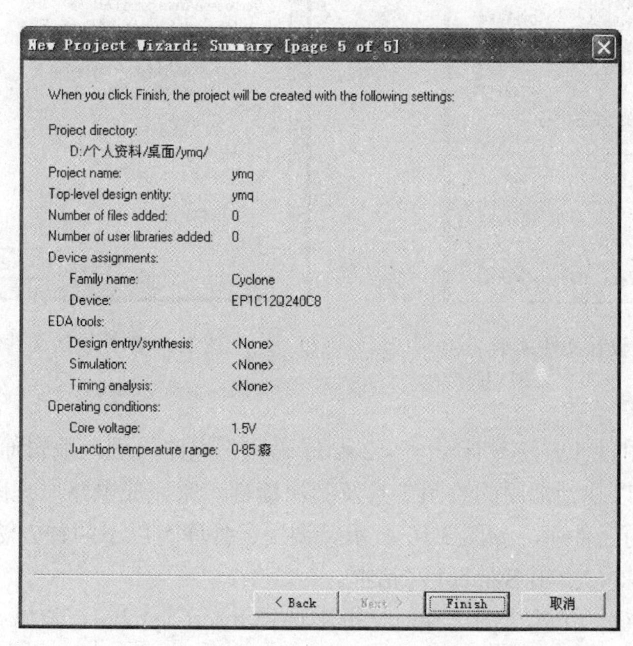

图 3.6　新建工程文件摘要对话框

图 3.6 所示页面显示刚才所做的项目工程设置内容的“报告”。单击 Finish，完成新建项目工程的任务。

至此一个新的项目工程已经建立起来，但真正的电路设计工作还没开始。由于 Quartus II 软件的应用都是基于一个项目工程来做的，因此无论设计一个简单电路还是很复杂的电路都必须先完成以上步骤，建立一个后缀为.qpf 的 Project File。

3.1.2 新建原理图设计文件

1. 选择用原理图方式设计电路

建立好一个新的项目工程后，接下来可以开始建立设计文件了。Quartus II 软件可以用两种方法来建立设计文件（当然还有其他的设计方法），一种是利用软件自带的元器件库，以编辑电路原理图的方式来设计一个数字逻辑电路；另一种方法是应用硬件描述语言（如 VHDL 或 Verilog 等）编写源程序的方法来设计一个数字电路。

其中原理图设计方法和步骤如下：在如图 3.7 所示菜单中选择 New…命令，或直接单击常用工具栏的第一个按钮，打开新建设计文件对话框，如图 3.8 所示。选择 Block Diagram/Schematic File，单击 OK 按钮，即进入原理图编辑界面。

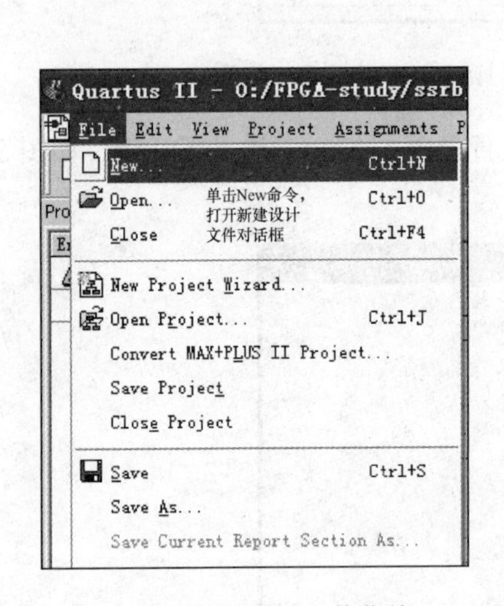

图 3.7 新建设计文件菜单

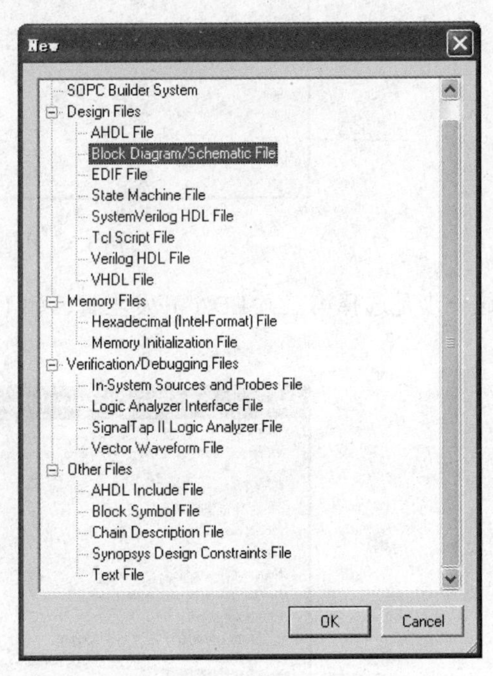

图 3.8 新建设计文件对话框

2. 编辑原理图

下面采用原理图设计方法设计一个“2-4 译码器”电路。进入编辑原理图的界面，如图 3.9 所示，从图中可以找到常用的绘图工具及其快捷键，来完成电路原理图的创建。

（1）首先要调用元件库，如图 3.10 所示。调用元件库有以下四种方法。

1）双击鼠标左键，弹出 Symbol 对话框。

2）单击鼠标右键，在弹出的选择对话框中选择 Insert-Symbol，弹出 Symbol 对话框。

3）单击菜单 EDIT→Insert-Symbol，弹出 Symbol 对话框。

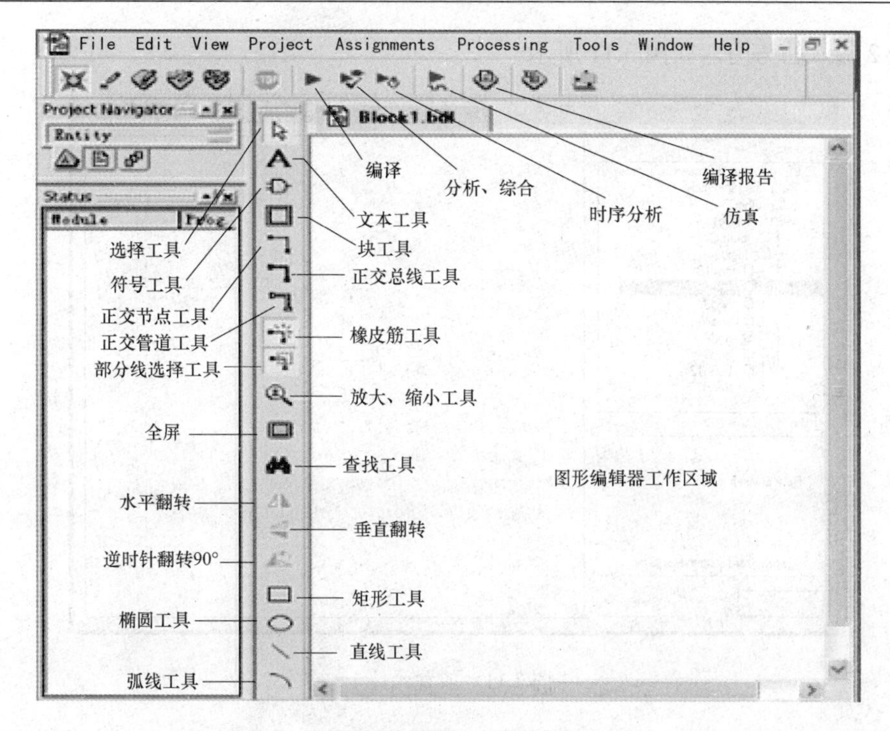

图 3.9　编辑输入原理图界面

4）单击绘图工具，弹出 Symbol 对话框。

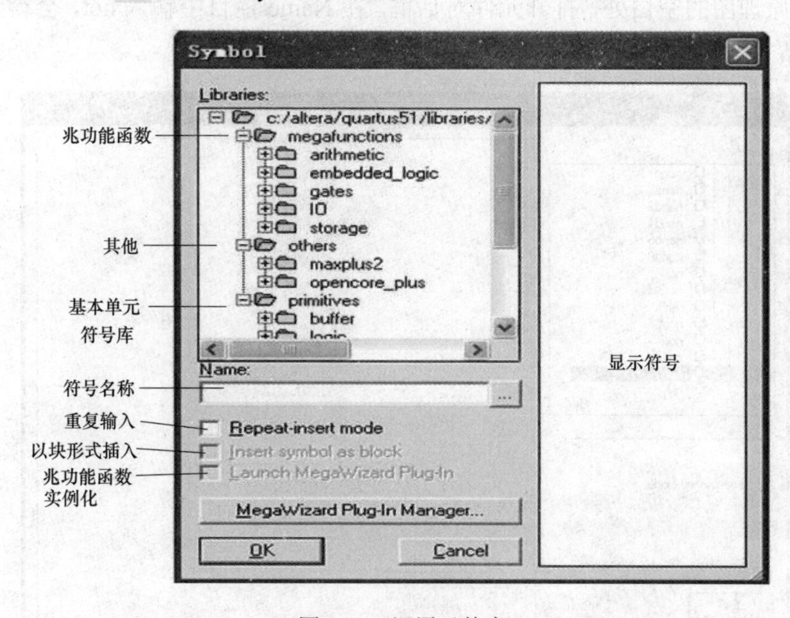

图 3.10　调用元件库

用鼠标单击单元库前面的“+”号，展开单元库，用户可以选择所需要的图元或符号，该符号则显示在右边的显示符号窗口；用户也可以在符号名称里输入所需要的符号名称，单击 OK 按钮，所选择的符号将显示在图形编辑器的工件工域。

（2）双击原理图的任一空白处，会弹出一个元件对话框。在 Name 栏目中输入 and2，就得到一个 2 输入的与门，如图 3.11 所示。

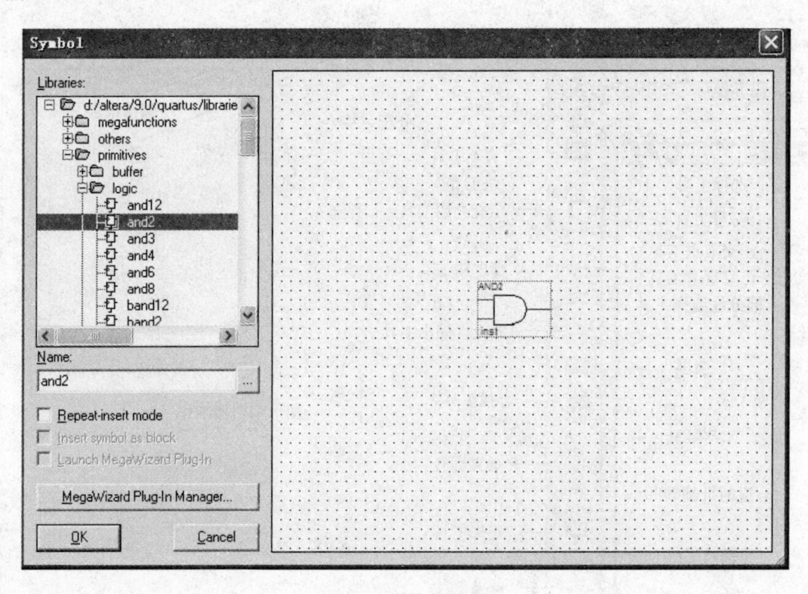

图 3.11　放置元件 1

（3）单击 OK 按钮，将其放到原理图的适当位置。重复操作，放入另外三个 2 输入与门，也可以通过右键菜单的 Copy 命令复制得到。

（4）双击原理图的空白处，打开元件对话框。在 Name 栏目中输入 not，会得到一个非门。点击 OK 按钮，将其放入原理图，如图 3.12 所示。

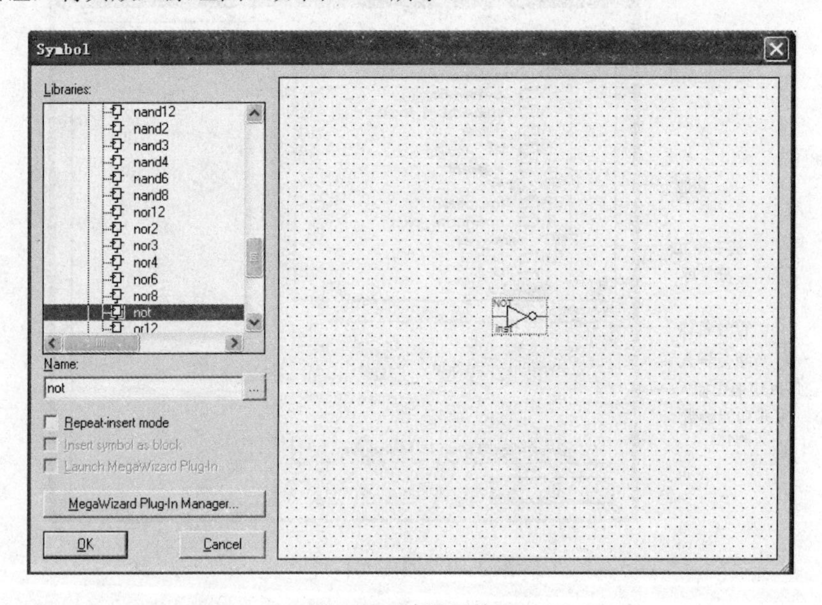

图 3.12　放置元件 2

（5）把所有元件都放好之后，开始连接电路。将鼠标指到元件的引脚上，鼠标会变成“十”字形状。按下左键，拖动鼠标，就会有导线引出。根据要实现的逻辑，连好各元件的引脚，如图 3.13 所示。

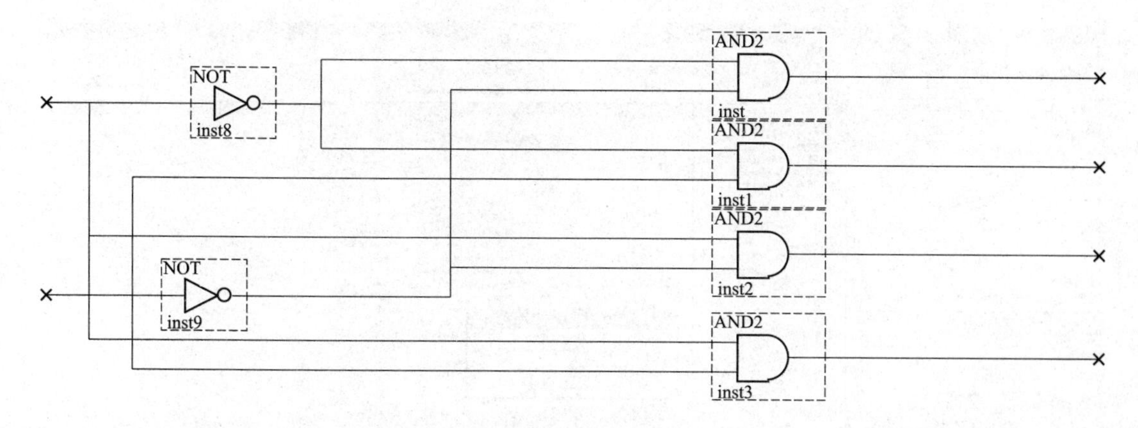

图 3.13 “2-4 译码器”电路图

（6）双击原理图的空白处，打开元件对话框。在 Name 栏目中输入 Input 和 Output，调出输入和输出引脚，给电路接上输入和输出引脚。双击输入和输出引脚，会弹出一个属性对话框。在这一对话框上，更改引脚的名字。2 个输入引脚分别取名为 A 和 B，4 个输出引脚分别命名为 OUT1、OUT2、OUT3、OUT4，如图 3.14 所示。

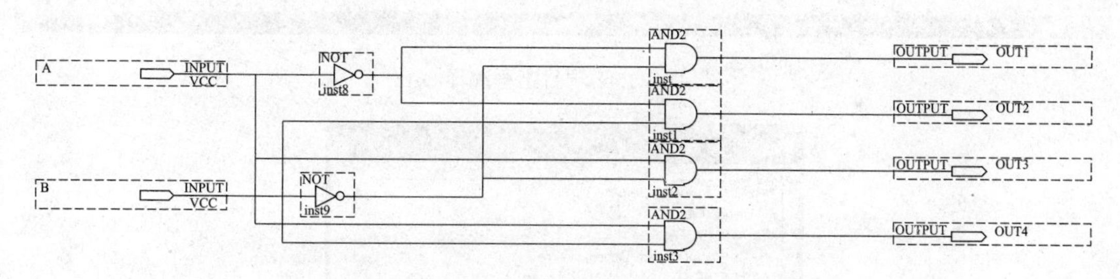

图 3.14 “2-4 译码器”完成原理图输入

至此一个“2-4 译码器”的电路原理图已经完成，接下来要做的工作是对设计好的原理图进行项目工程编译和电路功能仿真。

3. 项目工程编译

设计好的电路若要让软件能认识并检查设计的电路是否有错误，需要进行项目工程编译，Quartus II 软件能自动对设计的电路进行编译和检查设计的正确性。方法如下：在 Processing 菜单下，单击分析综合编译命令，或直接单击常用工具栏上的按钮，开始编译项目。编译成功后，将出现错误和警告提示，单击确定按钮，如图 3.15 所示。

4. 仿真

仿真是指利用 Quartus II 软件对设计的电路的逻辑功能进行验证，看看在电路的各输入端加上一组激励电平信号后，其输出端是否有正确的电平信号输出。因此在进行仿真之前，需要先建立一个输入信号波形文件。方法和步骤如下：

（1）在 File 菜单下，点击 New 命令。在随后弹出的对话框中，切换到 Verification/Debugging Files 页面。选中 Vector Waveform File 选项，点击 OK 按钮，如图 3.16 所示。

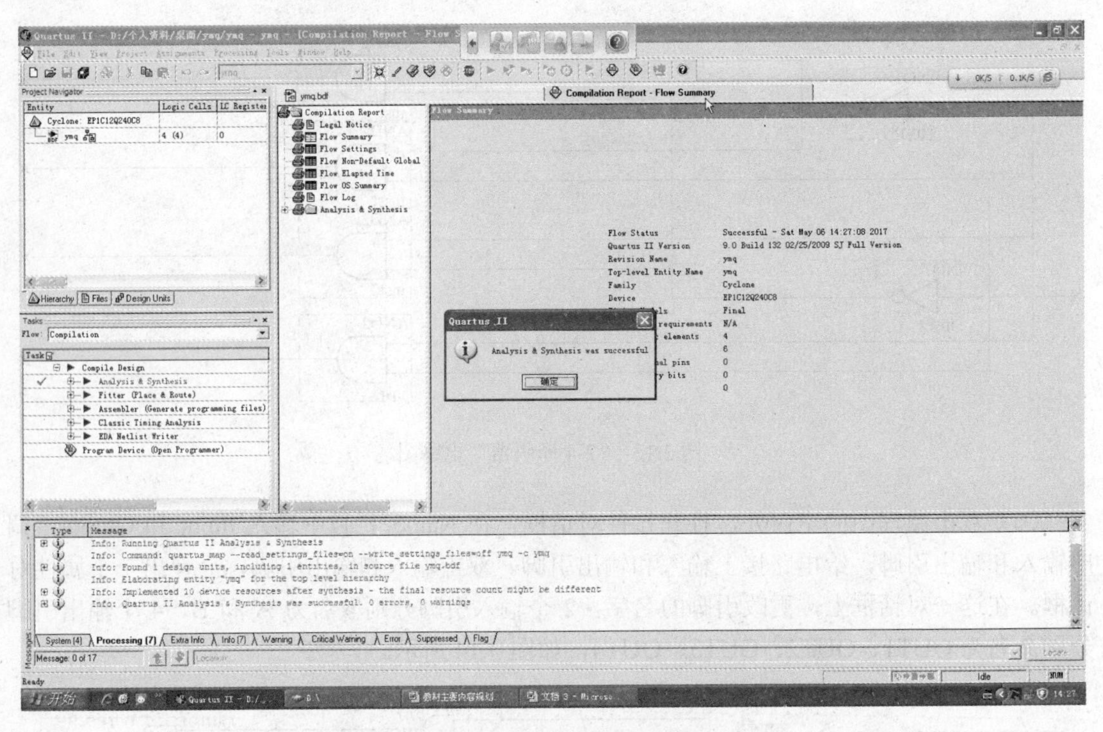

图 3.15　项目工程编译

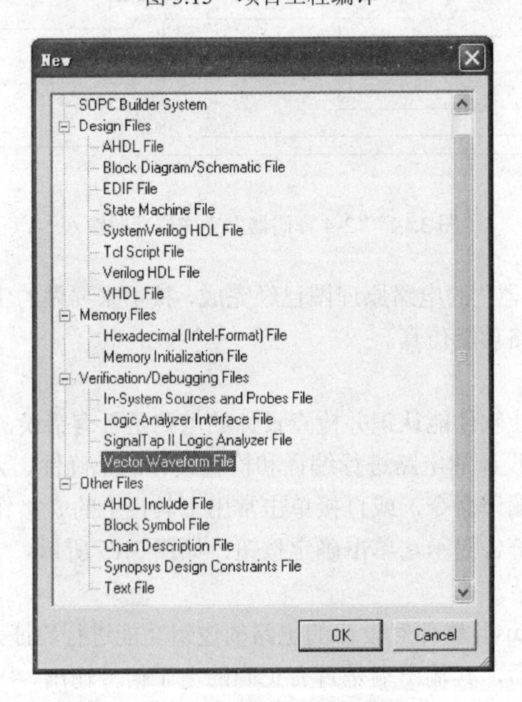

图 3.16　波形文件的建立

（2）在 Edit 菜单下，单击 Insert Node or Bus…命令，或在如图 3.17 所示 Name 列表栏下方的空白处双击鼠标左键，打开编辑输入、输出引脚对话框。

（3）在图 3.17 新打开的对话框中单击 Node Finder…按钮，打开 Node Finder 对话框。单击 List 按钮，列出电路所有的端子。单击 >> 按钮，全部加入。单击 OK 按钮，确认，如图 3.18 所示。单击 OK 按钮回到 Insert Node or Bus 对话框，再单击 OK 按钮，确认。

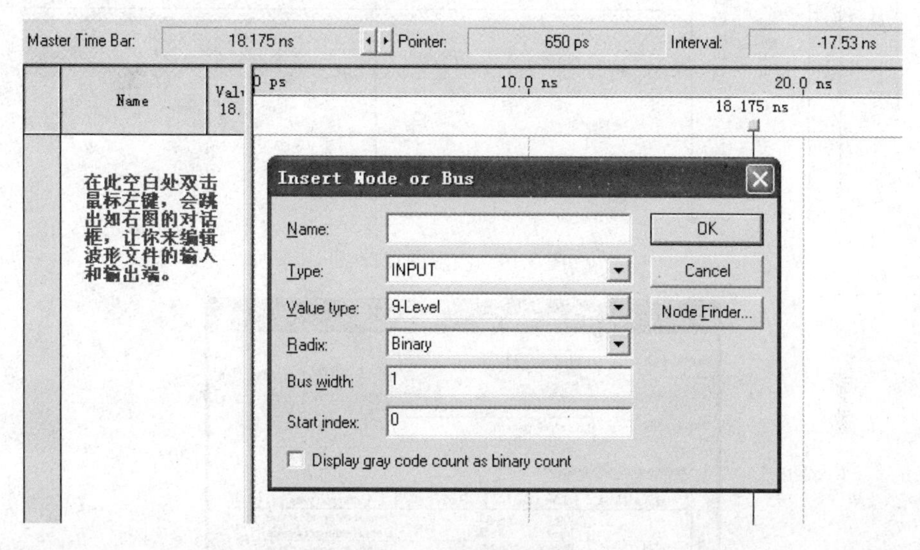

图 3.17　波形建立界面

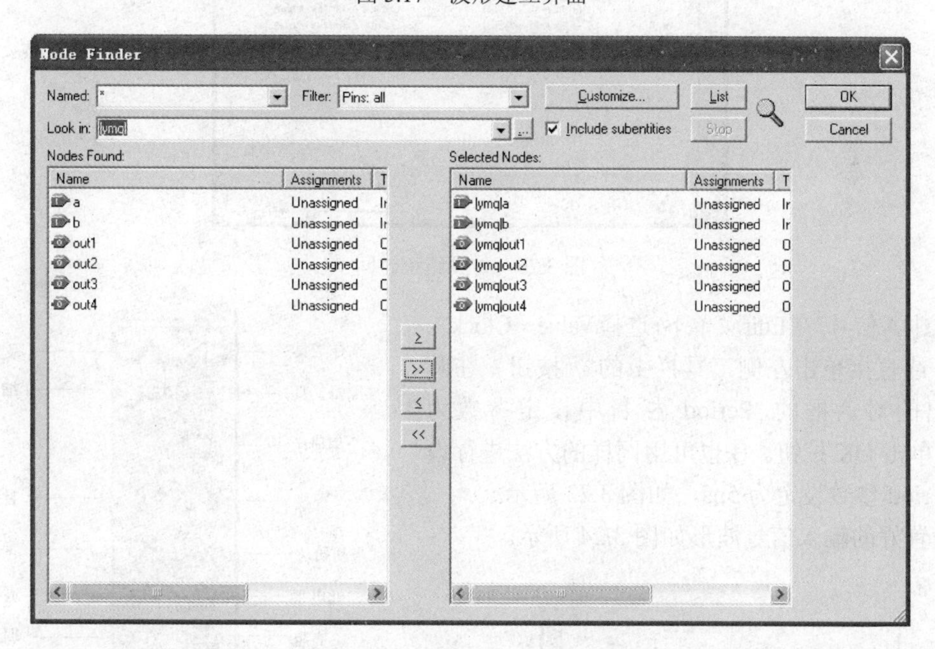

图 3.18　Node Finder 界面

（4）设置仿真时间。图 3.19 所示是选择好 I/O 后的波形图窗口。

在波形仿真之前要设置合适的结束时间和每个栅格的时间。执行 Edit→End Time 命令，设置合适的仿真结束时间，如图 3.20 所示。执行 Edit→Grid Size…命令，设置合适的栅格时间，如图 3.21 所示。

（5）设置输入信号波形。设置输入信号波形要用到波形编辑器，波形编辑器按钮说明如图 3.22 所示。

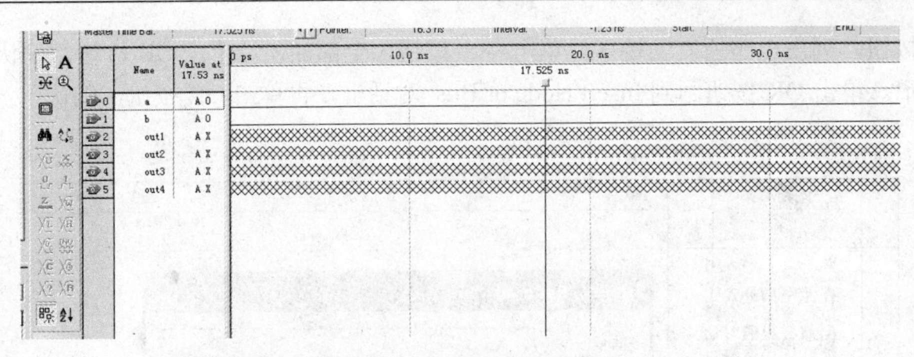

图 3.19　波形图窗口

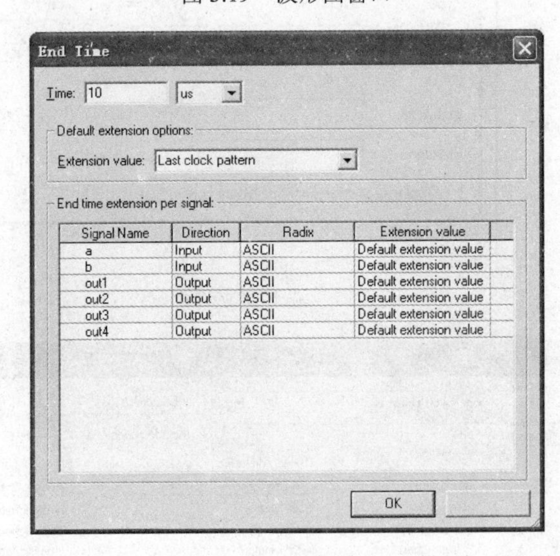

图 3.20　仿真结束时间

选中A信号，在Edit菜单下，选择Value→Clock...命令，或直接单击左侧工具栏上的按钮。在随后弹出的对话框的 Period 栏目中设定参数为10ns，单击OK按钮。B也可用同样的方法进行设置，Period参数设定为5ns，如图3.23所示。

设置好的输入信号波形如图3.24所示。

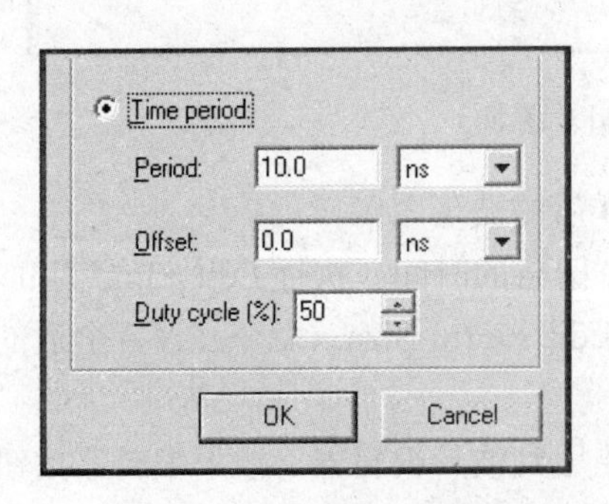

图 3.21　设置栅格时间

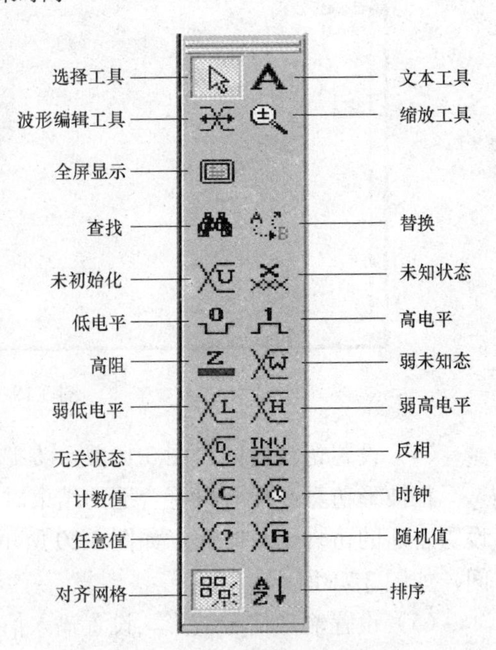

图 3.22　波形编辑器工具栏

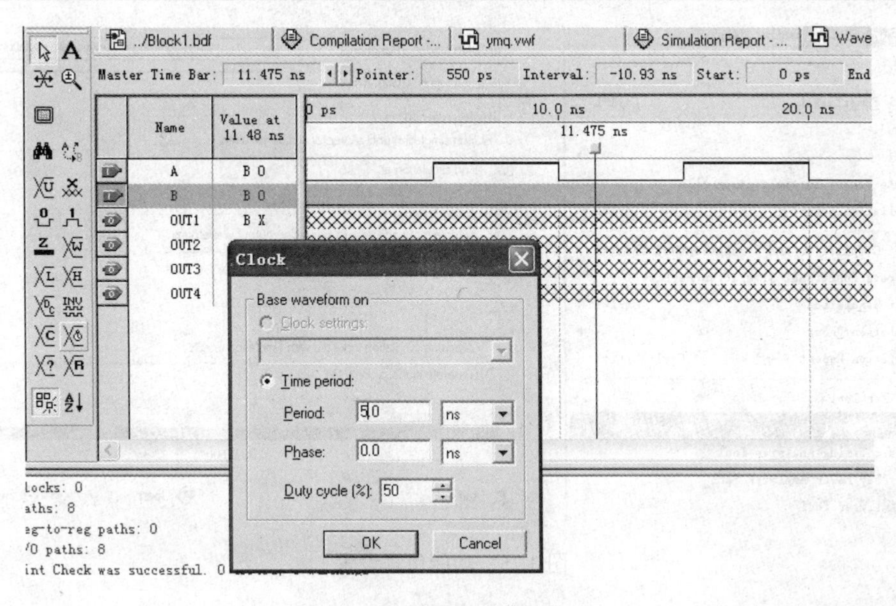

图 3.23 设置输入信号波形

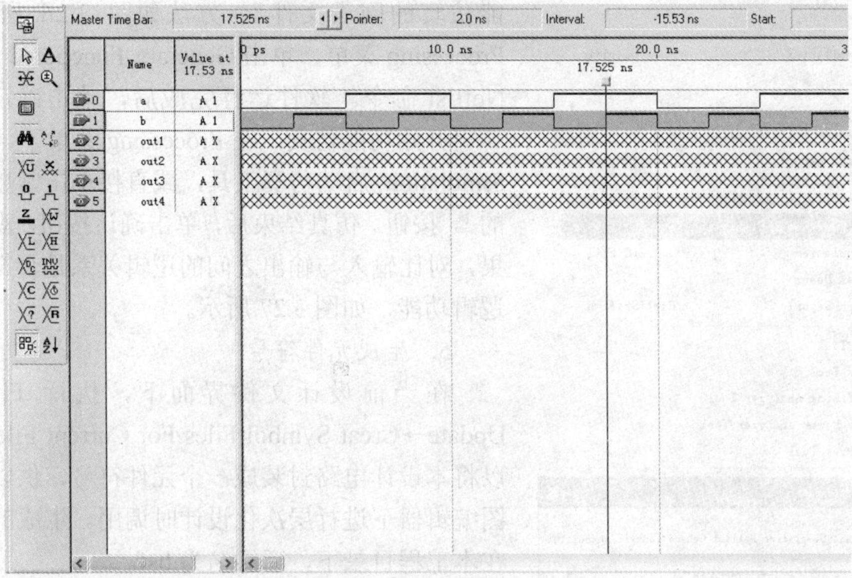

图 3.24 设置好的输入信号波形

设置输入信号后保存文件，文件名默认后缀为.VWF。也可以手动设置输入信号波形，用鼠标左键单击并拖动鼠标选择要设置的区域，单击工具箱中按钮，则该区域变为高电平，单击工具箱中按钮，则该区域变为低电平。其他输入参数设置参考图 3.22 进行设置。

（6）设置时序仿真和功能仿真。Quartus Ⅱ 软件集成了电路仿真模块，电路有两种模式：时序仿真和功能仿真。时序仿真模式按芯片实际工作方式来模拟，考虑了元器件工作时的延时情况；而功能仿真模式只是对设计的电路的逻辑功能是否正确进行模拟仿真。在验证我们设计的电路是否正确时，常选择“功能仿真”模式。将软件的仿真模式修改为“功能仿真”模式，操作方法执行 Processing→Simulation Tool 命令，如图 3.25 所示。

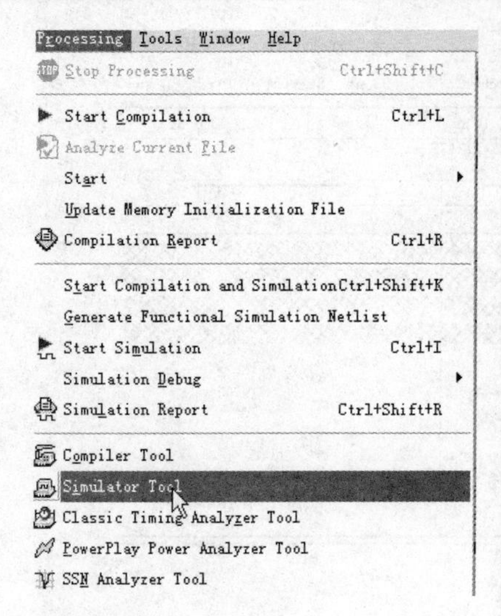

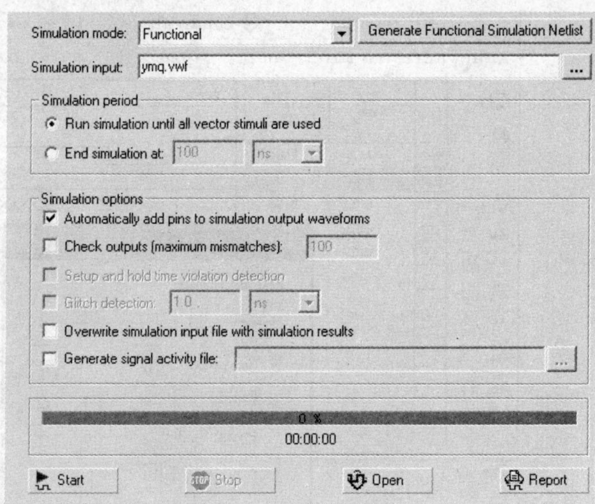

图 3.25　功能仿真设置

选择好"功能仿真"模式后，需要生成一个"功能仿真的网表文件"，方法如图 3.26 所示，选择 Processing 菜单，单击 Generate Functional Simulation Netlist 命令。软件运行完成后，单击确定。

开始功能仿真，在 Processing 菜单下，选择 Start Simulation 启动仿真工具，或直接单击常用工具栏上的 按钮。仿真结束后，单击确认按钮。观察仿真结果，对比输入与输出之间的逻辑关系是否符合电路的逻辑功能，如图 3.27 所示。

图 3.26　生成功能仿真网表文件

5. 生成元件符号

在当前设计文件界面下，执行 File→Creat/Update→Creat Symbol Files For Current File 命令，可以将本设计电路封装成一个元件符号，供以后在原理图编辑器下进行层次化设计时调用。生成的符号存放在本工程目录下，后缀名为.bsf。

到此为止，基于 Quartus II 软件的数字电路设计与功能仿真工作已经完成，但设计的电路最终还要应用可编程逻辑器件来工作，去实现设计的目的。因此接下来，还要把设计文件下载到芯片中，使设计工作赋予实际。

6. 下载验证

要将设计文件下载到硬件芯片中，事先一定要准备好一块装有可编程逻辑器件的开发板（或实验箱）和一个下载工具，如图 3.28 所示。

由于不同的可编程逻辑器件的型号及其芯片的引脚编号是不一样的，因此在下载之前，先要对设计好的数字电路的输入、输出端根据芯片的引脚编号进行配置。

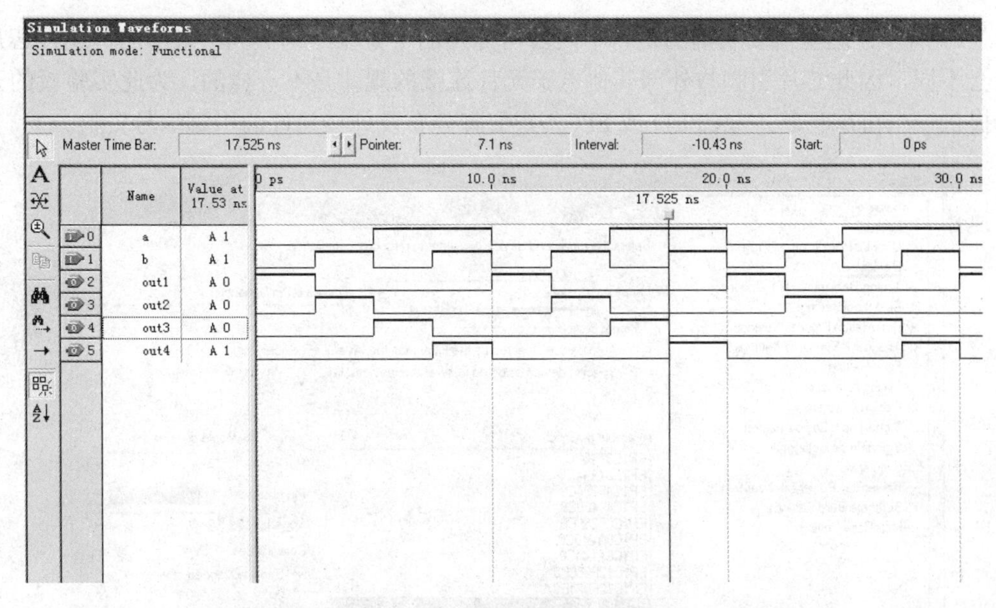

图 3.27 “2-4 译码器”仿真结果

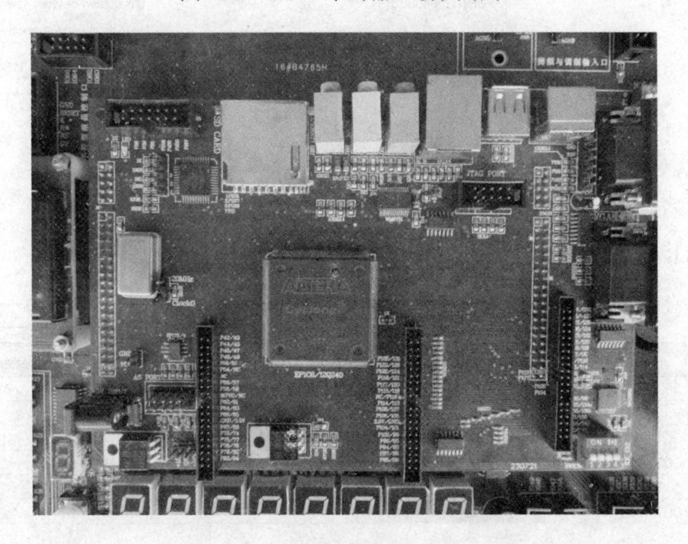

图 3.28　可编程逻辑器件核心板

（1）检查项目工程支持的硬件型号。在开始引脚配置之前，先检查一下在开始建立项目工程时所指定的可编程逻辑器件的型号与实验板上的芯片型号是否一致，如果不一致，要进行修改，否则无法下载到实验板的可编程逻辑器件中。修改的方法如下：单击常用工具栏上的按钮，打开项目工程设置对话框，如图 3.29 所示。

选好芯片型号后，单击 OK 按钮，即修改完成。修改完硬件型号后，最好重新对项目工程再编译一次，以方便后面配置引脚。编译的方法与上面所叙述一样，简单来说，只要再单击一下常用工具栏上的按钮，编译完成后，单击确定即可。

（2）给设计好的原理图配置芯片引脚。配置芯片引脚就是将原理图的输入端指定到实验板上可编程芯片与按键相连的引脚编号，将输出端指定到实验板上可编程芯片与 LED 发光二极管相连的引脚编号。方法如下：单击常用工具栏上的按钮，打开芯片引脚设置对话框，如图 3.29 所示。这里需要明确的是，不同公司开发的实验板结构不同，采用的可编程芯片型号也会不同，因此芯片引脚与外部其他电子元件连接的规律是不一样的。为此实验板的开发者会提供一个可编程芯片（CPLD 或 FPGA）引脚分布及外接元件的引脚编号资料。

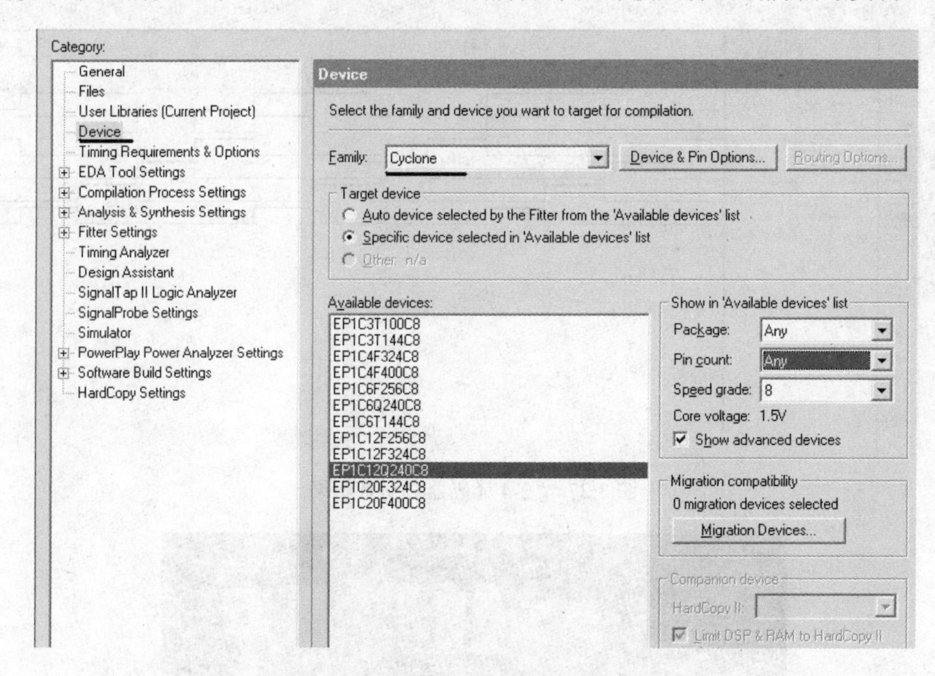

图 3.29　硬件型号选择

通过 Quartus II 软件配置好的引脚图如图 3.30 所示。

Edit: PIN_5

	To	Location	I/O Bank	I/O Standard	General Function
1	A	PIN_233	2	LVTTL	Column I/O
2	B	PIN_234	2	LVTTL	Column I/O
3	OUT1	PIN_1	1	LVTTL	Row I/O
4	OUT2	PIN_2	1	LVTTL	Row I/O
5	OUT3	PIN_4	1	LVTTL	Row I/O
6	OUT4	PIN_5	1	LVTTL	Row I/O
7	<<new>>	<<new>>			

图 3.30　配置好的引脚图

配置好引脚以后，再完全编译一次，得到如图 3.31 所示的电路原理图。

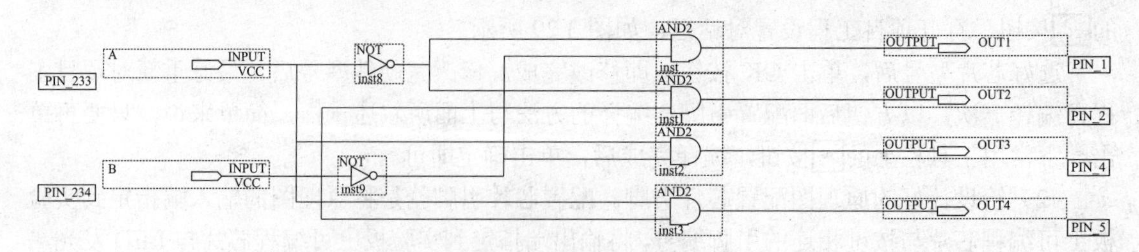

图 3.31　电路原理图

在下载验证之前可以进行一次时序仿真，对信号的时序进行分析验证。

（3）连接实验板，下载设计文件。

AlTERA 编程硬件有如下几种：MasterBlaster 下载电缆、ByteBlasterMV 下载电缆、ByteBlaster II 下载电缆、USB-Blaste 下载电缆、Altera 编程单元 APU。

Programmer 具有四种编程模式：被动串行编程模式（PS Mode）、JTAG 编程模式—调试时使用、主动编程模式（AS Mode）—烧写到专用配置芯片中、插座内编（In-Socket）。

1）JTAG 编程下载模式。此方式的操作步骤如下：

a．选择 Quartus II 主窗口的 Tools 菜单下的 Programmer 命令或单击图标，进入器件编程和配置对话框。如果此对话框中的 Hardware Setup 为“No Hardware”，则需要选择编程的硬件。单击 Hardware Setup，进入 Hardware Setup 对话框，如图 3.32 所示，在此添加硬件设备。

b．配置编程硬件后，选择下载模式，在 Mode 中指定的编程模式为 JTAG 模式；

c．确定编程模式后，单击 Add File... 添加相应的.sof 编程文件，选中 counter.sof 文件后的 Program/Configure 选项，然后单击 Start 图标下载设计文件到器件中，Process 进度条中显示编程进度，编程下载完成后就可以进行目标芯片的硬件验证了。

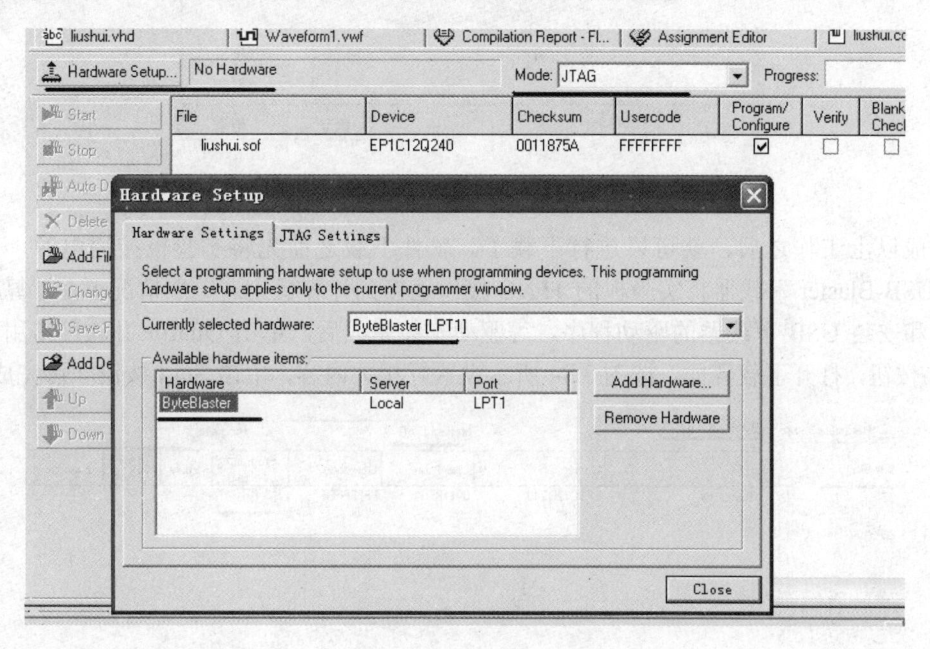

图 3.32　编程下载对话框

2）AS 主动串行编程模式。AS 主动串行编程式的操作步骤如下：

a．选择 Quartus II 主窗口 Assignments 菜单下的 Device 命令，进入 Settings 对话框的 Device 页面进行设置，如图 3.33 所示。

b．选择 Quartus II 主窗口的 Tools 菜单下的 Programmer 命令或单击图标，进入器件编程和配置对话框，添加硬件，选择编程模式为 Active Serial Program。

c. 单击 Add File... 添加相应的.pof 编程文件，选中文件后的 Program/Configure、Verify 和 Blank Check 项，单击图标 Start 下载设计文件到器件中，Process 进度条中显示编程进度。下载完成后程序固化在 EPCS 中，开发板上电后 EPCS 将自动完成对目标芯片的配置，无需再从计算机上下载程序。

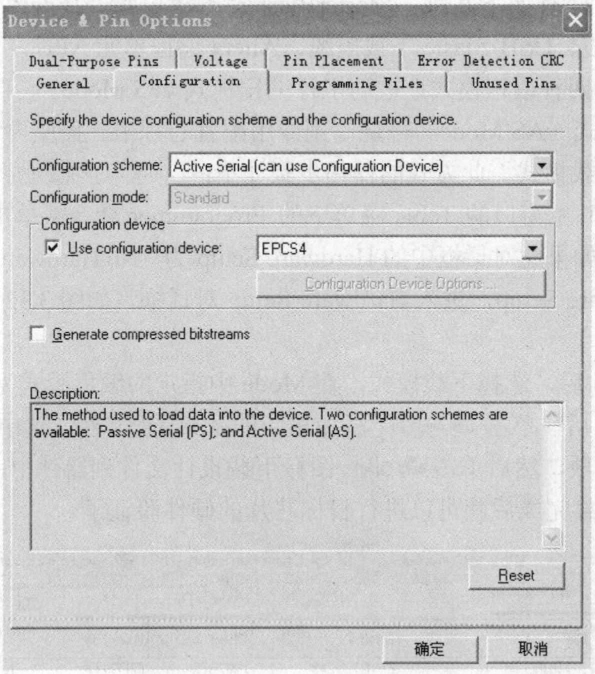

Device & Pin Options
Dual-Purpose Pins | Voltage | Pin Placement | Error Detection CRC
General | Configuration | Programming Files | Unused Pins
Specify the device configuration scheme and the configuration device.
Configuration scheme: Active Serial (can use Configuration Device)
Configuration mode: Standard
Configuration device
Use configuration device: EPCS4
Configuration Device Options...
Generate compressed bitstreams
Description:
The method used to load data into the device. Two configuration schemes are available: Passive Serial (PS); and Active Serial (AS).
Reset
确定　取消

图 3.33　AS 主动串行编程设置

完成以上工作之后，就可以进行下载了。软件下载之前先将实验板接通电源，并通过 Altera USB-Blaster 下载器将实验板的 **JTAG** 接口连接到计算机上。一般情况下，计算机会自动搜索和安装 USB 下载器的驱动程序。等驱动安装完成后，单击 Quartus II 软件常用工具栏上的按钮，打开下载界面，按图 3.34 所示设置好相关内容，单击 Start 按钮即可完成下载。

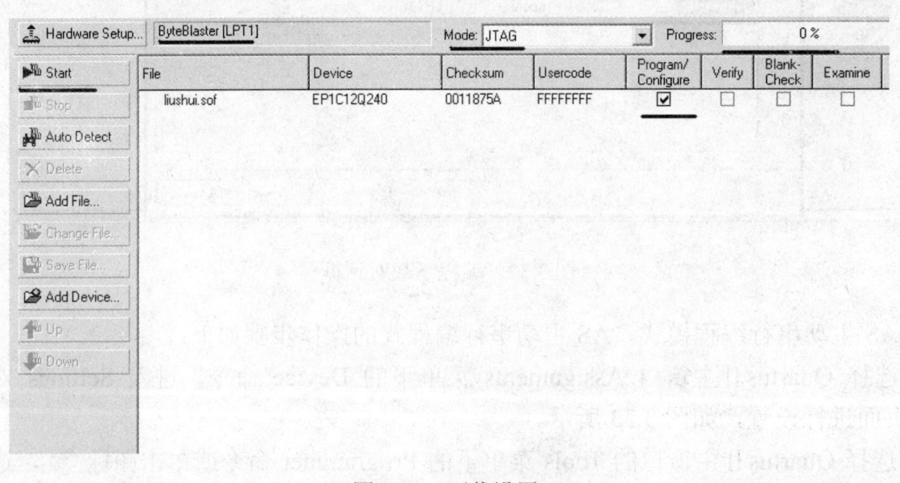

图 3.34　下载设置

到此设计工作可以说已全部结束了，接下来的工作就是在实验板上验证和测试，如果发现设计有误，那就只好重新修改设计文件，并重新下载了。

需要说明的是，通过 JTAG 模式下载的文件是不能保存到实验板上的，实验板断电后就不能再工作了。若要将设计文件永久保存在实验板上，则需要通过实验板上的 AS 接口，以 **Active Serial** 模式将后缀名为.pof 文件下载并保存到可编程芯片中，这样实验板断电后，设计文件是不会丢失的。

3.1.3　实验准备工作

1. 实验平台电源连接

打开 GW48 实验箱，拿出实验箱标配的电源线，将电源线的一头插到实验箱后侧的电源接口，另一端接到 220V/Hz 的电源插座上，然后打开实验箱的电源开关。

2. 安装 Byte Blaster II 下载电缆

（1）安装 Byte Blaster II 驱动程序。首先检查 Byte Blaster II 驱动程序是否安装，如果没有安装，可以通过下面的步骤完成安装；如果已经安装，则跳过此步。查看方法如图 3.35 所示，在设备管理器里面查看。

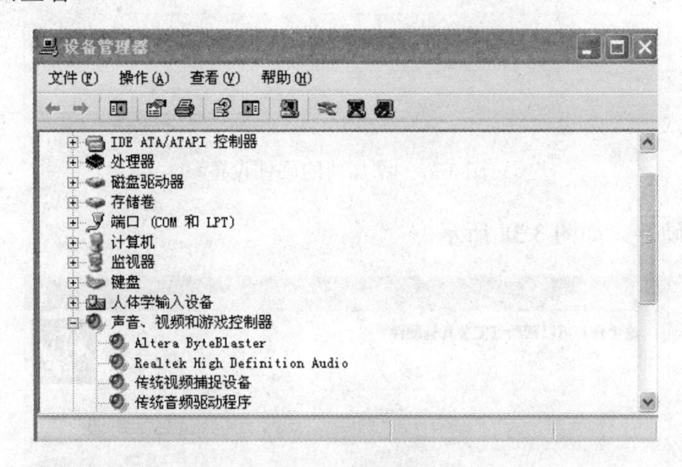

图 3.35　设备管理器

从“开始→控制面板→添加硬件”打开添加硬件向导，如图 3.36 所示。

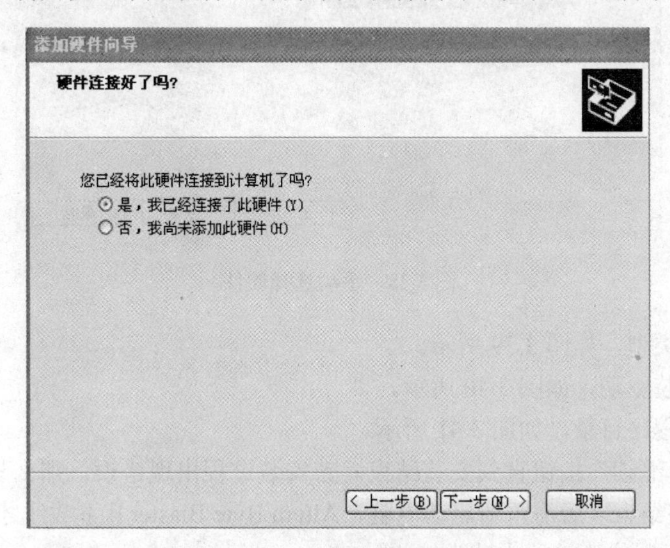

图 3.36　添加硬件向导

选择“是，我已经连接了此硬件（Y）”选项，按“下一步”按钮继续其他设置。

1）添加新的硬件设备，如图 3.37 所示。

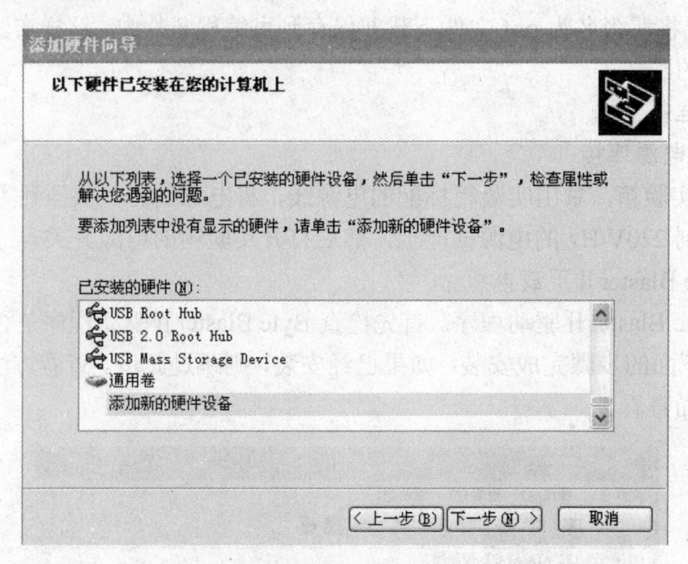

图 3.37　添加新的硬件设备

2）手动选择硬件，如图 3.38 所示。

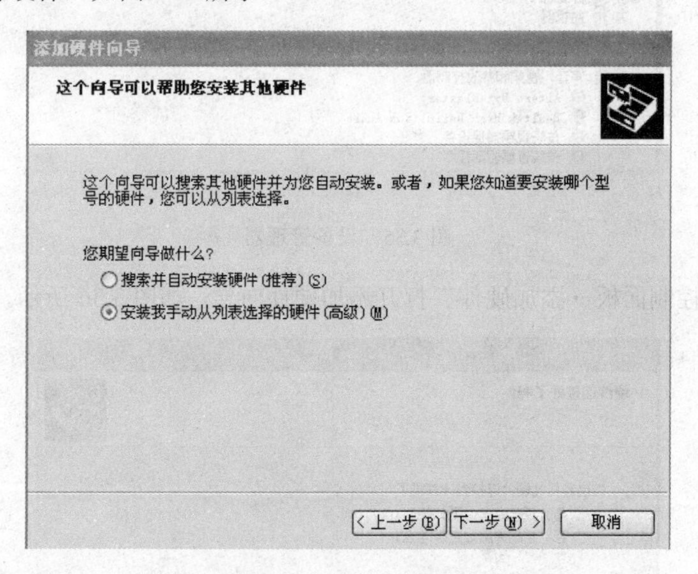

图 3.38　手动选择硬件

3）选择硬件类型，如图 3.39 所示。

4）从磁盘安装驱动，如图 3.40 所示。

5）选择驱动程序目录，如图 3.41 所示。

最后一直按“继续”按钮直到安装结束。若安装过程出现错误，那么只要重新再安装一次就可以了。安装结束以后需重新启动电脑，Altera Byte BlasterⅡ下载线才能正常使用。

USB Blaster 下载线驱动的安装类似。

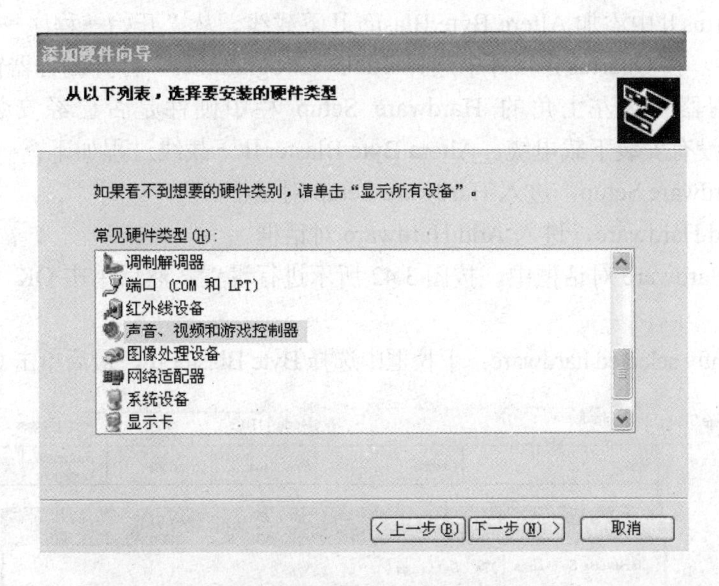

图 3.39　选择硬件类型

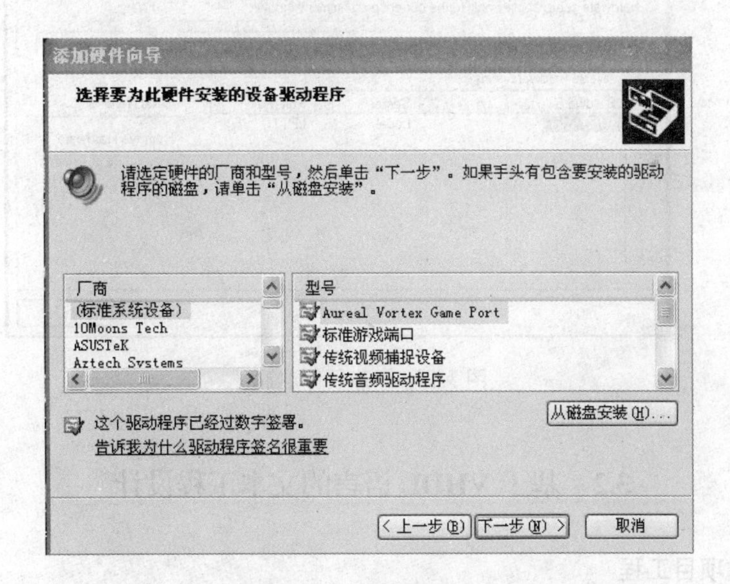

图 3.40　从磁盘安装驱动

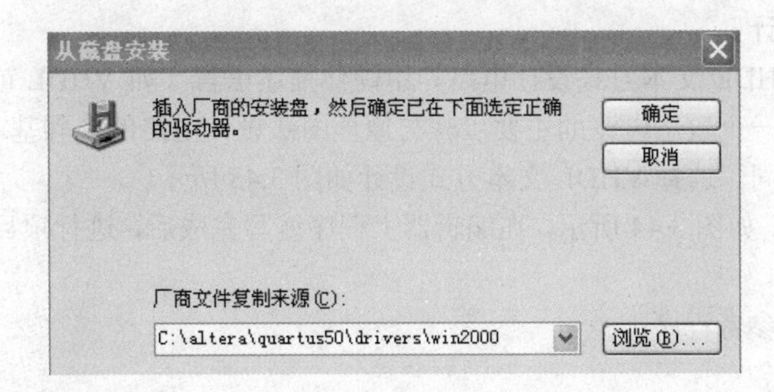

图 3.41　选择驱动程序目录

（2）在 Quartus Ⅱ中添加 Altera Byte BlasterⅡ下载线。从“开始→程序→Altera→Quartus Ⅱ9.0”打开软件，在 Quartus Ⅱ软件中选择 Tools→Programmer，打开编程器窗口，如图 3.42 所示。查看编程器窗口左上角的 Hardware Setup 栏中硬件是否已经安装，如果是 No Hardware，表明没有安装下载电缆。Altera Byte BlasterⅡ下载线过程如下：

1）单击 Hardware Setup，进入 Hardware Setup 对话框。

2）单击 Add Hardware，进入 Add Hardware 对话框。

3）在 Add Hardware 对话框中，按图 3.42 所示进行设置，然后单击 OK（USB Blaster 添加类似）按钮。

4）在 Currently selected hardware：下拉框中选择 Byte BlasterⅡ，最后单击 Close 关闭窗口。

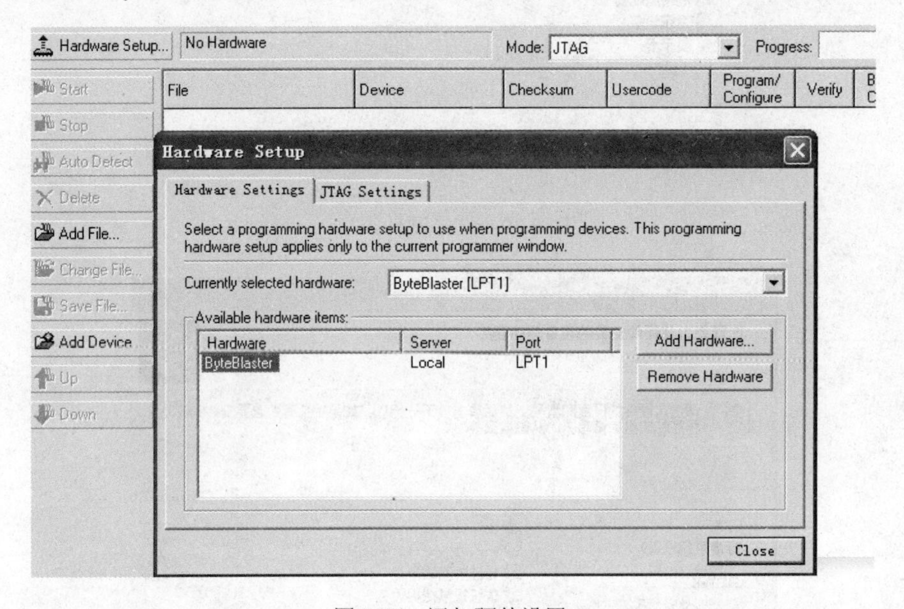

图 3.42 添加硬件设置

3.2 基于 VHDL 语言的文本工程设计

3.2.1 新建项目工程

步骤与 3.1.1 示例相同。

3.2.2 工程设计

（1）选择用 VHDL 文本方式设计电路。用硬件描述语言（如 VHDL 或 Verilog）编写源程序的方法来设计一个数字电路的主要步骤与原理图法设计电路的步骤基本相同，只是两者的输入形式有所不同。选择 VHDL 文本方式设计如图 3.43 所示。

（2）编辑文本。如图 3.44 所示，在编辑器上程序编写完成后，进行项目工程编译、仿真、下载等步骤。

“2-4 译码器”参考程序：

```
LIBRARY ieee;
USE ieee.std_logic_1164.all;
```

```
ENTITY ymq IS
   PORT
   (a ,b:  IN  STD_LOGIC;
        out1,out2,out3,out4: OUT STD_LOGIC);
END ymq;
ARCHITECTURE bhv OF ymq IS
SIGNAL  a1:  STD_LOGIC;
SIGNAL  b1 :  STD_LOGIC;
BEGIN
a1 <= NOT(a);
b1 <= NOT(b);
out1 <= a1 AND b1;
out2 <= a1 AND b;
out3 <= a AND b1;
out4 <= a AND b;
END bhv;
```

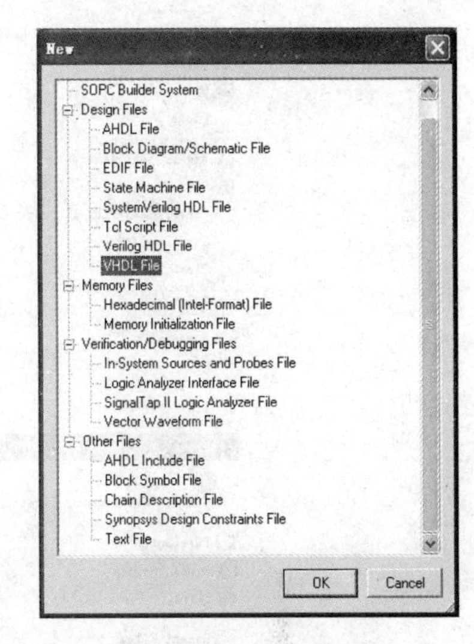

图 3.43　设计文件输入方式选择

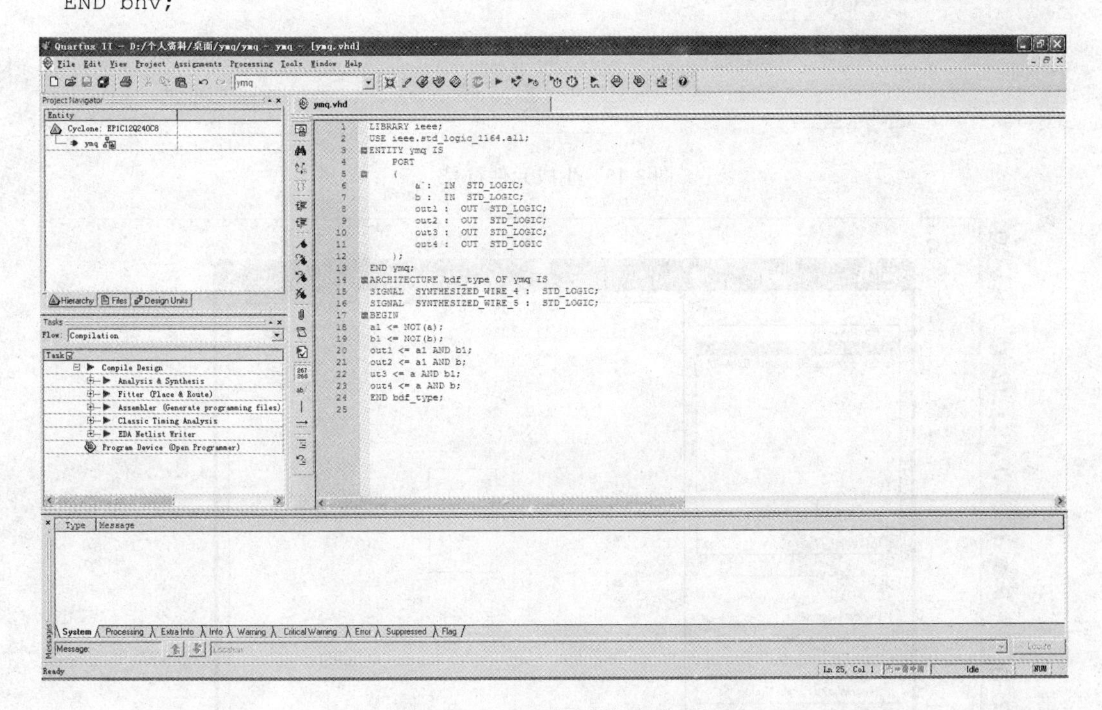

图 3.44　“2-4 译码器”文本示例

（3）项目工程编译。

（4）仿真。步骤与 3.1.2 示例相同。

（5）生成元件符号。如图 3.45 所示，执行 File→Creat/Update→Creat Symbol Files For Current File 命令，将本设计电路封装成一个元件符号，供以后在原理图编辑器下进行层次设计时调用。

生成的符号存放在本工程目录下，后缀名为.bsf。新建 block 原理图文件，双击空白处，如图 3.46 所示，单击 OK 按钮选择“2-4 译码”元件符号。

（6）分配引脚并编程下载测试。对本项目分配引脚并在实验箱上下载验证其逻辑功能。

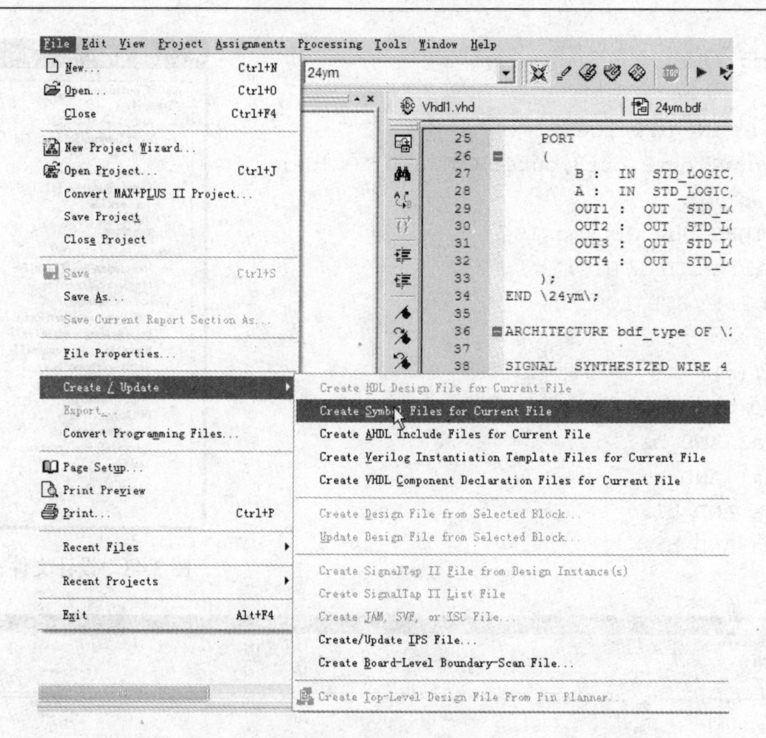

图 3.45　生成元件符号

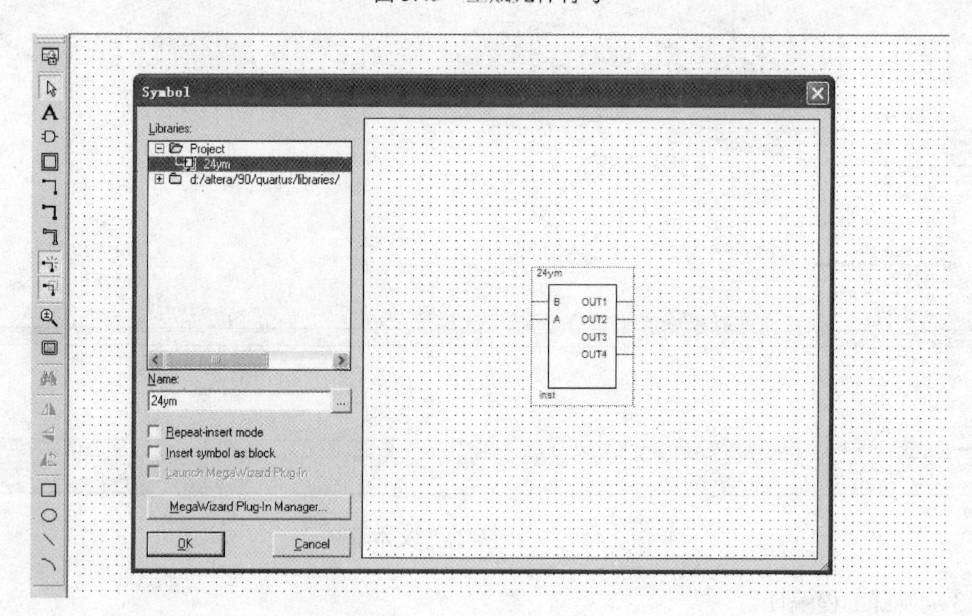

图 3.46　选择元件符号

3.3　基于状态机的工程设计

3.3.1　新建项目工程

步骤与 3.1.1 示例相似。

3.3.2　工程设计

（1）输入状态机。本例利用状态机编辑器设计一个 5 位二进制计数器。

1）建立文件。选择 File→New 命令，或者用快捷键 Ctrl+N，或者单击单机工具栏的图标，弹出新建文件对话框，在该对话框中选择 State Machine File 并单击 OK 按钮，进入如图 3.47 所示的状态机编辑窗口。

2）创建状态机。

a．选择 Tools→State Machine Wizard 命令，打开状态机创建向导选项对话框。在该对话框中选中 Edit an existing state machine design，进入如图 3.48 所示的状态机向导步骤 1 对话框。

b．在图 3.48 中，选择复位 Reset 信号模式：同步（Synchronous）或者异步（Asynchronous），本例选择异步；选择 Reset 为高电平有效（Reset is acting-high）；选择输出端的输出为寄存器方式（Register）。设置完成后单击 Next 按钮，进入如图 3.49 所示的状态机向导步骤 2 对话框。

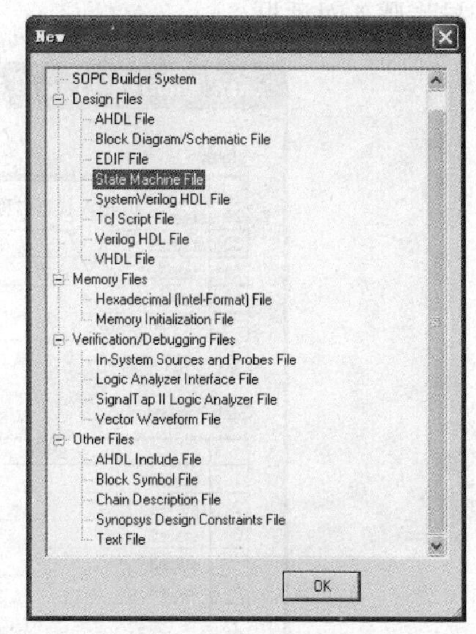

图 3.47　状态机文件选择

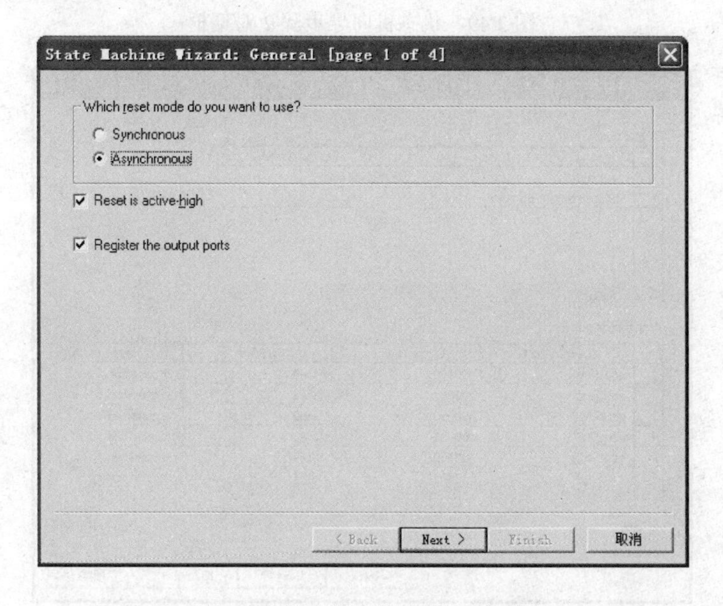

图 3.48　状态机向导步骤 1 对话框

c．在图 3.49 中，在 State 栏中输入状态名称 state0～state31，在输入端口（Input ports）栏中取默认情况，在状态机转换表输入状态转换，转换条件默认。设置完成后单击 Next 按钮，进入如图 3.50 所示的状态机向导步骤 3 对话框。

d．在图 3.50 中，在输出端口（Output ports）栏的 Output Ports Name 下输入输出向量名称 qout[4:0]，在输出状态（Output State）下选择 Next clock cycle；在状态输出（Output Value）下输入各个状态对应输出编码。设置完成后单击 Next 按钮，进入如图 3.51 所示的状态机向导步骤 4 对话框。

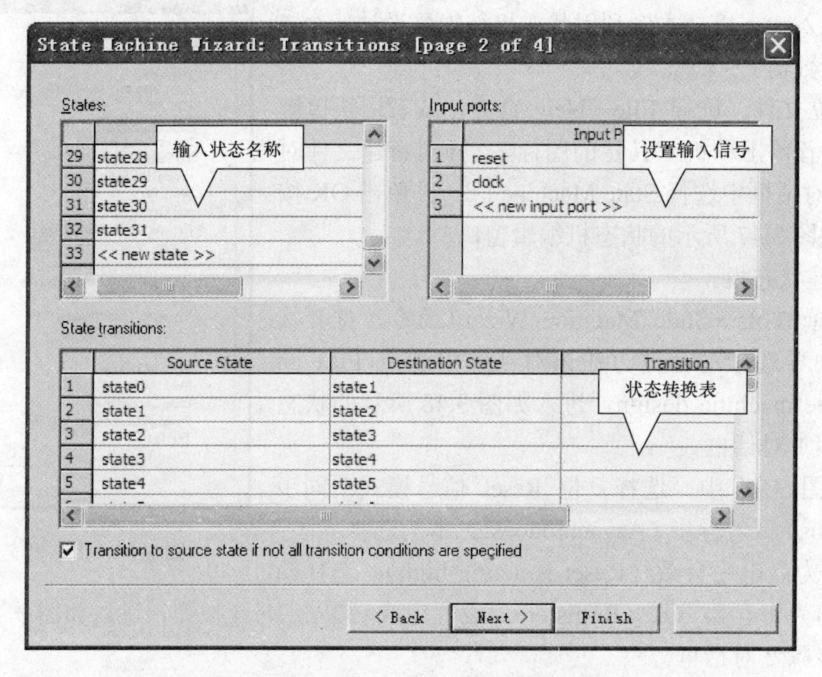

图 3.49 状态机向导步骤 2 对话框

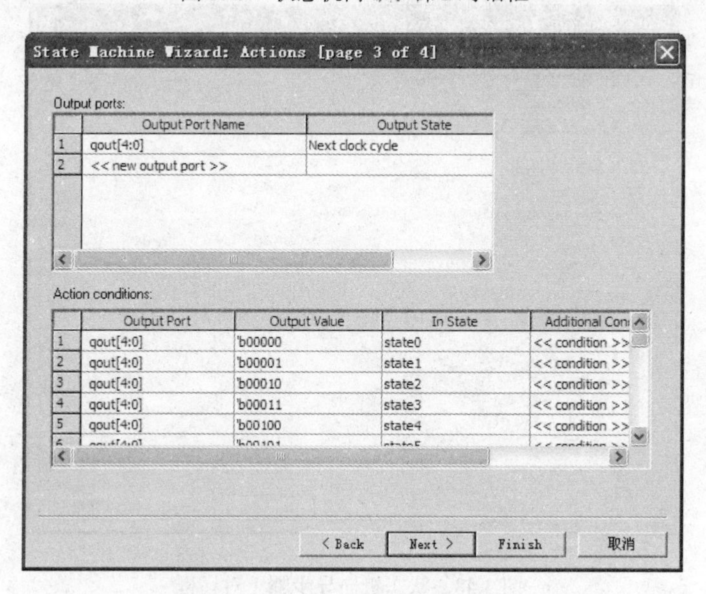

图 3.50 状态机向导步骤 3 对话框

e. 在图 3.51 中，查看状态机设置情况。设置完成，单击 Finish 按钮，关闭状态机生成向导，生产的状态机如图 3.52 所示。

3）保存文件。单击保存按钮，弹出“另存为”对话框，在默认情况下“文件名（N）”文本框中的文件名为 cnt4b_state，保存类型为.smf，选择 add file to current project。单击“保存”按钮，完成文件的保存。

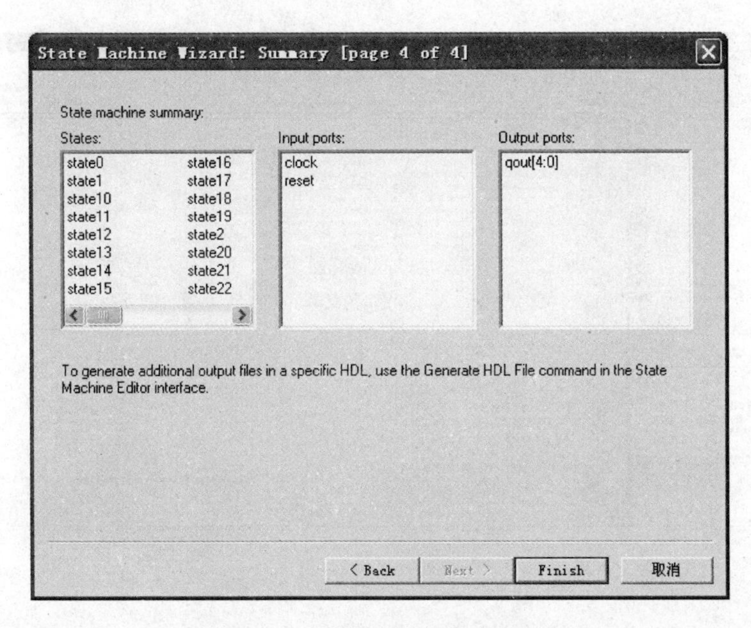

图 3.51　状态机向导步骤 4 对话框

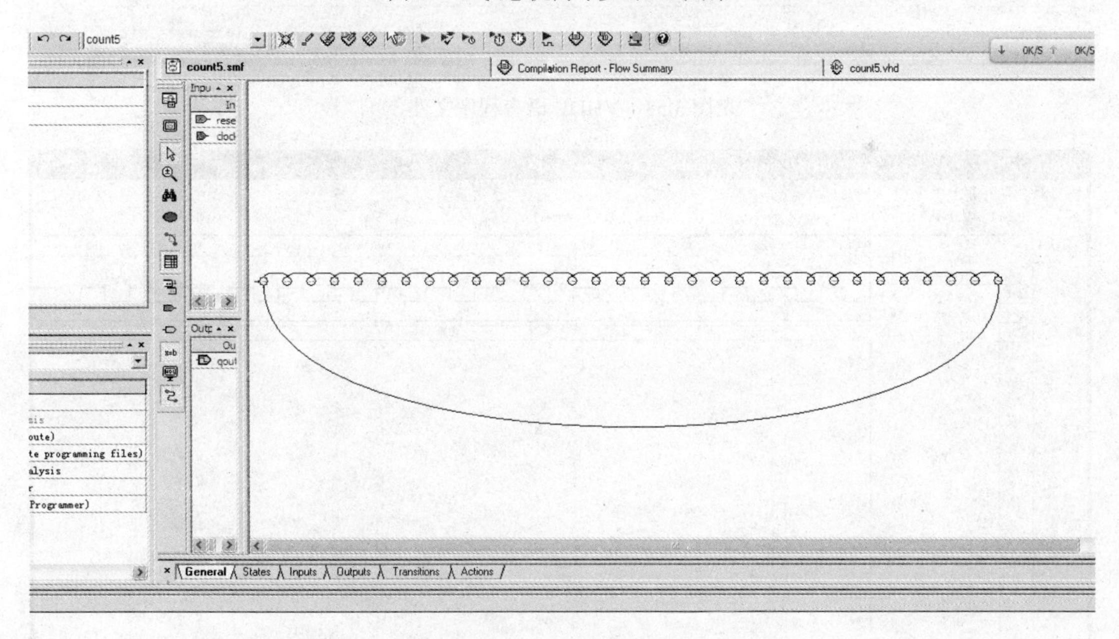

图 3.52　计数器状态机

4）生成 HDL 文本。选择 Tools→Generate HDL File 命令。在此对话框中选择产生程序代码 HDL 语言的种类（VHDL、Verilog HDL 或者 System Verilog），单击 OK 按钮，自动生成与状态机文件名相同的 VHDL 语言程序文件 cnt4b_state.vhd 并在文本编辑窗口打开，如图 3.53 所示。

（2）编译工程文件。

（3）建立仿真测试的矢量波形文件。计数器功能仿真测试的矢量波形如图 3.54 所示。

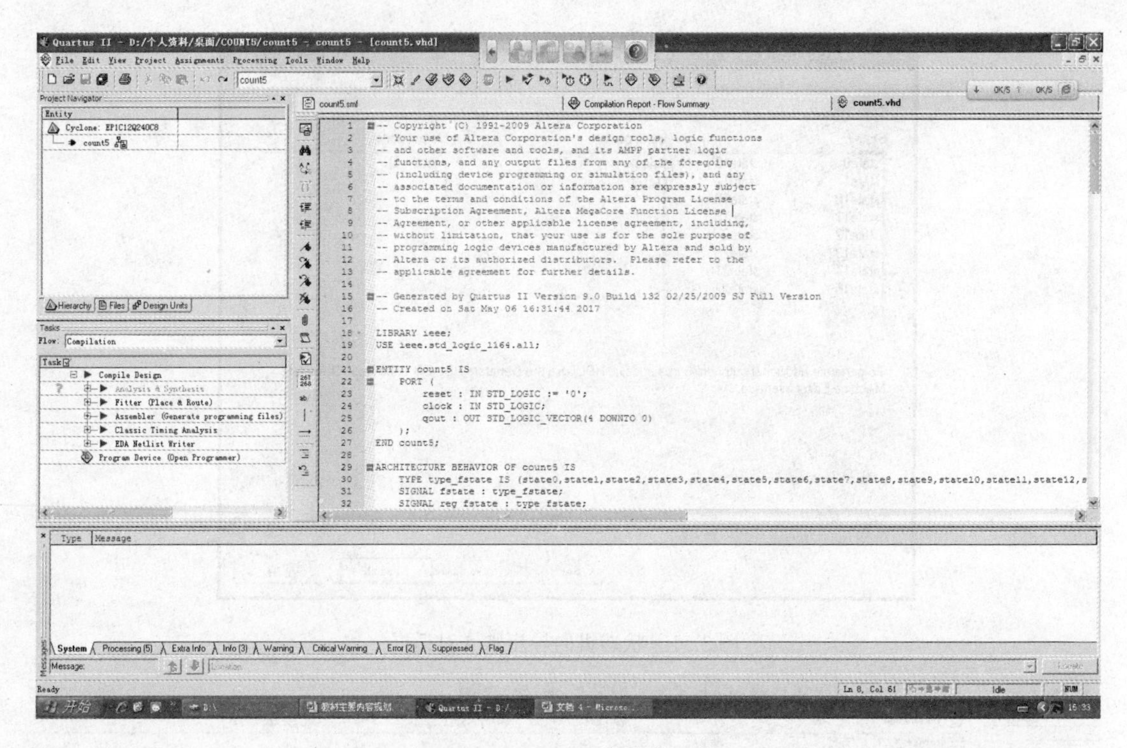

图 3.53 VHDL 语言程序文件

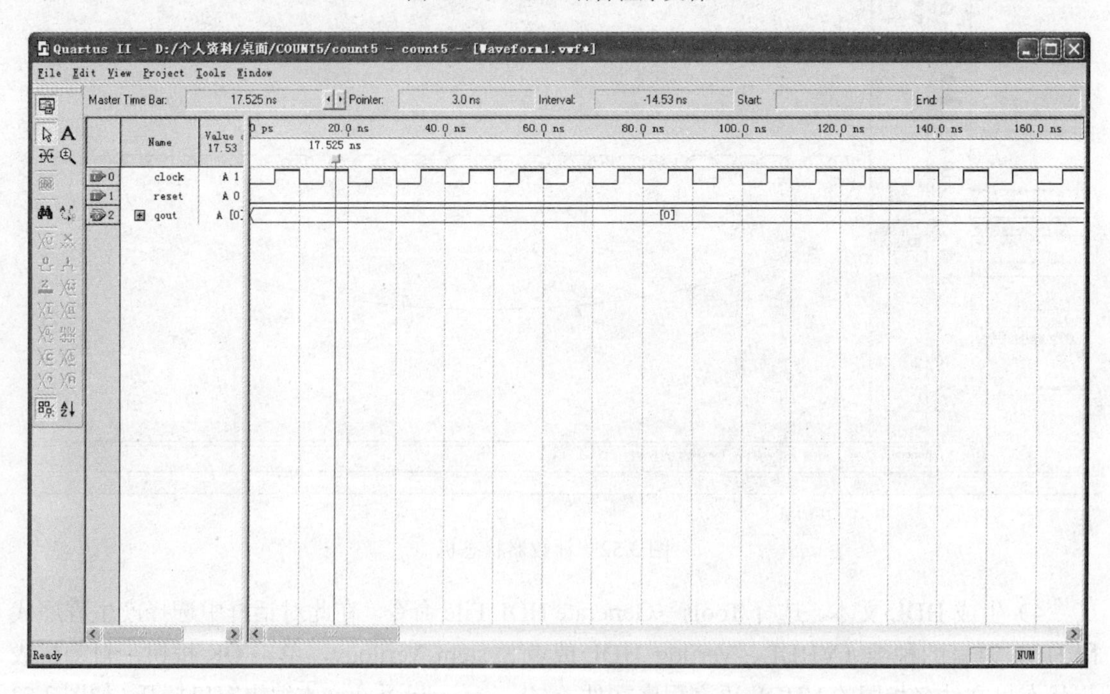

图 3.54 计数器功能仿真测试的矢量波形

（4）仿真。计数器功能仿真波形如图 3.55 所示。

（5）分配引脚并编程下载测试。对本项目分配引脚并在实验箱上下载验证其逻辑功能。

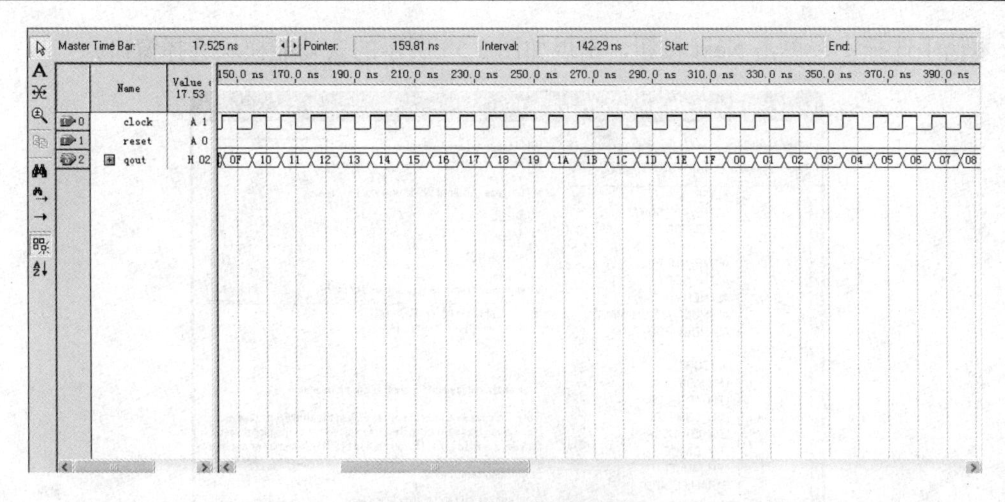

图 3.55　计数器功能仿真波形

3.4　基于 LPM 的工程设计

3.4.1　新建项目工程

步骤与 3.1.1 示例相同。

3.4.2　工程设计

（1）定制 LPM 宏功能模块及其应用。在 Quartus Ⅱ 9.0 主窗口中选择 Tools→MegaWizard Plug-In Manager 命令，如图 3.56 所示。

1）打开 MegaWizard Plug-In Manager 对话框，如图 3.57 所示。

a．Create a new custom megafunction variation 项，定制一个新的宏功能模块。

b．Edit an existing custom megafunction variation 项，编辑修改一个已有的宏功能模块。

c．Copy an existing custom megafunction variation 项，复制一个已有的宏功能模块。

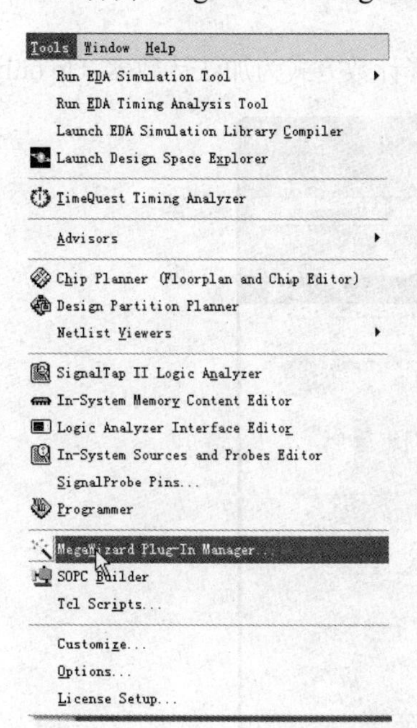

图 3.56　MegaWizard 管理器选择

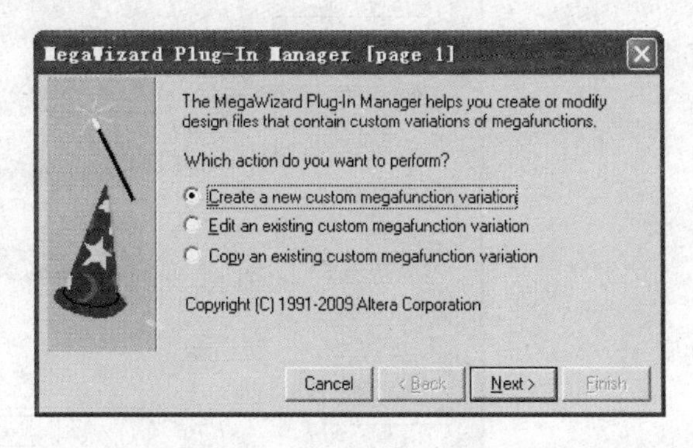

图 3.57　MegaWizard Plug-In Manager 对话框

本例中选择①，单击 Next 按钮，出现如图 3.58 所示的宏功能模块选择窗口。

MegaWizard Plug-In Manager [page 2a]
Which megafunction would you like to customize?
Select a megafunction from the list below
ALTFP_INV
ALTFP_INV_SQRT
ALTFP_LOG
ALTFP_MATRIX_MULT
ALTFP_MULT
ALTFP_SQRT
ALTMEMMULT
ALTMULT_ACCUM (MAC)
ALTMULT_ADD
ALTMULT_COMPLEX
ALTSQRT
LPM_ABS
LPM_ADD_SUB
LPM_COMPARE
LPM_COUNTER
LPM_DIVIDE
LPM_MULT
PARALLEL_ADD
Communications
DSP
Gates
I/O
Interfaces
JTAG-accessible Extensions
Memory Compiler
Which device family will you be using?
Cyclone
Which type of output file do you want to create?
AHDL
VHDL
Verilog HDL
What name do you want for the output file?
Browse...
D:\个人资料\桌面\cnt100\cnt100
Return to this page for another create operation
Note: To compile a project successfully in the Quartus II software, your design files must be in the project directory, in the global user libraries specified in the Options dialog box (Tools menu), or a user library specified in the User Libraries page of the Settings dialog box (Assignments menu).
Your current user library directories are:
Cancel
< Back
Next >
Finish

图 3.58 宏功能模块选择窗口

2）在图 3.58 所示窗口中，左侧列出了可供选择的 LPM 宏功能模块的类型，包括已安装的组件（instaled plug-ins）和未安装的组件（ip megastore）。已安装的组件包括 altera SOPC builder、算术运算组件、通信类组件、DSP 组件、基本门类组件、I/O 组件、接口类组件、存储编译器组等。未安装的组件部分是 altera 的 ip 核。本例选择 installed plug-ins→arithmetic→LPM_COUNTER。

3）在图 3.59 中，设置输出端 q 的数据宽带为 7 位，选择计数方式为加法计数器 Up only。

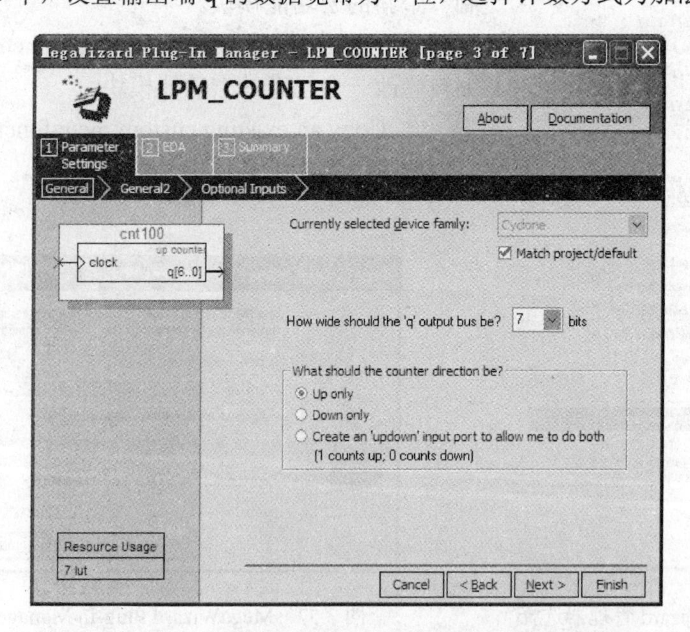

图 3.59 LPM_COUNTER 输出位数与计数方式设置对话框

设置完成后，单击 Next 按钮，进入如图 3.60 所示的 LPM_SHIFTREG 的清零端 clear 和置位端 set 工作方式设置对话框。

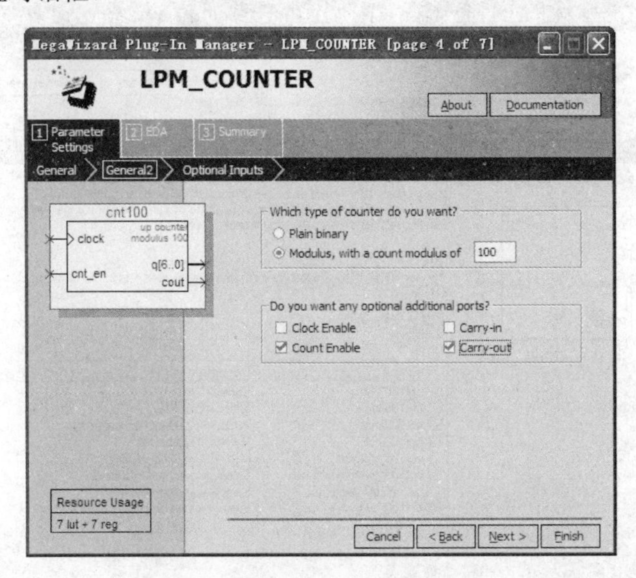

图 3.60　寄存器清零端设置对话框

4）在图 3.60 中，设置计数器的类型（计数器的模）和计数器的控制端。本例中设置计数器的模为 100，添加计数使能端和计数器进位输出端两个控制端。

5）在 synchronous inputs 中选择 load，在 asynchronous inputs 中选择 clear。设置完成后，单击 Next 按钮，进入如图 3.61 所示的产生网络列表对话框。

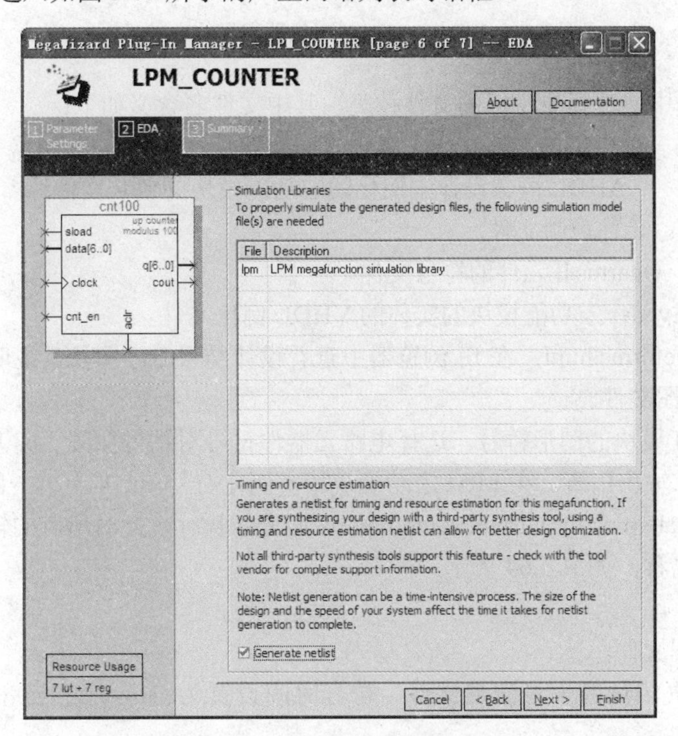

图 3.61　产生网络列表对话框

6）在图 3.61 中，勾选 Generate netlist，单击 Next 按钮，进入如图 3.62 所示的对话框。

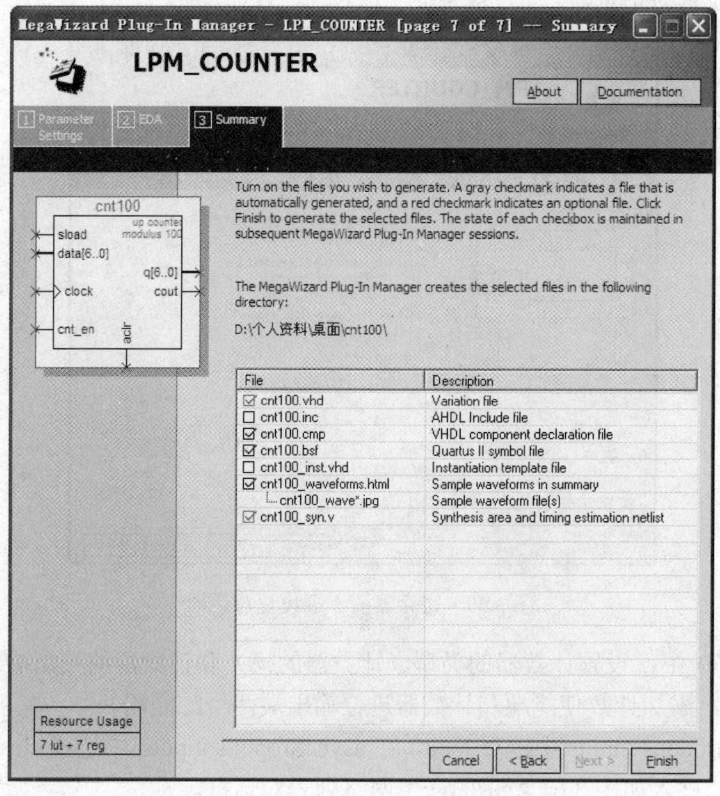

图 3.62　LPM_COUNTER 设置向导结束对话框

7）在图 3.62 中，选择要生成的文件种类，其中文件名含义如下：

a．cnt1k.vhd：在 VHDL 语言设计中例化的宏功能模块的包装文件。

b．cnr1k.inc：在 AHDL 语言设计中例化的宏功能模块的包装文件。

c．cnt1k.cmp：元件声明文件。

d．cnt1k.bsf：Quartus II 元件的符号文件。

e．cnt1k_inst.vhd：宏功能模块的实体的 VHDL 例化文件。

f．cnt1k_waveforms.html：在 IE 浏览器中查看设计结果时序图及其说明文件。

8）建立原理图文件。

9）输入 LPM 模块的图形符号。选择电路元器件符号对话框如图 3.63 所示。

10）添加输入输出引脚。在 LPM 宏功能模块实例化符号 cnt1k 上单击鼠标右键，在弹出菜单中选择 Generate pins for current symbol ports 命令并执行，此时所有的输入输出引脚都加上了相应的端口名称，如图 3.64 所示。

11）保存文件。

（2）编译工程文件。

（3）建立仿真测试的矢量波形文件。仿真时间设置为 1ms，建立完成之后如图 3.65 所示。

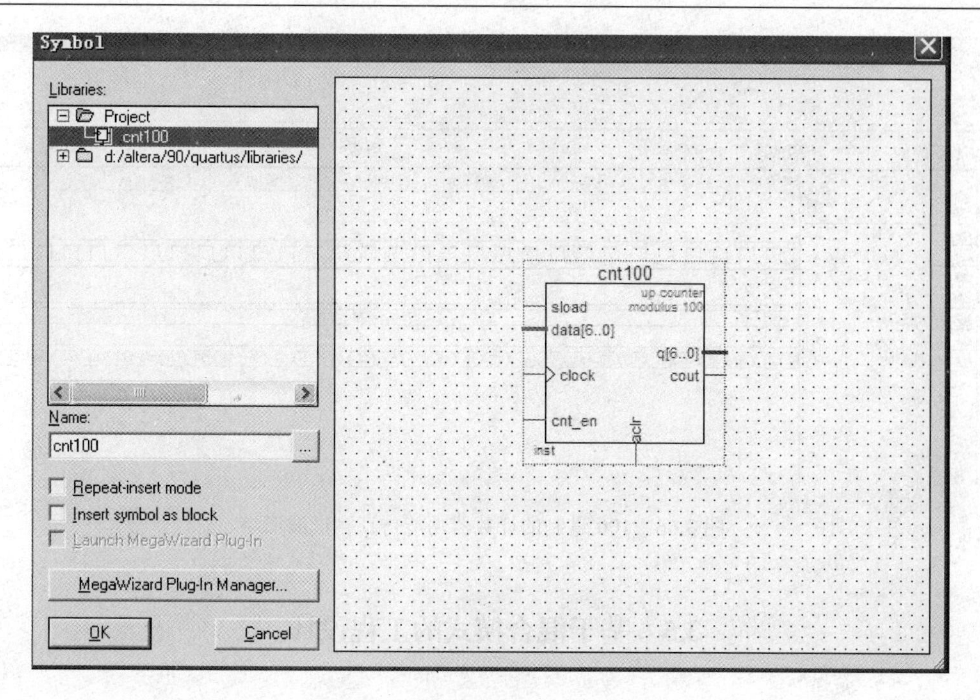

图 3.63　选择电路元器件符号对话框

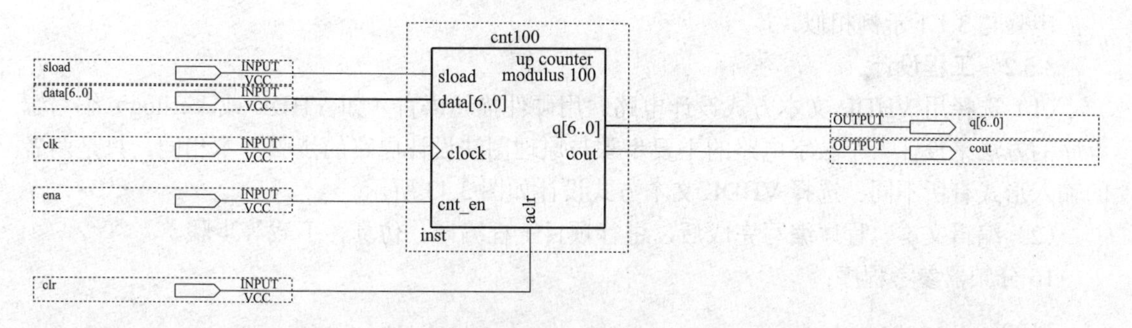

图 3.64　LPM 宏功能模块实现 1000 进制的计数器

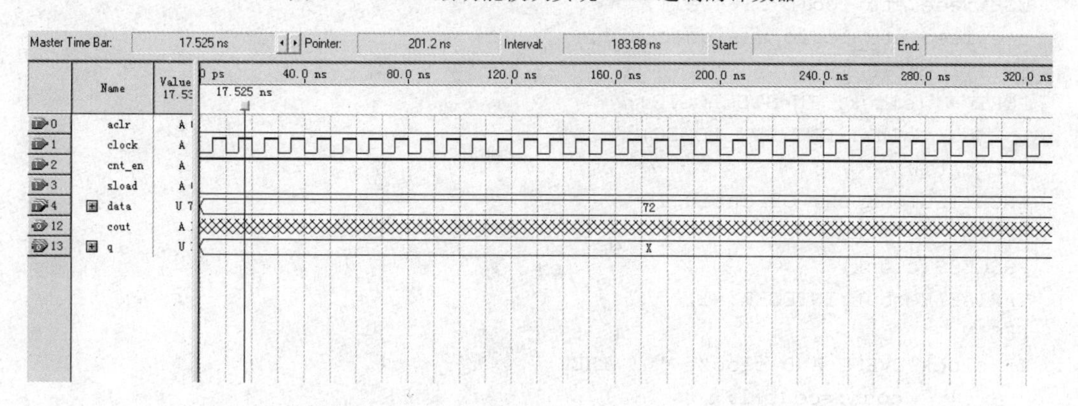

图 3.65　100 进制的计数器仿真测试的矢量波形

（4）仿真。100 进制的计数器功能仿真测试波形如图 3.66 所示。

（5）分配引脚并编程下载测试。对本项目分配引脚并在实验箱上下载验证其功能。

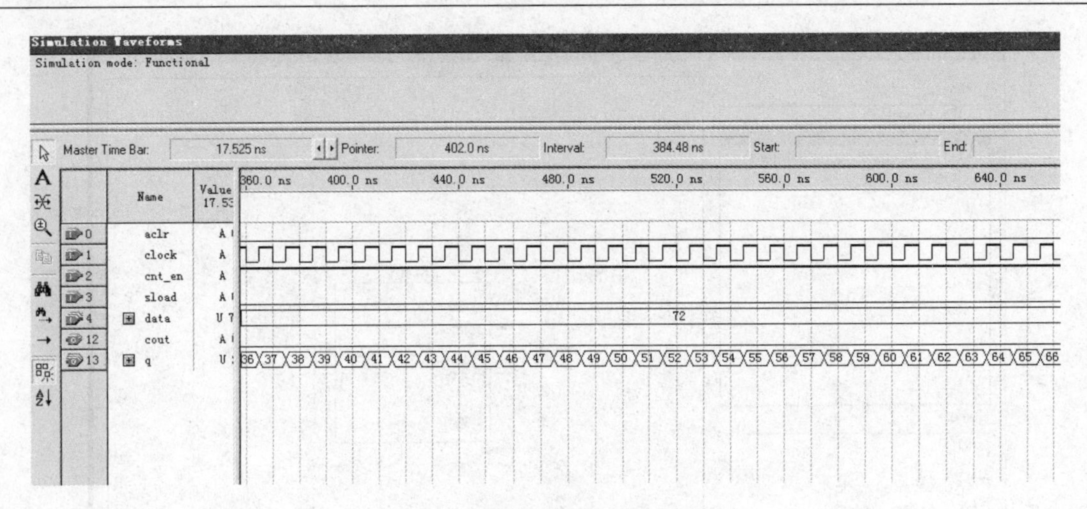

图 3.66 100 进制的计数器功能仿真测试波形

3.5 基于混合模式的工程设计

3.5.1 新建项目工程

步骤与 3.1.1 示例相似。

3.5.2 工程设计

（1）选择用 VHDL 文本方式设计电路。用硬件描述语言（如 VHDL 或 Verilog）编写源程序的方法来设计一个数字电路的主要步骤与原理图法设计电路的步骤基本相同，只是两者的输入形式有所不同。选择 VHDL 文本方式设计如图 3.43 所示。

（2）编辑文本。程序编写完成后，进行项目工程编译、仿真、下载等步骤。

16 分频器参考程序：

```
LIBRARY ieee;
USE ieee.std_logic_1164.all;
use ieee.std_logic_unsigned.all;
ENTITY cnt10 IS
PORT   (clock: IN STD_LOGIC ;
        q1hz: OUT STD_LOGIC);
END cnt10;
ARCHITECTURE bhv OF cnt10 IS
BEGIN
PROCESS(clock)
VARIABLE cout:INTEGER:=1;
BEGIN
IF clock'EVENT AND clock= '0' THEN
           cout:=cout+1;
    IF cout<=8 THEN q1hz <= '0';
       ELSIF cout<16 THEN q1hz<='1';
    ELSE cout:=0;
END IF;
END IF;
```

```
END PROCESS;
END bhv;
```

10 进制计数器参考程序：

```
LIBRARY IEEE;
USE IEEE.STD_LOGIC_1164.ALL;
USE IEEE.STD_LOGIC_UNSIGNED.ALL;
ENTITY count IS
PORT( clk ,en,clr: IN STD_LOGIC;
      q : OUT STD_LOGIC_VECTOR(3 DOWNTO 0);
      cout:out std_logic);
END ENTITY count;
ARCHITECTURE bhv OF count IS
SIGNAL q1 : STD_LOGIC_VECTOR(3 DOWNTO 0);
BEGIN
PROCESS(clk,en,clr)
BEGIN
if clr='1' then q1<=(others =>'0');
elsif (clk'event and clk='1') then
if en='1' then
if q1<9 then q1<=q1+1;
else   q1<=(others =>'0');
end if;
end if;
end if;
if q1=9 then cout<='1';
else cout<='0';
end if;
q<=q1;
end process;
end bhv;
```

（3）项目工程编译。

（4）底层模块仿真。步骤与 3.1.2 示例相似。

（5）生成元件符号。执行 File→Creat/Update→Creat Symbol Files For Current File 命令，将 16 分频器和 10 进制计数器分别封装成一个元件符号，供在原理图编辑器下进行层次设计时调用。生成的符号存放在本工程目录下，后缀名为.bsf。

（6）系统顶层模块设计。新建 block 原理图文件，如图 3.67 所示，对生成的两个元件符号进行连接，设计系统的顶层模块。

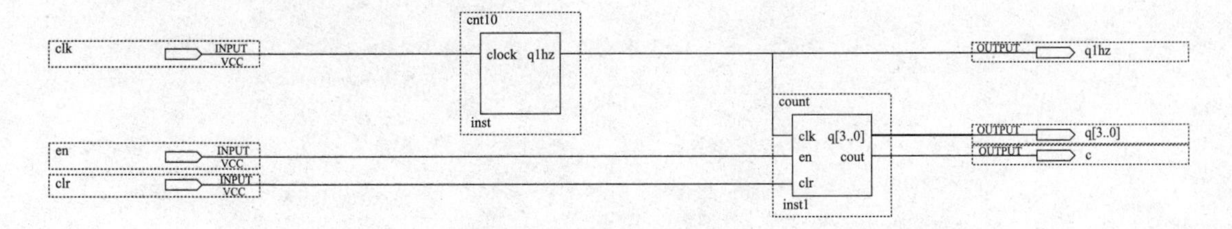

图 3.67 系统顶层模块

（7）顶层模块仿真。顶层模块功能仿真测试图如图 3.68 所示。

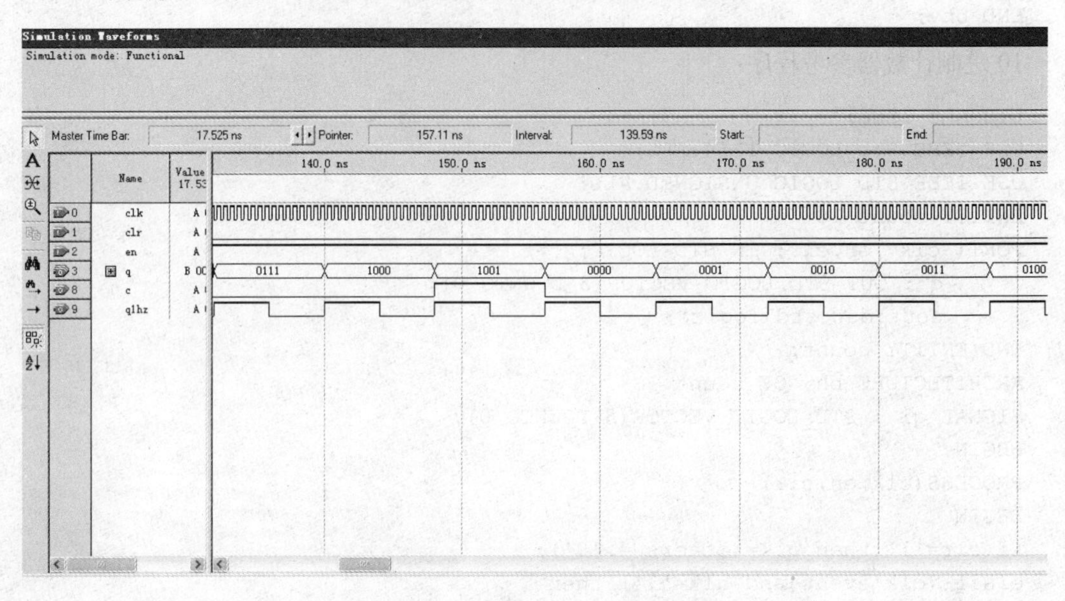

图 3.68　顶层模块功能仿真测试图

（8）分配引脚并编程下载测试。对本项目分配引脚并在实验箱上下载验证其功能。

本章分别采用 QuartusⅡ9.0 软件的原理图、VHDL 语言、状态机、LPM 宏功能模块定制以及混合模式 5 种设计 FPGA 数字系统的方法进行了简单的实验项目设计。在项目设计中灵活应用各种设计方法完成了较复杂数字系统的设计。

第 4 章　数字系统设计基础实验

实验 1　3-8 译码器设计

一、实验目的

（1）学习使用 EDA 工具设计一个 3-8 译码器，并在实验开发系统上验证，掌握组合逻辑电路的设计方法。

（2）学习使用原理图方法进行逻辑设计输入。

（3）掌握 Quartus Ⅱ 的使用方法。

二、实验仪器设备

（1）PC 机一台。

（2）Quartus Ⅱ 开发软件一套。

（3）EDA 实验开发系统一套。

三、实验原理

译码是编码的逆过程，它的功能是将具有特定含义的二进制代码转换成控制信号，也就是将每个输入的二进制代码译成对应的高低电平信号并输出。具有译码功能的逻辑电路称为译码器。译码器分为两种类型，一种是将一系列代码转换成与之一一对应的有效控制信号，这种译码器称为唯一地址译码器，通常用于在计算机系统中对存储单元地址的译码；另一种是将一种代码转换成另一种代码，如 BCD 代码转换为七段显示译码器执行的动作就是把一个 4 位 BCD 码转换为 7 位码输出。如果有 N 个二进制选择线，则最多可译码为 2^N 个数据。

四、实验内容

3-8 译码器的逻辑线路图如图 4.1 所示。

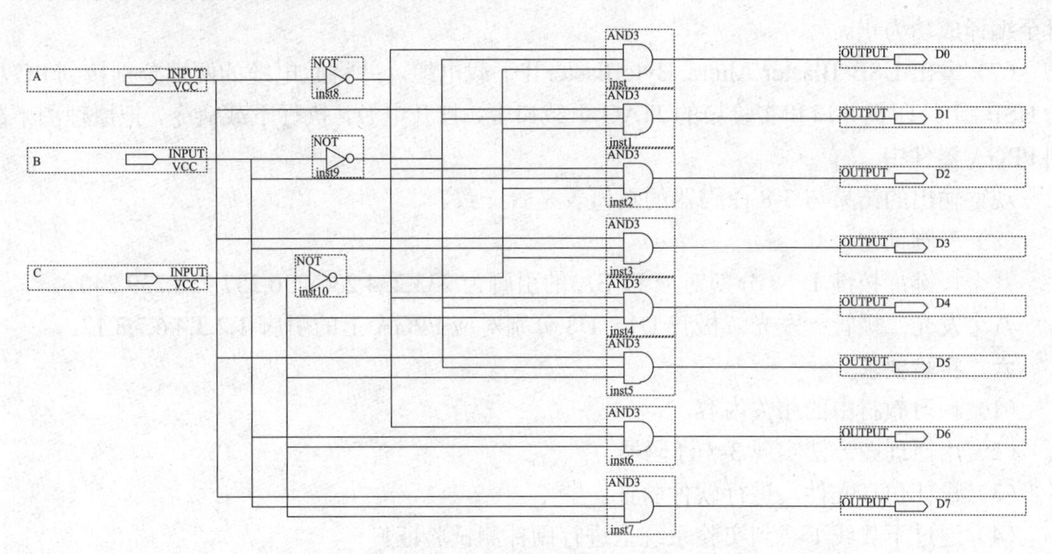

图 4.1　3-8 译码器的逻辑线路图

在本实验中，采用原理图设计方法实现一个简易 3-8 译码器的设计。用三个按键来模拟 3-8 译码器的三个输入逻辑电平信号，用八个 LED 灯来表示 3-8 译码器的八个输出逻辑电平信号。通过输入不同的逻辑电平值来观察输出电平结果，与 3-8 译码器的真值表进行对比，看是否一致。3-8 译码器真值表见表 4.1。

表 4.1 3-8 译码器真值表

输入			输出							
C	B	A	Y_7	Y_6	Y_5	Y_4	Y_3	Y_2	Y_1	Y_0
0	0	0	0	0	0	0	0	0	0	1
0	0	1	0	0	0	0	0	0	1	0
0	1	0	0	0	0	0	0	1	0	0
0	1	1	0	0	0	0	1	0	0	0
1	0	0	0	0	0	1	0	0	0	0
1	0	1	0	0	1	0	0	0	0	0
1	1	0	0	1	0	0	0	0	0	0
1	1	1	1	0	0	0	0	0	0	0

五、实验步骤

（1）创建一个工程文件夹，该工程所有的文件都保存在这个文件夹中，英文命名文件夹。

（2）启动 QuartusⅡ建立一个空白工程，然后命名为 decoder.bdf。

（3）新建原理图文件 decoder.bdf，输入原理图并保存，并进行编译，若编译过程中发现错误，则找出并更正错误，直至编译成功为止。

（4）建立仿真文件，输入仿真波形并保存，对设计进行功能仿真。

（5）功能仿真正确的情况下，选择目标器件并对相应的引脚进行锁定，在这里所选择的器件为 Altera 公司 Cyclone 系列的 EP1C12Q240C8 芯片。将未使用的管脚设置为三态输入。

（6）对该工程文件进行全程编译处理，若在编译过程中发现错误，则找出并更正错误，直至编译成功为止。

（7）拿出 USB Blaster/Altera ByteBlasterⅡ下载电缆，并将此电缆的两端分别接到 PC 机的 USB 口/打印机并口和实验箱的 JTAG 下载口上，打开电源，执行下载命令，把原理图下载到 FPGA 器件中。

观察输出的结果与 3-8 译码器的真值表是否一致。

（8）引脚锁定。

八个按键：按键 1～8 分别对应 FPGA 的引脚为 233,234,235,236,237,238,239,240。

八个发光二极管：发光二极管 D1～D8 分别对应 FPGA 上的引脚 1,2,3,4,6,7,8,12。

六、实验要求

（1）预习教材中的相关内容。

（2）用原理图方法实现 3-8 译码器。

（3）设计仿真文件，进行软件验证。

（4）通过下载线下载到实验系统上进行硬件测试验证。

（5）选择实验电路模式 5。

七、实验报告要求

（1）画出原理图。

（2）给出软件仿真结果及波形图。

（3）写出硬件测试和详细实验过程并给出硬件测试结果。

（4）给出程序分析报告、仿真波形图及其分析报告。

（5）写出学习总结。

八、实验扩展

（1）将简易 3-8 译码器扩展为具有使能输入的完整 3-8 译码器。用原理图设计方法，利用基本门电路设计。

（2）将简易 3-8 译码器扩展为具有使能输入的完整 3-8 译码器。用文本编辑方法，利用 VHDL 语言编写代码实现。

实验 2　两位全加器设计

一、实验目的

（1）进一步掌握 Quartus II 的基本使用，包括设计的输入、编译和仿真。

（2）掌握 Quartus II 的层次化设计方法。

二、实验仪器设备

（1）PC 机一台。

（2）Quartus II 开发软件一套。

（3）EDA 实验开发系统一套。

三、实验原理

加法器是能够实现二进制加法运算的电路，是构成计算机中算术运算电路的基本单元。加法器可以分为一位加法器和多位加法器。其中，一位加法器可以分为半加器和全加器两种，多位加法器可以分为串行进位加法器和超前进位加法器两种。

半加器：不考虑来自低位的进位而将两个 1 位二进制数相加的电路称为半加器，其真值表见表 4.2。

表 4.2　　半加器真值表

输入		输出	
B	A	S	C_i
0	0	0	0
0	1	1	0
1	0	1	0
1	1	0	1

从真值表可以看出：$\begin{cases} S = \overline{A}B + A\overline{B} = A \oplus B \\ C_i = AB \end{cases}$

全加器：考虑来自低位的进位而将两个 1 位二进制数相加的电路，一位全加器真值表见

表 4.3。

表 4.3 一位全加器真值表

输入			输出	
A	B	C_i	S	C_o
0	0	0	0	0
0	0	1	1	0
0	1	0	1	0
0	1	1	0	1
1	0	0	1	0
1	0	1	0	1
1	1	0	0	1
1	1	1	1	1

顶层设计文件的一位全加器由 2 个半加器组成，两位全加器由 2 个全加器组成。其中 A 为被加数，B 为加数，相邻低位来的进位数为 C_i，输出本位和为 S，向相邻高位进位数为 C_o。一位全加器设计好之后，利用所获得的一位全加器可以构成两位全加器。原理图如图 4.2～图 4.4 所示。

两位全加器的设计方法和一位全加器的设计方法类似，不同之处在于被加数和加数均为 2 位二进制数。加法器间的进位可以通过串行方式实现，即将低位加法器的进位输出 C_o 与高位加法器的最低进位输入信号 C_i 相连。

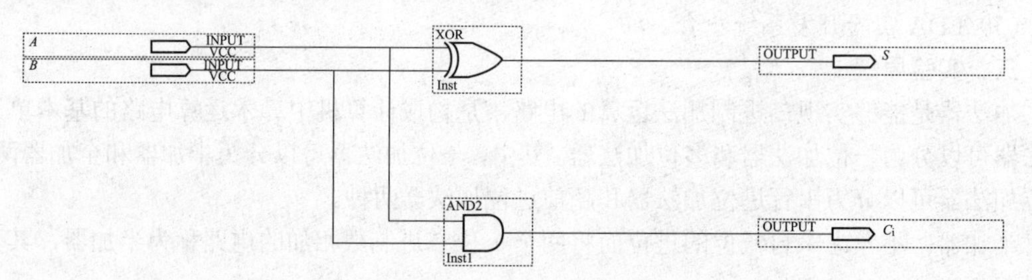

图 4.2 半加器原理图

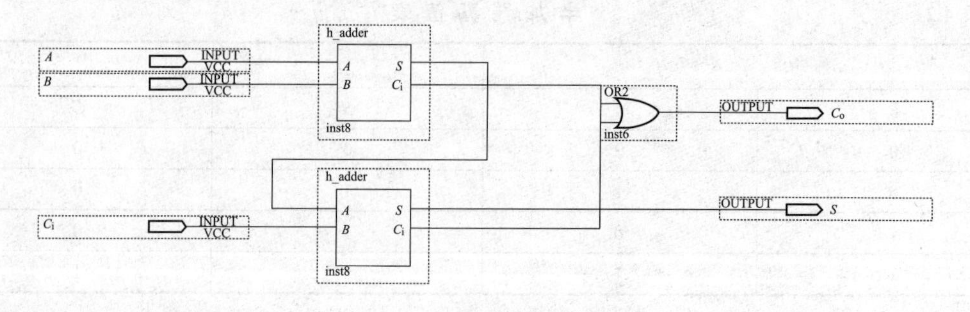

图 4.3 一位全加器原理图

四、实验内容

（1）利用原理图方式设计底层文件一位半加器，并进行软件仿真和硬件测试。

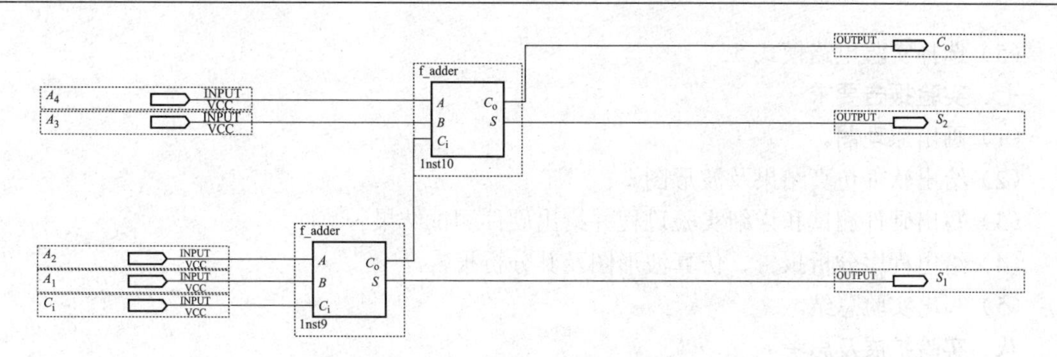

图 4.4　两位全加器原理图

（2）利用原理图方式设计顶层文件一位全加器，并进行软件仿真和硬件测试。

（3）利用原理图方式设计顶层文件两位全加器，并进行软件仿真和硬件测试。

（4）观察设计文件的层次化显示，并记录结果。

电路逻辑功能实现后，将该逻辑功能下载到 FPGA 中。注意：选择输入信号线 5 根（2 位加数、2 位被加数及 1 位低位进位接按键）、输出线 3 根（2 位本位和及 1 位高位进位输出信号接发光二极管）。

硬件测试时根据按键输入信号的电平信号变化观察 LED 灯输出电平信号的变化，验证其逻辑功能是否正确。

五、实验步骤

（1）设计底层文件，用图形输入法编辑设计一位半加器原理图，编辑完后，存盘并检查错误，然后进行编译、仿真。仿真无误后对设计文件进行封装，生成一个默认符号 h_adder。

（2）设计顶层文件 1，用已经生成的半加器符号和必要的逻辑门电路编辑设计一个一位全加器。编辑完后，存盘并检查错误，最后进行编译、仿真，仿真无误后对设计文件进行封装，生成一个默认符号 f_adder。

（3）设计顶层文件 2，用已经生成的全加器符号和必要的逻辑门电路编辑设计一个两位全加器。编辑完后，存盘并检查错误，最后进行编译、仿真，并生成一个默认符号 adder21。

（4）在最顶层项目文件里打开层次显示窗口可观察 adder21 项目的层次结构。选择菜单命令 QUARTUSⅡ（MAX+PLUSⅡ）/Hierarchy Display（层次显示）或单击按钮，即打开层次显示窗口，显示出 adder21 的层次树结构。

（5）引脚锁定。

八个按键：按键 1～8 分别对应 FPGA 上的引脚 233,234,235,236,237,238,239,240。

八个发光二极管：发光二极管 D1～D8 分别对应 FPGA 上的引脚 1,2,3,4,6,7,8,12。

六、实验要求

（1）预习教材中的相关内容。

（2）用原理图方法实现一位全加器并形成一个符号文件,并利用其设计两位全加器。

（3）设计仿真文件，进行软件验证。

（4）通过下载线下载到实验系统上进行硬件测试验证。

（5）选择实验电路模式 5。

七、实验报告要求

（1）画出原理图。

（2）给出软件仿真结果及波形图。

（3）写出硬件测试和详细实验过程并给出硬件测试结果。

（4）给出程序分析报告、仿真波形图及其分析报告。

（5）写出实验总结。

八、实验扩展及思考

（1）二位全加器的 VHDL 文本输入设计及仿真、硬件测试。多位全加器的 VHDL 文本设计。

（2）参考二位全加器设计二位全减器。

（3）时序仿真波形图上出现什么现象？产生这种现象的原因是什么？如何消除？

实验 3 基于 VHDL 的多路数据选择器设计

一、实验目的

（1）熟悉 Quartus Ⅱ的 VHDL 文本设计流程。

（2）学习简单组合电路设计、多层次电路设计、仿真和硬件测试。

二、实验原理

数据选择器又叫“多路开关”，在地址码（或叫选择控制）信号的控制下，从多个输入数据中选择一个并将其送到一个公共的输出端，其功能类似一个多掷开关，如图 4.5 所示。图中有四路数据 D_0～D_3，通过选择控制信号 A_1、A_0（地址码）从四路数据中选中某一路数据送至输出端 Q。

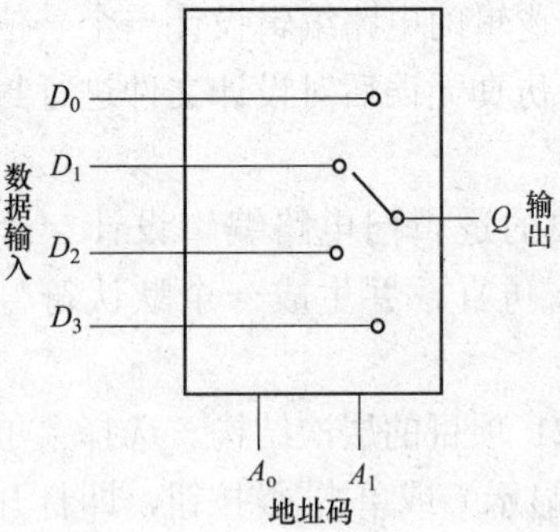

图 4.5 数据选择器原理示意图

数据选择器是目前逻辑设计中应用较为广泛的组合逻辑部件，常见电路有 2 选 1、4 选 1、8 选 1、16 选 1 等。74LS151 为互补输出的 8 选 1 数据选择器。选择控制端（地址端）为 A_2～A_0，按二进制译码，从 8 个输入数据 D_0～D_7 中，选择一个需要的数据送到输出端 Q，S 为使能端，低电平有效。数据选择器的应用和其他中规模集成电路一样，远远超出其名称所表示的功能，已发展成一种多功能器件。

对于一个 2 选 1 多路选择器，输入信号有 3 个，分别为输入信号 A、B 及选择开关 S，输出信号为 Y，其对应关系见表 4.4。4 选 1 数据选择器真值表见表 4.5。

表 4.4 二选一多路选择器真值表

输入			输出
A	B	S	Y
×	×	0	A
×	×	1	B

表 4.5　　4 选 1 数据选择器真值表

输　入				输　出
使能	数据源	地　址		Y
G	$D_0 \sim D_3$	A_1	A_0	Y
0	$D_0 \sim D_3$	X	X	0
1	$D_0 \sim D_3$	0	0	D_0
1	$D_0 \sim D_3$	0	1	D_1
1	$D_0 \sim D_3$	1	0	D_2
1	$D_0 \sim D_3$	1	1	D_3

三、实验内容

（1）利用 QuartusⅡ完成 2 选 1 多路选择器的文本编辑输入和仿真测试等步骤，给出图 4.6 所示的仿真波形，最后在实验系统上进行硬件测试，验证本项设计的功能。

（2）将此多路选择器看成是一个元件 mux21a，利用元件例化语句描述如图 4.7 所示的双 2 选 1 多路选择器，并将此文件放在同一目录中。以下是部分参考程序：

```
   ...
COMPONENT MUX21A
       PORT ( a, b, s :   IN  STD_LOGIC;
                    y :  OUT STD_LOGIC);
END COMPONENT ;
   ...
     u1 : MUX21A PORT MAP(a=>a2, b=>a3, s=>s0, y=>tmp);
     u2 : MUX21A PORT MAP(a=>a1, b=>tmp, s=>s1, y=>outy);
END ARCHITECTURE BHV;
```

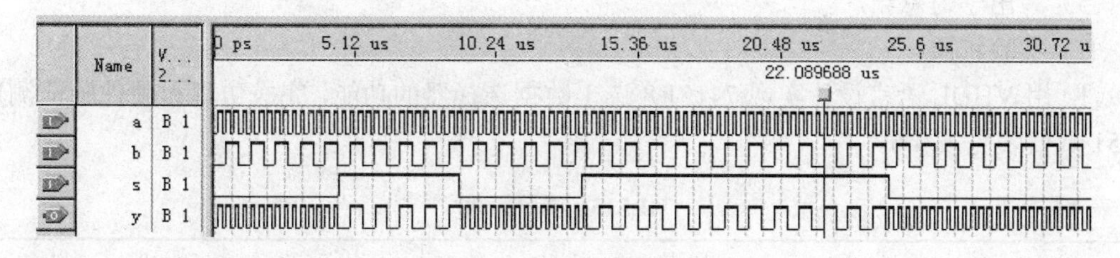

图 4.6　mux21a 功能时序波形

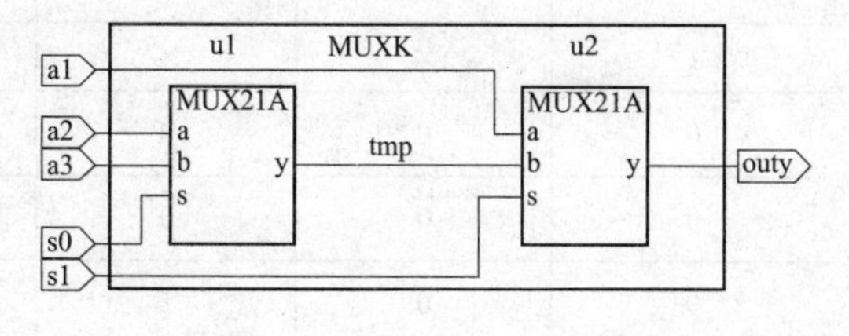

图 4.7　双 2 选 1 多路选择器

按照步骤对上例分别进行编译、综合、仿真，并对其仿真波形作出分析说明。

（3）利用 QuartusⅡ完成具有使能输入功能的 4 选 1 多路选择器的 VHDL 文本编辑输入设计和仿真测试等步骤，最后在实验系统上进行硬件测试，验证本项设计的功能。

四、实验引脚锁定

内容 1：用键 1（引脚号为 233）控制输入 S，用 Clock0（引脚号为 28）控制输入 A，用 Clock2（引脚号为 153）控制输入 B，输出信号接扬声器（引脚号为 174），注意 Clock0 和

Clock2 必须选择不同的频率信号。

内容 2：用键 1（PIO0，引脚号为 233）控制 s0，用键 2（PIO1，引脚号为 234）控制 s1；a3、a2 和 a1 分别接 Clock5（引脚号为 152）、Clock0（引脚号为 28）和 Clock2（引脚号为 153）；输出信号 outy 仍接扬声器 spker（引脚号为 174）。通过短路帽选择 Clock0 接 256Hz 信号，Clock5 接 1024Hz，Clock2 接 8Hz 信号。最后进行编译、下载和硬件测试实验（通过选择键 1、键 2，控制 s0、s1，可使扬声器输出不同音调）。

内容 3：用键 1（引脚号为 233）和按键 2（引脚号为 234）控制输入 A1 和 A0，用键 3 控制输入使能信号 G，用 Clock0（引脚号为 28）控制输入 D0，用 Clock2（引脚号为 153）控制输入 D1，用 Clock5（引脚号为 152）控制输入 D2，用 Clock9（引脚号为 29）控制输入 D3，输出信号接扬声器（引脚号为 174）。注意 Clock0、Clock2、Clock5 和 Clock9 必须选择不同的频率信号。

五、实验要求

（1）预习教材中的相关内容。

（2）用 VHDL 语言实现电路设计。

（3）设计仿真文件，进行软件仿真验证。

（4）通过下载线下载到实验系统上进行硬件测试验证。

（5）选择实验电路模式 5。

六、实验报告要求

（1）写出源程序并加以注释。

（2）给出软件仿真结果及波形图。

（3）写出硬件测试和详细实验过程并给出硬件测试结果。

（4）给出程序分析报告、仿真波形图及其分析报告。

（5）写出学习总结。

七、实验扩展

（1）用 VHDL 语言设计实现 74151 8 选 1 数据选择器的功能，完成仿真和硬件验证测试。74151 真值表见表 4.6。

表 4.6　　74LS151 真 值 表

输入				输出	
$\overline{S}$	A_2	A_1	A_0	Q	$\overline{Q}$
1	×	×	×	0	1
0	0	0	0	D_0	$\overline{D}_0$
0	0	0	1	D_1	$\overline{D}_1$
0	0	1	0	D_2	$\overline{D}_2$
0	0	1	1	D_3	$\overline{D}_3$
0	1	0	0	D_4	$\overline{D}_4$
0	1	0	1	D_5	$\overline{D}_5$

续表

输　入				输　出	
$\bar{S}$	A_2	A_1	A_0	Q	$\bar{Q}$
0	1	1	0	D_6	$\bar{D}_6$
0	1	1	1	D_7	$\bar{D}_7$

（2）用 VHDL 语言设计一个 1 对 4 数据分配器。

实验 4　编 码 器 设 计

一、实验目的

（1）掌握编码器的构成及工作原理。

（2）掌握用 VHDL 设计并实现一个 8-3 优先编码器。

二、实验原理

编码器的逻辑功能是将输入的每一个高、低电平信号编成一个对应的二进制代码。二进制代码按照一定的规律编排，如 8421 码、格雷码等，使每组代码具有一个特定的含义称为编码。常用的编码器有 4-2 编码器、8-3 编码器、16-4 编码器，下面用一个 8-3 优先编码器来介绍编码器的设计方法。8-3 优先编码器如图 4.8 所示，其真值表见表 4.7。

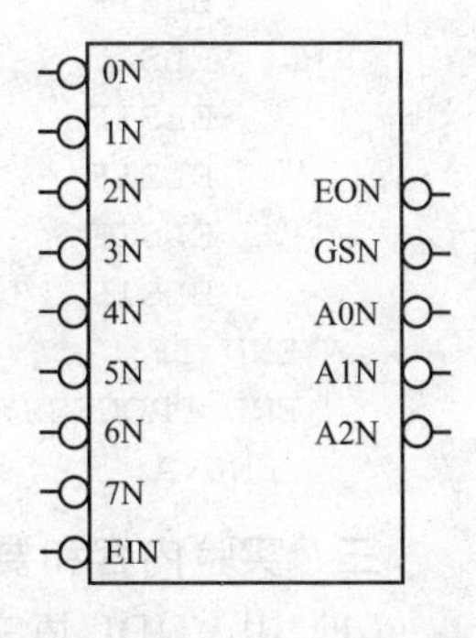

图 4.8　8-3 优先编码器

表 4.7　　8-3 优先编码器真值表

输　入									输　出				
EIN	0N	1N	2N	3N	4N	5N	6N	7N	A2N	A1N	A0N	GSN	EON
1	×	×	×	×	×	×	×	×	1	1	1	1	1
0	1	1	1	1	1	1	1	1	1	1	1	1	0
0	×	×	×	×	×	×	×	0	0	0	0	0	1
0	×	×	×	×	×	×	0	1	0	0	1	0	1
0	×	×	×	×	×	0	1	1	0	1	0	0	1
0	×	×	×	×	0	1	1	1	0	1	1	0	1
0	×	×	×	0	1	1	1	1	1	0	0	0	1
0	×	×	0	1	1	1	1	1	1	0	1	0	1
0	×	0	1	1	1	1	1	1	1	1	0	0	1
0	0	1	1	1	1	1	1	1	1	1	1	0	1

编码器的 VHDL 语言描述如下：

```
LIBRARY IEEE;
USE IEEE.STD_LOGIC_1164.ALL;
ENTITY encd83 IS
    PORT(D: IN  STD_LOGIC_VECTOR(7 DOWNTO 0);
```

```
        EIN: IN  STD_LOGIC;
        A0N,A1N,A2N,GSN,EON: OUT STD_LOGIC);
END encd83;
ARCHITECTURE A OF encd83 IS
SIGNAL Q:   STD_LOGIC_VECTOR(2 DOWNTO 0);
BEGIN
A0N <=Q(0);  A1N<=Q(1);  A2N<=Q(2);
    PROCESS(D)
    BEGIN
        IF EIN ='1'            THEN  Q<="111"; GSN<='1';  EON<='1';
        ELSIF   D(0)='0'       THEN  Q<="111"; GSN<='0';  EON<='1';
        ELSIF   D(1)='0'       THEN  Q<="110"; GSN<='0';  EON<='1';
        ELSIF   D(2)='0'       THEN  Q<="101"; GSN<='0';  EON<='1';
        ELSIF   D(3)='0'       THEN  Q<="100"; GSN<='0';  EON<='1';
        ELSIF   D(4)='0'       THEN  Q<="011"; GSN<='0';  EON<='1';
        ELSIF   D(5)='0'       THEN  Q<="010"; GSN<='0';  EON<='1';
        ELSIF   D(6)='0'       THEN  Q<="001"; GSN<='0';  EON<='1';
        ELSIF   D(7)='0'       THEN  Q<="000"; GSN<='0';  EON<='1';
        ELSIF   D="11111111" THEN  Q<="111"; GSN<='0';  EON<='1';
    END IF;
    END PROCESS;
     END A;
```

三、实验内容和要求

（1）用 VHDL 语言设计并实现一个 8-3 优先编码器，完成编译、仿真和硬件验证测试。

（2）输入信号 D0～D7（代表 8 路输入数据）、EIN（代表输入允许控制端），输出信号 A0N～A2N（代表 3 路编码结果输出）、EON、GSN（代表输出允许）。改变拨码开关的状态，对照 8-3 优先编码器真值表，观察实验结果。

（3）D0～D7 对应按键 1～8，EIN 对应按键 9。

（4）A0N 对应 LED1，A1N 对应 LED2，A2N 对应 LED3，GSN 对应 LED4，EON 对应 LED5。

（5）选择实验电路模式 5。

四、实验报告

（1）写出源程序并加以注释。

（2）给出软件仿真结果及波形图。

（3）通过下载线下载到实验板上进行验证并给出硬件测试结果。

（4）写出学习总结。

实验 5　键盘、LED 发光实验

一、实验目的

了解、熟悉和掌握 FPGA 开发软件的使用方法及 VHDL 语言的编程方法，熟悉以 VHDL 文件为顶层模块的设计，学习和体会分支条件语句 case 的使用方法及 FPGA 的 I/O 的输出控制。

二、实验原理

FPGA 的所有 I/O 控制块都可以允许每个 I/O 引脚单独配置为输入口，不过这种配置是系统自动完成的，一旦该输入口被设置为输入口使用时，该I/O控制模块将直接使三态缓冲区的控制端接地，使得该I/O引脚对外呈高阻态，这样该I/O引脚即可用作专用输入引脚。只要正确地分配并锁定引脚后，一旦在KEY1-KEY8中有键输入，在检测到键盘输入的情况下，继续判断其键盘值并作出相应的处理。

三、实验内容

本实验要求在GW48实验箱上完成对8个按键KEY1～KEY8进行监控，一旦有键输入判断其键值（暂时不考虑按键的抖动与消抖的问题），并点亮相应发光二极管，即若KEY3按下，则点亮LED1～LED3发光二极管。

四、实验步骤

（1）启动QuartusⅡ建立一个空白工程，然后命名为keyled.qpf。

（2）新建VHDL源程序文件keyled.vhd,输入程序代码并保存，进行综合编译，若编译过程中发现错误，则找出并更正错误，直至编译成功为止。

（3）选择目标器件并对相应的引脚进行锁定，在这里所选择的器件为Altera公司Cyclone系列的EP1C12Q240C8芯片。将未使用的管脚设置为三态输入。

（4）对该工程文件进行全程编译处理，若在编译过程中发现错误，则找出并更正错误，直至编译成功为止。

（5）拿出Altera Byte BlasterⅡ下载电缆，并将此电缆的两端分别接到PC机的打印机并口和实验箱的JTAG下载口上，打开电源，执行下载命令，把程序下载到FPGA器件中。观察发光二极管LED1～LED8的亮灭状态，按下KEY1～KEY8的任意一键，在此观察发光管的状态。

实验参考程序：

```
LIBRARY IEEE;
USE IEEE.STD_LOGIC_1164.ALL;
USE IEEE.STD_LOGIC_Arith.ALL;
USE IEEE.STD_LOGIC_Unsigned.ALL;

ENTITY  keyled  IS
  PORT(
        key:    IN  STD_LOGIC_VECTOR(7 DOWNTO 0);
        led:    OUT STD_LOGIC_VECTOR(7 DOWNTO 0)
      );
END;

ARCHITECTURE one OF keyled IS
SIGNAL led_r:   STD_LOGIC_VECTOR(7 DOWNTO 0);
SIGNAL buffer_r:STD_LOGIC_VECTOR(7 DOWNTO 0);

BEGIN
  led<=led_r;
PROCESS(key,buffer_r)
BEGIN
buffer_r<=key;

  CASE buffer_r IS
```

```
        WHEN "11111110"=>    led_r<="11111110";
        WHEN "11111101"=>    led_r<="11111101";
        WHEN "11111011"=>    led_r<="11111011";
        WHEN "11110111"=>    led_r<="11110111";
        WHEN "11101111"=>    led_r<="11101111";
        WHEN "11011111"=>    led_r<="11011111";
        WHEN "10111111"=>    led_r<="10111111";
        WHEN "01111111"=>    led_r<="01111111";
        WHEN  OTHERS=>       led_r<="11111111";
      END CASE;
    END PROCESS;
    END;
```

（6）引脚锁定。

八个按键：按键 1～8 分别对应 FPGA 上的引脚 233,234,235,236,237,238,239,240。

八个发光二极管：发光二极管 D1～D8 分别对应 FPGA 上的引脚 1,2,3,4,6,7,8,12。

五、实验要求

（1）预习教材中的相关内容。

（2）用 VHDL 语言实现电路设计。

（3）设计仿真文件，进行软件验证。

（4）通过下载线下载到实验板上进行验证。

（5）选择实验电路模式 5。

六、实验报告要求

（1）给出 VHDL 设计程序和相应注释。

（2）给出软件仿真结果及波形图。

（3）写出硬件测试和详细实验过程并给出硬件测试结果。

（4）给出程序分析报告、仿真波形图及其分析报告。

（5）写出学习总结。

实验 6　4 位数值比较器设计

一、实验目的

（1）掌握数值比较器的构成及工作原理。

（2）掌握用 VHDL 语言设计多位数值比较器的方法。

二、实验原理

二进制比较器是提供关于两个二进制操作数间关系信息的逻辑电路。两个操作数的比较结果有三种情况：*A* 等于 *B*、*A* 大于 *B*、*A* 小于 *B*。

考虑当操作数 *A* 和 *B* 都是 1 位二进制数时，构造比较器的真值表见表 4.8。输出表达式如下：

```
AEQB=A'B'+AB=(AB)'
A>B=AB'
A<B=A'B
```

表 4.8　　1 位比较器的真值表

输入		输出		
A	*B*	*A*=*B*	*A*>*B*	*A*<*B*
0	0	1	0	0
0	1	0	0	1
1	0	0	1	0
1	1	1	0	0

在 1 位比较器的基础上，可以继续得到 4 位比较器，然后通过“迭代设计”得到 4 位数值比较器。对于 4 位比较器的设计，可以通过原理图输入法或 VHDL 描述来完成，其中用 VHDL 语言描述是一种最为简单的方法。

1 位比较器的 VHDL 描述：

```
library ieee;
use ieee.std_logic_1164.all;
use ieee.std_logic_unsigned.all;
entity COMPARE4 is
   port (a: in std_logic;
        b: in std_logic;
        G,L,E: out std_logic);
end  COMPARE4;
architecture behave of  COMPARE4  is
   begin
   process(a,b)
   begin
     if (a > b) then
                          G <='1';
                          L <='0';
                          E <='0';
     elsif(a < b) then
                          G <='0';
                          L <='1';
                          E <='0';
       ELSE               G <='0';
                          L <='0';
                          E <='1';
     end if;
 end process;
 end behave;
```

4 位比较器的 VHDL 描述：

```
library ieee;
use ieee.std_logic_1164.all;
use ieee.std_logic_unsigned.all;
entity COMPARE is
   port (a: in std_logic_vector(3 downto 0);
        b: in std_logic_vector(3 downto 0);
        G,L,E: out std_logic);
```

```
end  COMPARE;
architecture behave of  COMPARE  is
  begin
  process(a,b)
  begin
    if (a > b) then
                            G <='1';
                            L <='0';
                            E <='0';
    elsif(a < b) then
                            G <='0';
                            L <='1';
                            E <='0';
ELSE                        G <='0';
                            L <='0';
                            E <='1';

     end if;
 end process;
 end behave;
```

三、实验内容

输入信号有 *a*、*b*，代表两路相互比较的数；输出信号有 *X*（*A*>*B*）、*Y*（*A*<*B*）、*Z*（*A*=*B*）。改变按键的状态，观察实验结果。

a 对应按键 1～4；*b* 对应按键 5～8；*X*、*Y*、*Z* 分别对应 LED1～LED3。

四、实验记录

同前面实验，对比较器造表，得到其真值表，并分析其运算结果的正确性。

实验 7　应用 QuartusⅡ完成基本时序电路的设计

一、实验目的

熟悉 QuartusⅡ的 VHDL 文本设计过程，学习简单时序电路的设计、仿真和测试。

二、实验原理

触发器是具有记忆功能的基本逻辑单元，它能接收、保存和输出数码 0 和 1。常用的触发器有 RS 触发器、JK 触发器、D 触发器等，用这些触发器可以构成各种时序电路，用于数据暂存、延时、计数、分频等电路的设计。

D 触发器的输出状态的更新发生在 CP 脉冲的边沿,触发器的状态只取决于时钟到来前 D 端的状态。D 触发器应用很广，可用作数字信号的寄存、移位寄存、分频和波形发生器等。

寄存器用来寄存一组二进制代码，是数字电路中的基本模块，许多复杂时许电路都是由它们组成的。在数字系统中，寄存器是一种在某一特定信号控制下存储一组二进制数据的时序逻辑电路，被广泛应用于各类数字系统和数字计算机中。通常使用触发器构成寄存器，把多个 D 触发器的时钟端连接起来就构成一个可以存储多位二进制代码的寄存器。

锁存器是一种与寄存器类似的器件，两者的区别在于：锁存器一般由电平信号触发，寄存器一般由同步时钟信号触发。如果将多个 D 触发器的时钟端连接起来，并采用一个电平信号来控制，就可以构成多位锁存器。

三、实验内容

（1）用 VHDL 设计一个 D 触发器，给出程序设计、软件编译、仿真分析、硬件测试及详细实验过程。

（2）用 VHDL 设计一个 1 位锁存器，给出程序设计、软件编译、仿真分析、硬件测试及详细实验过程。

（3）在前两个实验的基础上用 VHDL 设计一个 4 位寄存器和一个 4 位锁存器，给出程序设计、软件编译、仿真分析、硬件测试及详细实验过程。

触发器参考程序：

```
LIBRARY IEEE ;
USE IEEE.STD_LOGIC_1164.ALL ;
ENTITY DFF1 IS
  PORT (CLK : IN STD_LOGIC ;
          D : IN STD_LOGIC ;
          Q : OUT STD_LOGIC );
 END ;
 ARCHITECTURE bhv OF DFF1 IS
  SIGNAL Q1 : STD_LOGIC ;      --类似于在芯片内部定义一个数据的暂存节点
  BEGIN
   PROCESS (CLK,Q1)
    BEGIN
     IF  CLK'EVENT AND CLK = '1'  THEN  Q1 <= D ;
     END IF;
    END PROCESS ;
        Q <= Q1 ;              --将内部的暂存数据向端口输出
  END bhv;
```

锁存器参考程序：

```
PROCESS (CLK, D)  BEGIN
        IF  CLK = '1'           --电平触发型寄存器
        THEN  Q <= D ;
        END IF;
   END PROCESS ;
```

四、扩展实验

只用一个 1 位二进制全加器为基本元件和一些辅助的时序电路，设计一个 8 位串行二进制全加器，要求：

（1）能在 8～9 个时钟脉冲后完成 8 位二进制数（加数被加数的输入方式为并行）的加法运算，电路须考虑进位输入 Cin 和进位输出 Cout。

（2）给出此电路的时序波形，讨论其功能，并就工作速度与并行加法器进行比较。

（3）在 FPGA 中进行实测。对于 GW48 EDA 实验系统，建议选择电路模式 1，键 2、键 1 输入 8 位加数；键 4、键 3 输入 8 位被加数；键 8 作为手动单步时钟输入；键 7 控制进位输入 Cin；键 9 控制清 0；数码 6 和数码 5 显示相加和；发光管 D1 显示溢出进位 Cout。

（4）键 8 作为相加起始控制，同时兼任清 0；工作时钟由 Clock0 自动给出，每当键 8 发出一次开始相加命令时，电路即自动相加，结束后停止工作，并显示相加结果。就外部端口而言，与纯组合电路 8 位并行加法器相比，此串行加法器仅多出一个加法起始/清 0 控制输入和工作时钟输入端（提示：此加法器有并/串和串/并移位寄存器各一个）。

（5）给4位锁存器增加三态控制端子，完成VHDL设计、仿真、硬件测试。

五、实验报告要求

（1）写出源程序并加以注释。

（2）给出软件仿真结果及波形图。

（3）通过下载线下载到实验板上进行验证并给出硬件测试结果。

（4）写出学习总结。

实验8 移位寄存器设计

一、实验目的

（1）掌握寄存器的设计及工作原理。

（2）掌握用VHDL语言设计移位寄存器的方法。

二、实验原理

移位寄存器不但具有存储二进制代码的功能，而且还具有移位功能，即寄存器存储的代码能在移位脉冲的作用下依次左移或右移。因此，移位寄存器不但可以用来存储代码，还可以实现数据的串行——并行转换、数值的运算及数据处理等。移位寄存器按照不同的分类方法可以分为不同的类型。如果按照移位寄存器的移位方向来分类，则可以分为左移移位寄存器、右移移位寄存区和双向移位寄存器等；如果按照工作方式来分类，则可分为串入/串出移位寄存器、串入/并出移位寄存器和并入/串出移位寄存器等。

三、实验内容

1．8位右移移位寄存器设计

当CLK的上升沿到来时进程被启动，如果这时预置使能LOAD为高电平，则将输入端的8位二进制数并行置入移位寄存器中，作为串行右移输出的初始值；如果预置使能LOAD为低电平，则右移移位。完成程序设计、编译、仿真和硬件下载测试。

8位右移移位寄存器VHDL程序：

```
LIBRARY IEEE;
USE IEEE.STD_LOGIC_1164.ALL ;
ENTITY shftreg IS
  PORT (CLK ,load: IN STD_LOGIC ;
             DIN:IN STD_LOGIC_VECTOR(7 DOWNTO 0);
               Q: OUT STD_LOGIC);
 END SHFTREG;
ARCHITECTURE ONE OF SHFTREG IS
BEGIN
PROCESS(CLK,LOAD)
VARIABLE REG8:STD_LOGIC_VECTOR(7 DOWNTO 0);
BEGIN
IF CLK'EVENT AND CLK='1' THEN
   IF LOAD='1' THEN REG8:=DIN;
      ELSE REG8(6 DOWNTO 0):=REG8(7 DOWNTO 1);
END IF;
```

```
END IF;
Q<=REG8(0);
END PROCESS;
END ONE;
```

8 位右移寄存器的电路如图 4.9 所示。CLK 是移位时钟信号，DIN 是 8 位并行预置数据端口，LOAD 是并行数据预置使能信号，QB 是串行输出端口。

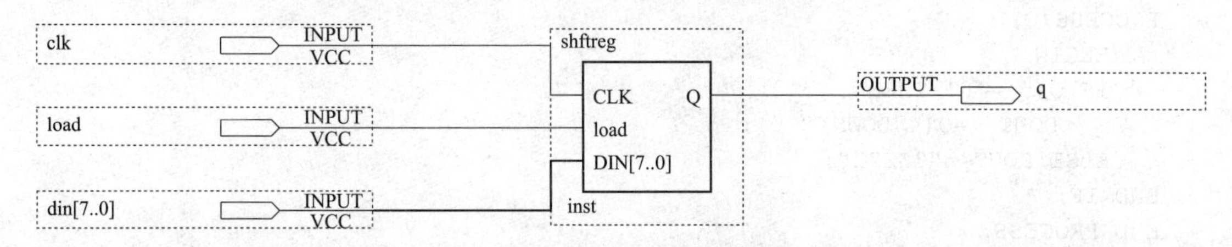

图 4.9　8 位右移寄存器的电路

实验引脚锁定：

用键 1（引脚号为 233）控制 clk，用键 2（引脚号为 234）控制 load，用电平控制开关 IO47（引脚号为 168）、IO44（引脚号为 165）、IO46（引脚号为 167）、IO45（引脚号为 166）、IO41（引脚号为 162）、IO40（引脚号为 161）、IO26（引脚号为 128）、IO31（引脚号为 136）分别控制 8 位输入 DIN，用 D1（引脚号为 1）控制 QB。由于 clk 用按键控制，所以按两下为一个脉冲周期。

例如，串行输入数据位“10110011”，通过电平控制开关输入数据，键 2 置 1，load=‘1’，装载串行数据，键 1 置 1，开始移位寄存；键 2 置 0，通过控制键 1，用 LED1 观察输出的 8 位串行数据。

2. 5 位串入/并出移位寄存器设计

在数字电路中，串入/并出移位寄存器是指输入端口的数据在时钟边沿的作用下逐级向后移动，达到一定位数后并行输出。采用串入/并出移位寄存器可以实现数据的串/并转换。

本实验设计为具有同步清零功能的 5 位串入/并出移位寄存器。完成程序设计、编译、仿真和硬件下载测试。

5 位串入/并出移位寄存器 VHDL 程序：

```
LIBRARY IEEE ;
USE IEEE.STD_LOGIC_1164.ALL ;
USE IEEE.STD_LOGIC_UNSIGNED.ALL ;
ENTITY SIPO IS
  PORT (CLK : IN STD_LOGIC ;
        DIN: IN STD_LOGIC ;
        CLR: IN STD_LOGIC ;
     DOUT : OUT STD_LOGIC_VECTOR(4 DOWNTO 0));
 END SIPO;
ARCHITECTURE bhv OF SIPO IS
SIGNAL Q : STD_LOGIC_VECTOR(5 DOWNTO 0) ;
  BEGIN
PROCESS (CLK)
   BEGIN
     IF CLK'EVENT AND CLK = '1'   THEN
```

```
        IF CLR='1' THEN Q<=(OTHERS=>'0');
          ELSIF Q(5)='0' THEN
              Q<="11110"&DIN ;
      ELSE Q<=Q(4 DOWNTO 0)&DIN;
      END IF;
      END IF;
     END PROCESS ;
  PROCESS(Q)
     BEGIN
     IF Q(5)='0' THEN
        DOUT <=Q(4 DOWNTO 0);
     ELSE DOUT<="ZZZZZ";
  END IF;
  END PROCESS;
  END bhv;
```

5 位串入/并出移位寄存器电路如图 4.10 所示。输入信号：时钟信号 clk、数据输入端 din、清零端 clr；输出信号：数据输出端 dout[4..0]。

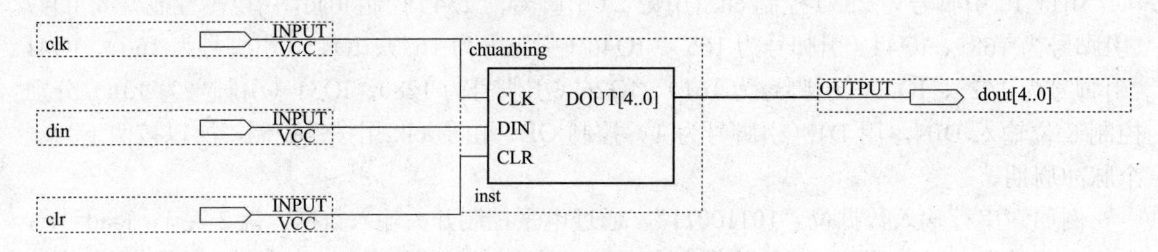

图 4.10 5 位串入/并出移位寄存器电路

实验引脚锁定：

用键 1（引脚号为 233）控制 clk，用键 2（引脚号为 234）控制 clr，用键 3（引脚号为 235）控制 din，用 D1（引脚号为 1）、D2（引脚号为 2）、D3（引脚号为 3）、D4（引脚号为 4）、D5（引脚号为 6）分别控制 dout[4..0]。由于 clk 用按键控制，所以按两下为一个脉冲周期。

例如，串行输入数据为“11001”，执行清零后，键 3 置高电平，键 1 走两个 clk 周期；键 3 置低电平，键 1 走两个 clk 周期；键 3 置高电平，键 1 走一个 clk 周期；此时串行输入数据为“11001”。

并行输出结果由 LED5～LED1 显示。

3. 4 位并入/串出移位寄存器设计

并入/串出移位寄存器在功能上与串入/并出相反，输入端口为并行输入，而输出的数据在时钟边沿的作用下由输出端逐级输出。本实验设计为具有异步清零的 4 位并入/串出移位寄存器。完成程序设计、编译、仿真和硬件下载测试。

4 位并入/串出移位寄存器 VHDL 程序：

```
LIBRARY IEEE ;
USE IEEE.STD_LOGIC_1164.ALL ;
USE IEEE.STD_LOGIC_UNSIGNED.ALL ;
ENTITY PISO4 IS
  PORT (CLK : IN STD_LOGIC ;
        CLR: IN STD_LOGIC ;
```

```
        DIN: IN STD_LOGIC_VECTOR(3 DOWNTO 0) ;
       DOUT : OUT STD_LOGIC);
  END PISO4;
  ARCHITECTURE bhv OF PISO4 IS
   SIGNAL CNT : STD_LOGIC_VECTOR(1 DOWNTO 0) ;
   SIGNAL Q  : STD_LOGIC_VECTOR(3 DOWNTO 0) ;
   BEGIN
    PROCESS (CLK)
     BEGIN
      IF  CLK'EVENT AND CLK = '1'   THEN
                 CNT <= CNT+1 ;
      END IF;
     END PROCESS ;
 PROCESS(CLK,CLR)
 BEGIN
 IF CLR='1' THEN Q<="0000";
     ELSIF CLK'EVENT AND CLK = '1'   THEN
           IF CNT>"00" THEN
                 Q(3 DOWNTO 1) <=Q(2 DOWNTO 0);
           ELSIF CNT="00" THEN
                 Q<=DIN;
          END IF;
     END IF;
 END PROCESS;
 DOUT<=Q(3);
 END bhv;
```

4位并入/串出移位寄存器电路如图4.11所示。输入信号：时钟信号clk、清零端clr、数据输入端din[3..0]；输出信号：数据输出端dout。

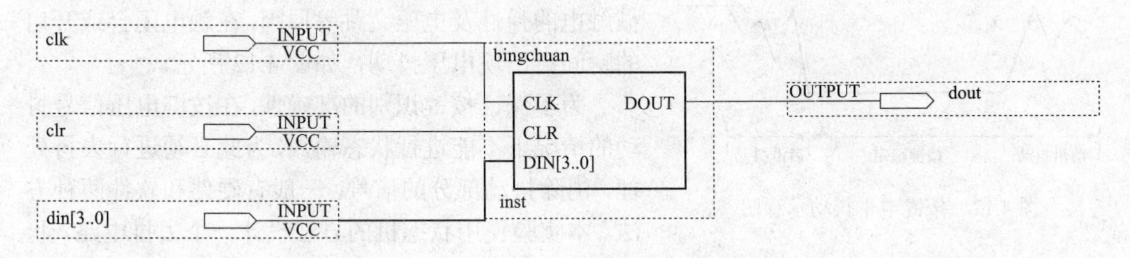

图4.11　4位并入/串出移位寄存器电路

实验引脚锁定：

用键1（引脚号为233）控制clk，用键2（引脚号为234）控制clr，用键3（引脚号为235）、键4（引脚号为236）、键5（引脚号为237）、键6（引脚号为238）分别控制din[0]、din[1]、din[2]、din[3]。由于clk用按键控制，所以按两下为一个脉冲周期。改变din按键状况，通过控制clk按键观察实验现象。

四、实验要求

（1）预习教材中的相关内容。

（2）用VHDL语言实现电路设计。

（3）设计仿真文件，进行软件验证。

（4）选择实验电路模式 5。

五、实验报告要求

（1）给出 VHDL 设计程序和相应注释。

（2）给出软件仿真结果及波形图。

（3）写出硬件测试和详细实验过程并给出硬件测试结果。

（4）给出程序分析报告、仿真波形图及其分析报告。

（5）写出学习总结。

实验 9　按键去抖动电路设计

一、实验目的

（1）进一步掌握 Quartus II 的基本使用，包括设计的输入、编译和仿真。

（2）掌握 Quartus II 下状态机的设计方法。

二、实验仪器设备

（1）PC 机一台。

（2）Quartus II 开发软件一套。

（3）EDA 实验开发系统一套。

三、实验内容

本实验的内容是建立按键消抖模块。通过实验系统上的按键 KEY1（经过消抖）或 KEY2（未经过消抖）控制数码管显示数字。对比加消抖模块和未加消抖模块电路的区别。

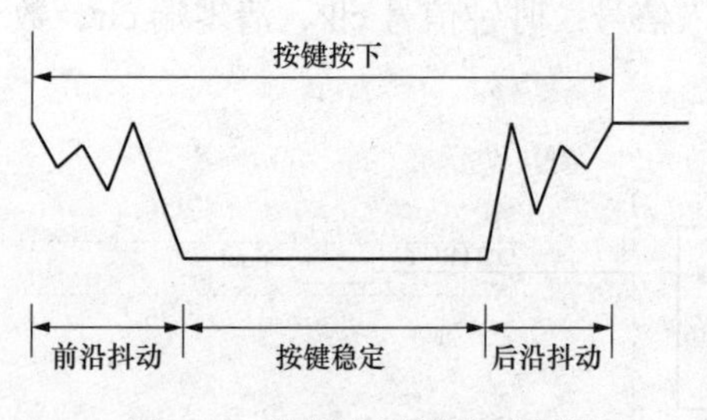

图 4.12　按键电平抖动示意图

四、实验原理

作为机械开关的键盘，在按键盘操作时，由于机械触电的弹性及电压突跳等原因，在触电闭合或开启的瞬间会出现电压抖动，如图 4.12 所示。

为了保证按键识别的准确性，在按键电压信号抖动的情况下不能进行状态输入，为此必须进行去抖处理，消除抖动部分的信号，一般有硬件和软件两种方法。本实验使用状态机的方法设计一个去抖电路。状态机实现去抖动电路的原理是：按键去抖动关键在于提取稳定的低电平状态（按键按下时为低电平），滤除前沿、后沿抖动毛刺。对于一个按键信号，可以用一个脉冲对它进行取样，如果连续三次取样为低电平，则可以认为信号已经处于稳定状态，这时输出一个低电平的按键信号。继续取样的过程中，如果不能满足连续三次取样为低，则认为键稳定状态结束，这时输出变为高电平。按键消抖硬件原理如图 4.13 所示。

五、实验步骤

（1）启动 Quartus II 9.0 建立一个空白工程，然后命名为 key_debounce.qpf。

（2）将图 4.12 所示的电路用 VHDL 语言描述出来，并扩展为多个通道。新建 VHDL 源文件 debounce.vhd，输入程序代码并保存完整。进行综合编译，若在编译过程中发现错误，则找出并更正错误，直至编译成功为止。

（3）从设计文件创建模块，由 debounce.vhd 生成名为 debounce.bsf 的模块符号文件。

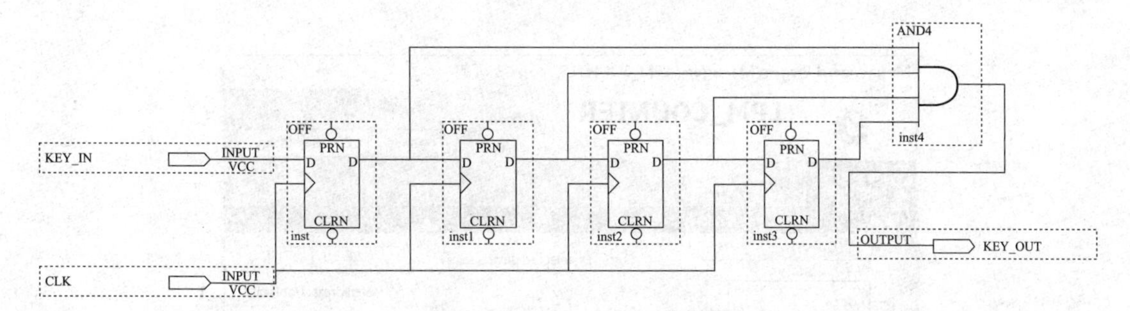

图 4.13　按键消抖硬件原理图

（4）添加 4 位计数器兆功能模块。

1）打开 Quartus Ⅱ工程，从 Tool→Mega Wizard Plug-In Manager…打开如图 4.14 所示的添加宏单元的向导。

2）单击 Next 进入向导第 2 页，按照图 4.15 所示选择和设置，注意标记部分。

3）单击 Next 进入向导第 3 页，按图 4.16 所示选择和设置，注意标记部分。

4）单击 Next 进入向导第 4 页。第 4～6 页不用更改设置，直接单击 Next，最后按 Finish 完成 4 位计数器兆功能模块的添加。

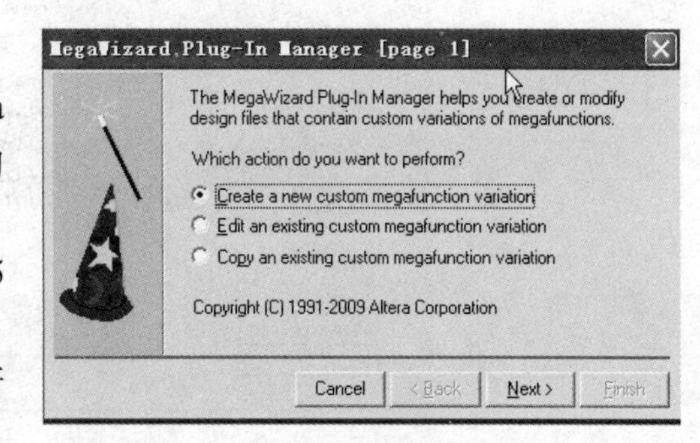

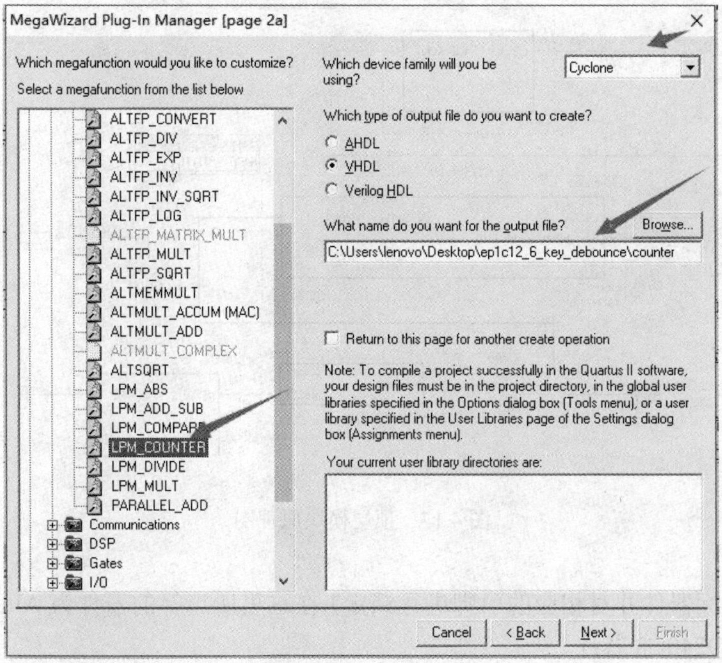

图 4.14　page1

图 4.15　page2

图 4.17 所示为顶层模块原理图，图中与门的名称为 and2，添加方法和添加输入输出引脚一样。

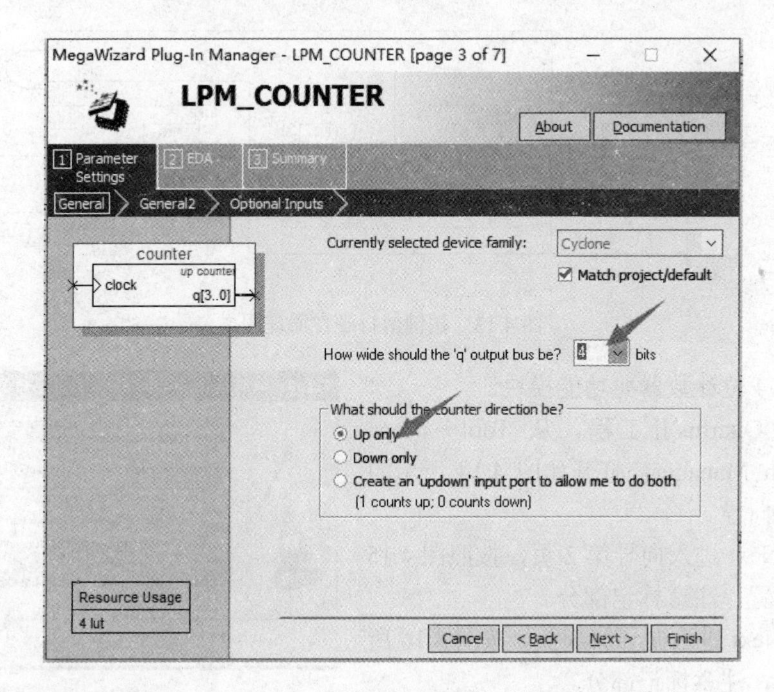

图 4.16　page3

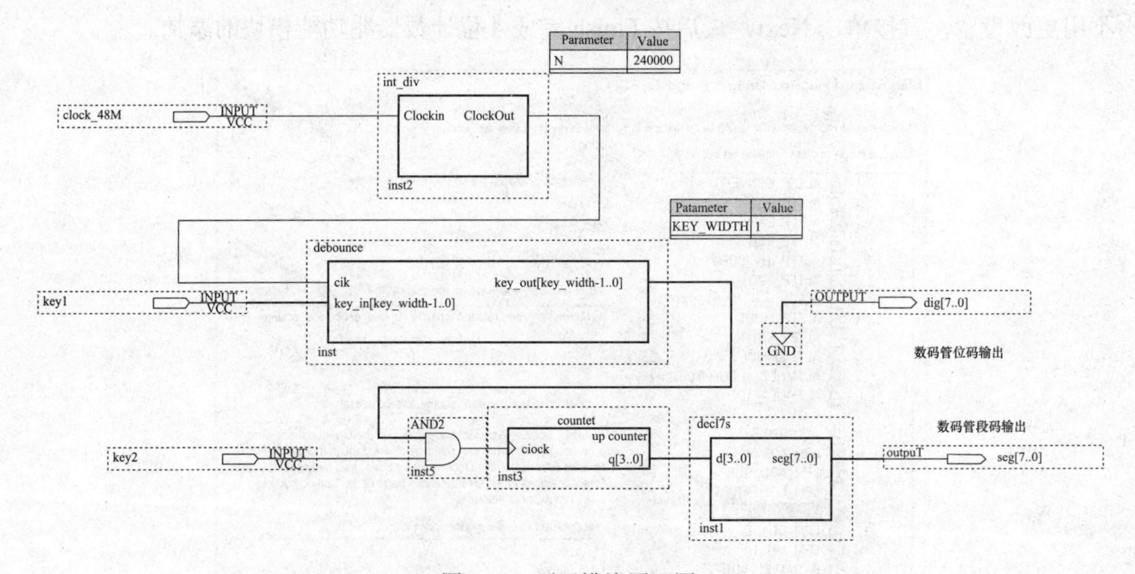

图 4.17　顶层模块原理图

（5）选择目标器件并对相应的引脚进行锁定，在这里所选择的器件为 Altera 公司 Cyclone 系列的 EP1C12Q240C8 芯片。

（6）将 key_debounce.bdf 设置为顶层实体。对该工程文件进行全程编译处理，若在编译过程中发现错误，则找出并更正错误，直至编译成功为止。

（7）硬件连接，下载程序。

（8）连续按按键 KEY1，观察数码管的显示状态，看数值是否连续递增；连续按按键 KEY2，观察数码管的显示状态，看数值是否连续递增。比较前后两次操作有何不同。

去抖动电路的 VHDL 源程序：

```
LIBRARY IEEE;
USE IEEE.STD_LOGIC_1164.ALL;
USE IEEE.STD_LOGIC_Arith.ALL;
USE IEEE.STD_LOGIC_Unsigned.ALL;

ENTITY debounce IS
GENERIC(KEY_WIDTH:Integer:=8);
PORT(
clk:IN  STD_LOGIC;                                          --系统时钟输入
key_in: IN  STD_LOGIC_VECTOR(KEY_WIDTH-1 DOWNTO 0);         --外部按键输入
key_out:OUT STD_LOGIC_VECTOR(KEY_WIDTH-1 DOWNTO 0)          --按键消抖输出
);
END;

ARCHITECTURE one OF debounce IS
SIGNAL dout1,dout2,dout3:STD_LOGIC_VECTOR(KEY_WIDTH-1 DOWNTO 0);
BEGIN
key_out<=dout1 OR dout2 OR dout3;                           --按键消抖输出
PROCESS(clk)
BEGIN
   IF RISING_EDGE(clk)THEN
        dout1<=key_in;
        dout2<=dout1;
        dout3<=dout2;
   END IF;
END PROCESS;
END;
```

消抖元件封装如图 4.18 所示。

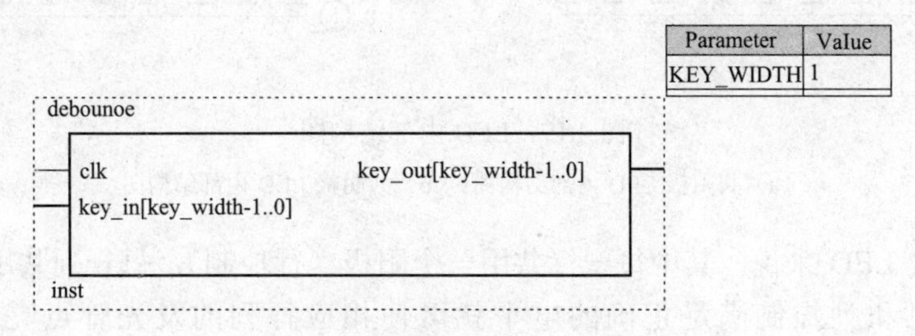

图 4.18　消抖元件封装图

六、实验要求

（1）用 VHDL 语言实现电路设计。

（2）设计仿真文件，进行软件验证。

（3）通过下载线下载到实验板上进行验证。

七、实验报告要求

（1）画出原理图。

（2）给出软件仿真结果及波形图。

（3）写出硬件测试和详细实验过程并给出硬件测试结果。

（4）给出程序分析报告、仿真波形图及其分析报告。

（5）写出学习总结。

实验 10　8×8 点阵汉字显示实验

一、实验目的

（1）了解 LED 点阵的基本结构。

（2）学习 LED 点阵扫描显示程序的设计方法。

（3）掌握用 VHDL 语言设计 LED 点阵汉字显示的方法。

二、实验原理

8×8 点阵 LED 相当于 8×8 个发光管组成的阵列，如图 4.19 所示，每个发光二极管放在行线和列线的交叉点上，每 8 行中的某一行设置成高电平，而 8 列中的一列为低电平时，则相应的发光二极管会导通而发光，某一时刻在 LED 点阵屏上只有一行中指定的发光二极管导通，实现在 8×8 个发光二极管构成的 LED 点阵屏上显示汉字的功能。

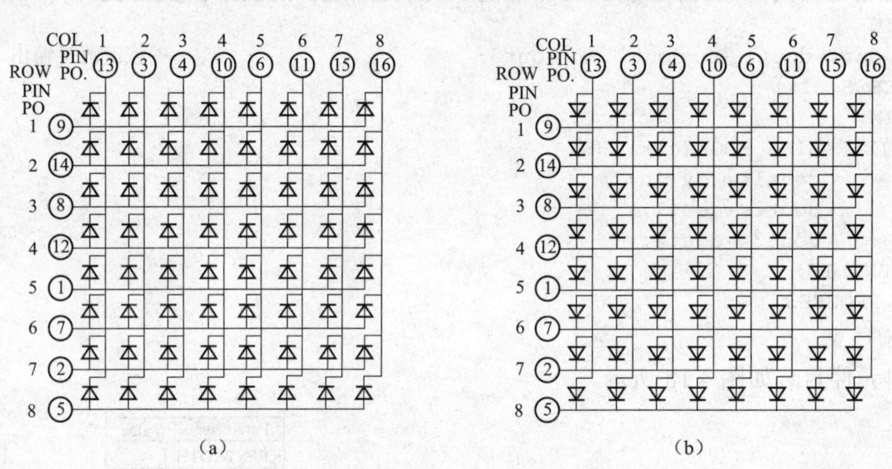

图 4.19　LED 内部结构图

（a）共阳极 LED 内部结构图；（b）共阴极 LED 内部结构图

对于共阳极 LED 来说，其中每一行共用一个阳极（行控制），每一列共用一个阴极（列控制）。行控制和列控制满足正确的电平就可使相应行列的发光管点亮。该实验使用 LD-1088BS 型点阵 LED，其管脚及相应的行、列控制位如图 4.20、图 4.21 所示。

三、实验内容

实验内容 1：根据实验参考程序实现在 8×8 LED 点阵屏上显示汉字“电”。

实验内容 2：在 8×8 LED 点阵屏上显示“电子技术”。

（1）在 QuartusⅡ上用 VHDL 文本方式设计 LED 点阵汉字显示。

（2）对该设计进行编辑、编译、综合、适配、仿真，给出其所有信号的时序仿真波形。

（3）将经过仿真测试后，下载到硬件实验箱进行验证。

四、实验要求

（1）用 VHDL 语言实现电路设计。

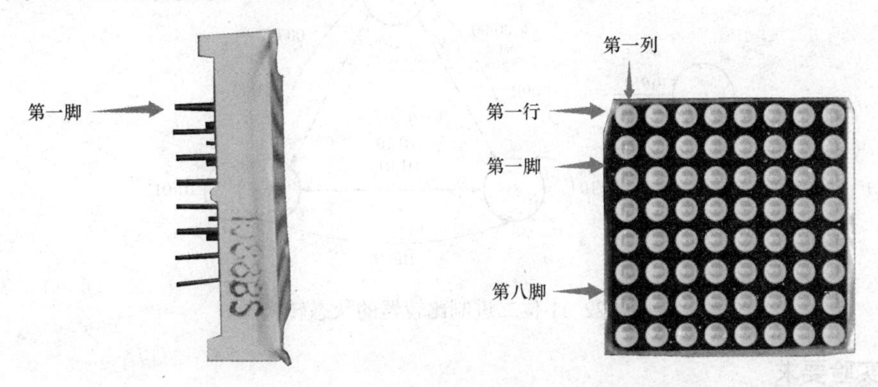

图 4.20　LED 点阵管脚图

（2）设计仿真文件，进行软件验证。

（3）通过下载线下载到实验板上进行验证。

五、实验报告要求

（1）写出 VHDL 程序并加以详细注释。

（2）给出软件仿真结果及波形图。

（3）通过下载线下载到实验板上进行验证并给出硬件测试结果。

（4）写出学习总结。

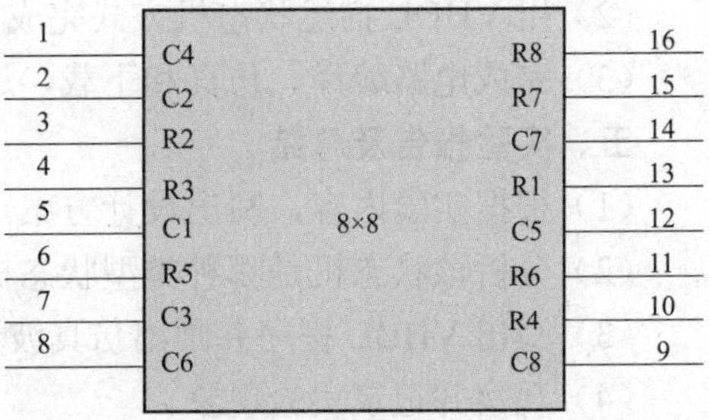

图 4.21　LED 点阵行、列控制位示意图

实验 11　简单状态机设计

一、实验目的

（1）掌握状态机的原理。

（2）掌握简单状态机的 VHDL 设计方法。

二、实验仪器设备

（1）PC 机一台。

（2）QuartusⅡ（或 MAX+PlusⅡ）开发软件一套。

（3）EDA 技术实验开发系统一套。

三、实验内容

采用状态机方法设计一个 1 位二进制比较器，比较两个 1 位串行二进制数 n_1、n_2 的大小，二进制数序列由低位到高位按时钟节拍逐位输入。

两数比较有三种结果：$n_1=n_2$ 设为状态机 s_1，输出为 y=00；$n_1>n_2$ 设为状态机 s_2，输出为 y=10；$n_1<n_2$ 设为状态机 s_3，输出为 y=01。

输入有四种情况，分别为 00、01、10、11。

采用双进程有限状态机和单进程有限状态机两种方式进行描述。

1 位二进制比较器的状态转换图如 4.22 所示。

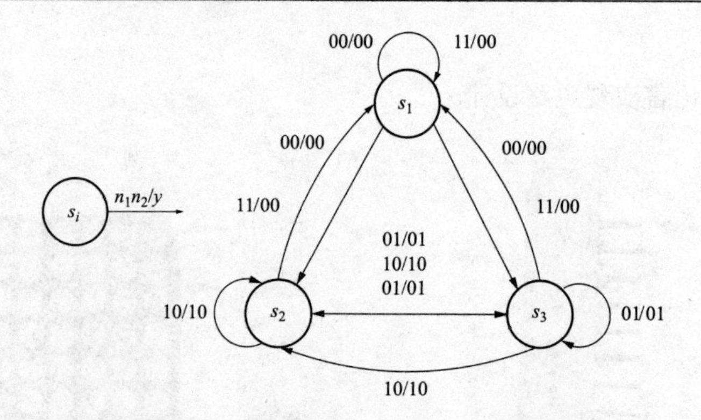

图 4.22　1 位二进制比较器的状态转换图

四、实验要求

（1）预习状态机的相关知识。

（2）用 VHDL 描述状态机方式完成 1 位二进制比较器设计。

（3）完成电路编译、仿真和下载，进行结果验证。

五、实验报告及总结

（1）根据实验内容，写出设计方案。

（2）分析该状态机是哪种类型状态机。

（3）写出 VHDL 程序并画出仿真波形图。

（4）观察并记录实验现象。

（5）总结用单进程和双进程设计状态机的区别。

第 5 章　数字系统设计提高实验

实验 1　静态数码管显示译码电路设计

一、实验目的

（1）学习静态数码显示译码器设计。

（2）学习 VHDL 的 CASE 语句应用及多层次设计方法。

（3）学习 LPM 兆功能模块的调用。

二、实验原理

7 段数码是纯组合电路，通常的小规模专用 IC，如 74 或 4000 系列的器件只能做十进制 BCD 码译码，然而数字系统中的数据处理和运算都是 2 进制的，所以输出表达都是 16 进制的。为了满足 16 进制数的译码显示，最方便的方法就是利用译码程序 FPGA/CPLD 来实现。在数字测量仪表和各种数字系统中都需要将数字量直观地显示出来。

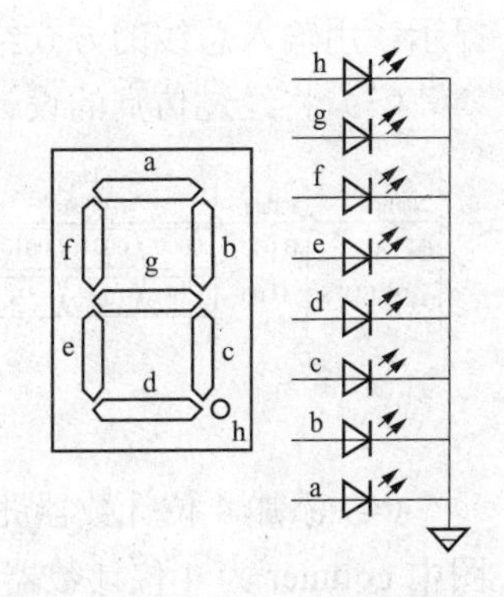

图 5.1　共阴数码管及其电路

作为 7 段译码器，输出信号 LED7S 的 7 位分别接如图 5.1 所示数码管的 7 个段，高位在左，低位在右。例如当 LED7S 输出为“1101101”时，数码管的 7 个段 g、f、e、d、c、b、a 分别接 1、1、0、1、1、0、1；接有高电平的段发亮，于是数码管显示“5”。注意，这里没有考虑表示小数点的发光管，如果要考虑，需要增加段 h。

7 段数码管显示译码电路真值表见表 5.1。

表 5.1　　7 段数码管显示译码电路真值表

输入				输出							
D3	D2	D1	D0	g	f	e	d	c	b	a	显示
0	0	0	0	0	1	1	1	1	1	1	0
0	0	0	1	0	0	0	0	1	1	0	1
0	0	1	0	1	0	1	1	0	1	1	2
0	0	1	1	1	0	0	1	1	1	1	3
0	1	0	0	1	1	0	0	1	1	0	4
0	1	0	1	1	1	0	1	1	0	1	5
0	1	1	0	1	1	1	1	1	0	1	6
0	1	1	1	0	0	0	0	1	1	1	7
1	0	0	0	1	1	1	1	1	1	1	8
1	0	0	1	1	1	0	1	1	1	1	9
1	0	1	0	1	1	1	0	1	1	1	A

续表

输入				输出							
D3	D2	D1	D0	g	f	e	d	c	b	a	显示
1	0	1	1	1	1	1	1	1	0	0	b
1	1	0	0	0	1	1	1	0	0	1	C
1	1	0	1	1	0	1	1	1	1	0	d
1	1	1	0	1	1	1	1	0	0	1	E
1	1	1	1	1	1	1	0	0	0	1	F

三、实验内容

（1）在 QuartusⅡ上用 VHDL 文本方式设计 7 段数码管显示译码电路。

（2）对该设计进行编辑、编译、综合、适配、仿真，给出其所有信号的时序仿真波形。提示：用输入总线的方式给出输入信号仿真数据，仿真波形如图 5.2 所示。

（3）将经过仿真的设计下载到硬件实验箱进行验证。

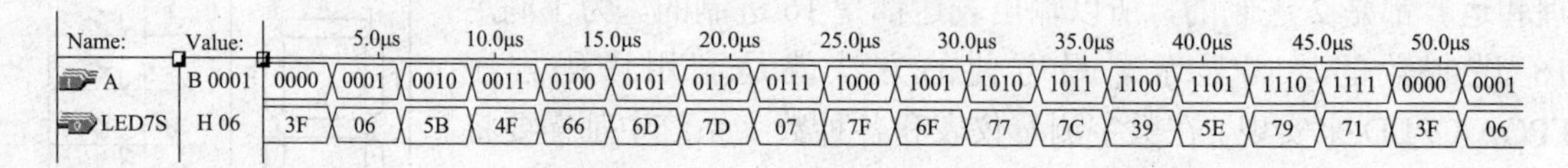

图 5.2　7 段译码器仿真波形

（4）添加 4 位计数器兆功能模块，按照图 5.3 所示连接成顶层设计电路（用原理图方式），图中 counter 为 4 位计数器兆功能模块，模块 decl7s 即为实验内容（1）设计的实体元件，注意图中的部分连接线是总线。用数码管 8 显示译码输出，时钟信号接 clock0。对该顶层工程文件进行全程编译处理，若在编译过程中发现错误，则找出并更正错误，直至编译成功为止。将经过仿真的设计下载到硬件实验箱进行验证。

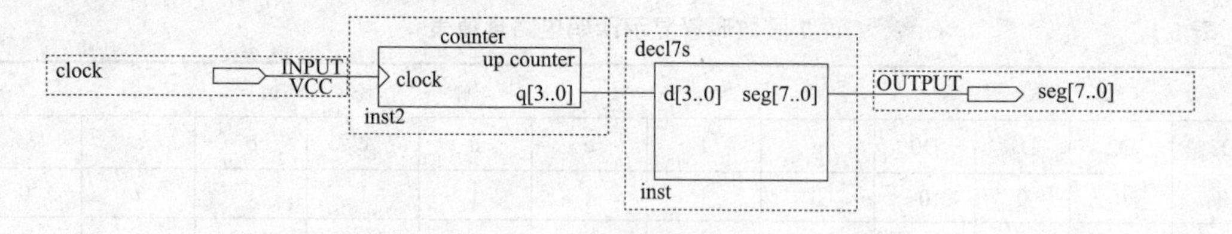

图 5.3　顶层设计电路

兆功能模块添加步骤如下：

1）从 Tools→Mega Wizard Plug-In Manager…打开如图 5.4 所示模块向导。选择 Creat a new custom megafunction variation 新建一个新的兆功能模块。

2）按 Next 进入向导第 2 页，按照图 5.5 所示选择和设置，注意标记处。

3）按 Next 进入向导第 3 页，按照图 5.6 所示选择和设置，注意标记处。

4）按 Next 进入向导第 4 页。第 4～6 页不用更改设置，直接按 Next，最后按 Finish 完成 4 位计数器兆功能模块的添加。

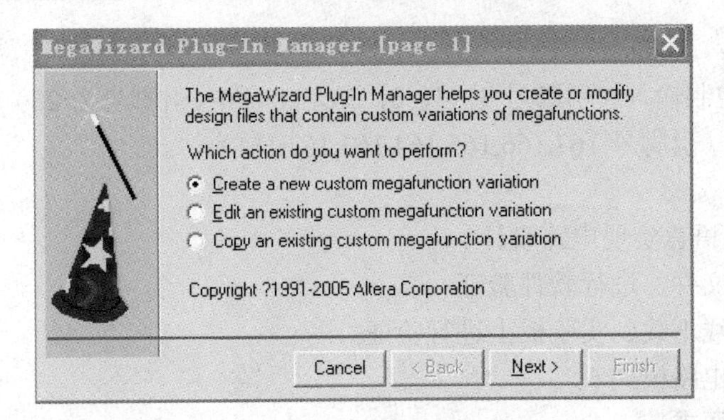

图 5.4　兆功能模块向导 1

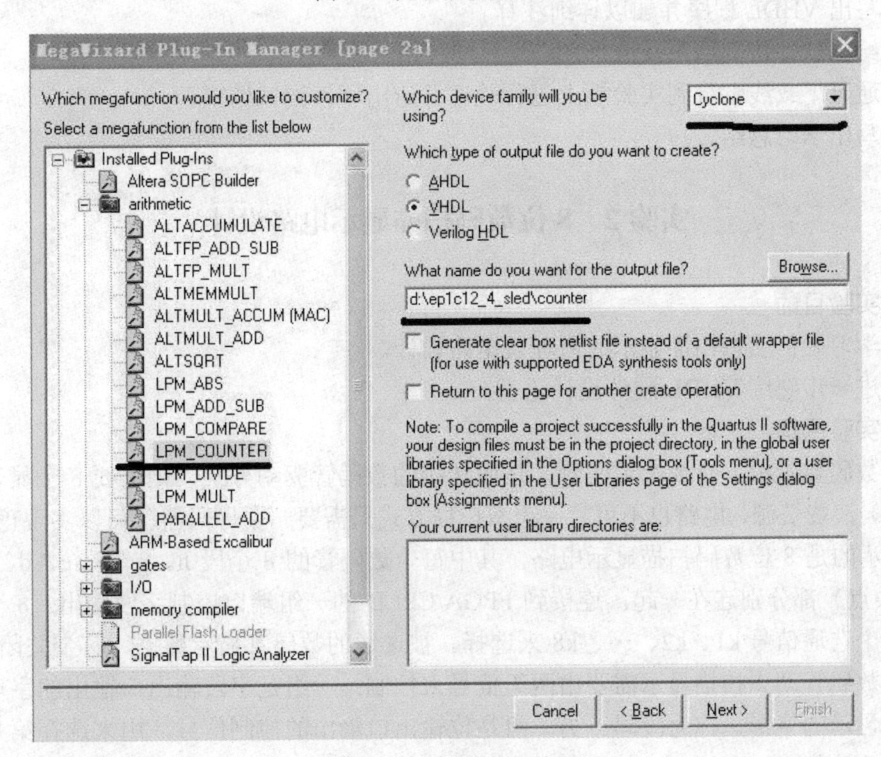

图 5.5　兆功能模块向导 2

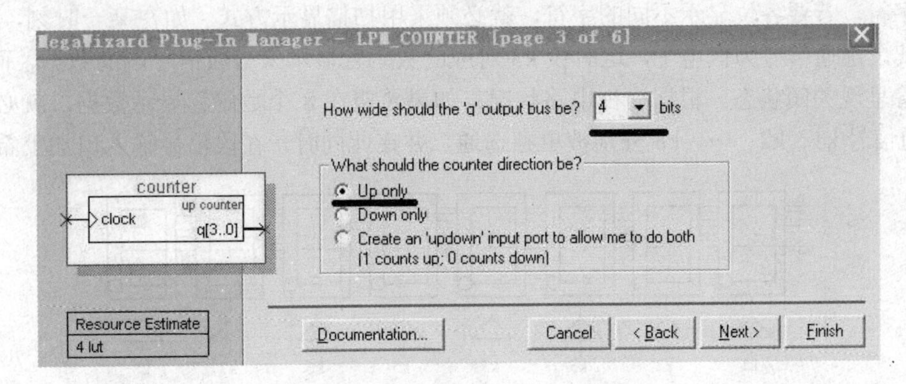

图 5.6　兆功能模块向导 3

实验引脚锁定：

用按键 8～5 控制输入（引脚号 3，4，6，7），clock0（引脚号为 28）控制输入 CLK，用第 8 位数码管输出（引脚号 167,166,165,164,163,162,161）。

四、实验要求

（1）用 VHDL 语言实现电路设计。

（2）设计仿真文件，进行软件验证。

（3）通过下载线下载到实验板上进行验证。

（4）选择实验电路模式 6。

五、实验报告要求

（1）写出 VHDL 程序并加以详细注释。

（2）给出软件仿真结果及波形图。

（3）通过下载线下载到实验板上进行验证并给出硬件测试结果。

（4）写出学习总结。

实验 2　8 位数码扫描显示电路设计

一、实验目的

（1）学习硬件动态扫描显示的原理及电路设计。

（2）进一步熟练 VHDL 硬件设计语言。

二、实验原理

若在数码显示板上有 8 个数码管，按照传统的数码管驱动方式，则需要 8 个显示译码器进行驱动，浪费资源，电路也不可靠。动态扫描方式只需要一个译码器就可以实现正常工作。图 5.7 所示的是 8 位数码扫描显示电路，其中每个数码管的 8 个段 h、g、f、e、d、c、b、a（h 是小数点）都分别连在一起，连接到 FPGA/CPLD 的一组端口控制字段输出。8 个数码管分别由 8 个选通信号 k1、k2、…、k8 来选择。被选通的数码管显示数据，其余关闭。这样，对于一组数码管动态扫描显示需要由两组信号来控制：一组是字段输出口输出的字形代码，用来控制显示的字形，称为段码；另一组是位输出口输出的控制信号，用来选择第几位数码管工作，称为位码。在同一时刻如果各位数码管的位码都处于选通状态，8 位数码管将显示相同的字符。若要各位显示不同的字符，就必须采用扫描显示方式。如在某一时刻，k3 为高电平，其余选通信号为低电平，这时仅 k3 对应的数码管显示来自段信号端的数据，而其他 7 个数码管呈现关闭状态。根据这种电路状况，如果希望在 8 个数码管显示数据，就必须使得 8 个选通信号 k1、k2、…、k8 分别被单独选通，并在此同时，在段信号输入口加上希望在该

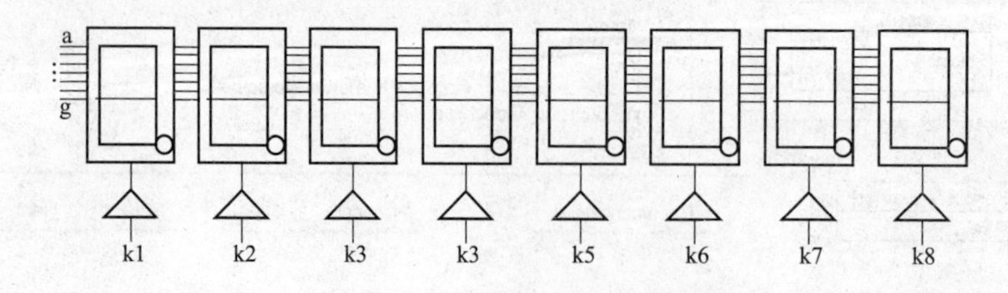

图 5.7　8 位数码扫描显示电路

对应数码管上显示的数据，于是随着选通信号的扫变，就能实现扫描显示的目的。虽然每次只有一个LED显示，但只要扫描显示速率够快，由于人的视觉余辉效应，使我们仍会感觉所有的数码管都在同时显示。

参考程序：

```
LIBRARY IEEE;
USE IEEE.STD_LOGIC_1164.ALL;
USE IEEE.STD_LOGIC_UNSIGNED.ALL;
ENTITY SCAN_LED IS
    PORT (   CLK   : IN STD_LOGIC;
             SG    : OUT STD_LOGIC_VECTOR(6 DOWNTO 0);  -
             BT    : OUT STD_LOGIC_VECTOR(7 DOWNTO 0) );
 END;
ARCHITECTURE one OF SCAN_LED IS
  SIGNAL CNT8  : STD_LOGIC_VECTOR(2 DOWNTO 0);
  SIGNAL   A  : INTEGER RANGE 0 TO 15;
BEGIN
P1: PROCESS( CNT8 )
   BEGIN
      CASE  CNT8  IS
        WHEN "000" =>  BT <= "00000001" ; A <= 1 ;
        WHEN "001" =>  BT <= "00000010" ; A <= 3 ;
        WHEN "010" =>  BT <= "00000100" ; A <= 5 ;
        WHEN "011" =>  BT <= "00001000" ; A <= 7 ;
        WHEN "100" =>  BT <= "00010000" ; A <= 9 ;
        WHEN "101" =>  BT <= "00100000" ; A <= 11 ;
        WHEN "110" =>  BT <= "01000000" ; A <= 13 ;
        WHEN "111" =>  BT <= "10000000" ; A <= 15 ;
        WHEN OTHERS =>  NULL ;
      END CASE ;
    END PROCESS P1;
 P2: PROCESS(CLK)
      BEGIN
       IF CLK'EVENT AND CLK = '1' THEN CNT8 <= CNT8 + 1;
       END IF;
     END PROCESS P2 ;
 P3: PROCESS( A )
     BEGIN
      CASE  A  IS
         WHEN 0  => SG <= "0111111";
         WHEN 1  => SG <= "0000110";
         WHEN 2  => SG <= "1011011";
         WHEN 3  => SG <= "1001111";
         WHEN 4  => SG <= "1100110";
         WHEN 5  => SG <= "1101101";
         WHEN 6  => SG <= "1111101";
         WHEN 7  => SG <= "0000111";
         WHEN 8  => SG <= "1111111";
         WHEN 9  => SG <= "1101111";
         WHEN 10 => SG <= "1110111";
```

```
            WHEN 11 => SG <= "1111100";
            WHEN 12 => SG <= "0111001";
            WHEN 13 => SG <= "1011110";
            WHEN 14 => SG <= "1111001";
            WHEN 15 => SG <= "1110001";
            WHEN OTHERS =>  NULL ;
        END CASE ;
      END PROCESS P3;
END;
```

三、实验内容

（1）说明参考程序中各语句的含义，以及该例的整体功能。对该例进行编辑、编译、综合、适配、仿真，给出仿真波形。

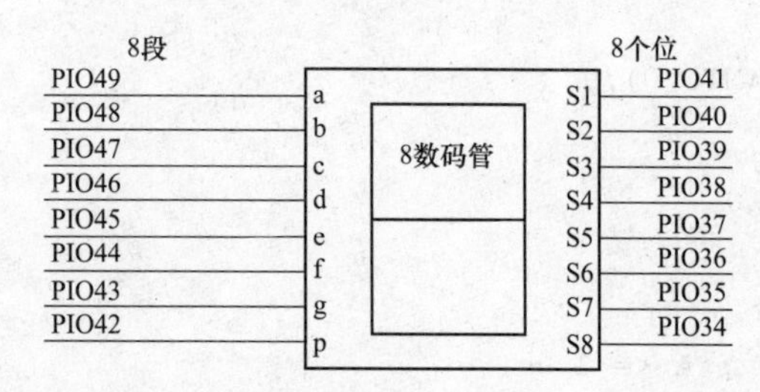

图 5.8 GW48-PK2 系统板扫描显示模式时 8 个数码管 I/O 连接图

实验方式：若考虑小数点，SG 的 8 个段分别为 PIO49、PIO48、…、PIO42（高位在左），BT 的 8 个位分别为 PIO34、PIO35、…、PIO41（高位在左）；电路模式不限，引脚图参考图 5.8。将 GW48 试验系统左上方的蜂鸣器下面短路帽接到下面两个端子上，这时实验系统的 8 个数码管构成图 5.8 所示的电路结构，时钟 CLK 可选择 clock0，通过跳线选择 16384Hz 信号。引脚锁定后进行编译、下载和硬件测试实验。将实验过程和实验结果写进实验报告。

引脚分配：SG[6]～SG[0]：164,165,166,167,168,169,173。

BT[7]～BT[0]：139，140，141，158，159，160，161，162。

CLK：28。

硬件测试结果：8 个数码管输出结果是 13579bdf。

GW48-PK2 上扫描显示模式时的连接方式：8 个数码管扫描式显示，输入信号高电平有效。

（2）修改参考例程的进程 P1 中的显示数据直接给出的方式，增加 8 个 4 位锁存器，作为显示数据缓冲器，使得所有 8 个显示数据都必须来自缓冲器。缓冲器中的数据可以通过不同方式锁入，如来自 A/D 采样的数据、来自分时锁入的数据、来自串行方式输入的数据、来自常量兆功能模块或来自单片机等。

四、实验要求

（1）用 VHDL 语言实现电路设计。

（2）设计仿真文件，进行软件验证。

（3）通过下载线下载到实验板上进行验证。

（4）电路模式不限。

五、实验报告要求

（1）写出 VHDL 程序并加以详细注释。

（2）给出软件仿真结果及波形图。

（3）通过下载线下载到实验板上进行验证并给出硬件测试结果。

（4）写出学习总结。

实验 3　基于 VHDL 的流水灯电路设计

一、实验目的

（1）学习设计一个流水灯电路，并在实验板上验证。

（2）学习简单时序电路的设计和硬件测试。

（3）学习使用 VHDL 语言方法进行逻辑设计输入。

二、实验内容

（1）基于 VHDL 语言设计可用于控制 LED 流水灯的简单逻辑电路，电路包含三个输入、八个输出。输入信号为清零信号端 CLR、时钟信号 CLK 和使能信号 ENA，输出信号 Y 接八个发光二极管。

当清零信号端 CLR 为低时，系统清零，此时 8 个 LED 灯全灭。当 ENA 输入信号为高电平，CLK 的上升沿到来时，流水灯开始流动，流动顺序为 D1→D2→D3→D4→D5→D6→D7→D8，然后再返回 D1；当 ENA 输入信号为低电平时，流水灯暂停，保持在原有状态。其对应关系见表 5.2。

表 5.2　　**基于 VHDL 流水灯电器设计真值表**

时钟端	清零端	使能端	D8	D7	D6	D5	D4	D3	D2	D1
×	0	×	灭	灭	灭	灭	灭	灭	灭	灭
×	1	0	不变	不变	不变	不变	不变	不变	不变	不变
上升沿	1	1	进入下一个状态							

（2）在 QuartusⅡ上用 VHDL 文本方式设计该流水灯电路；对该设计进行编辑、编译、综合、适配、仿真。将经过仿真的设计下载到硬件实验箱进行验证。注意选择：输入信号线 3 根（ENA 接按键 1，clr 接按键 2 和 CLK 接 CLK0）、输出线 8 根（接发光二极管指示灯）；硬件测试时为便于观察，流水速率最好在 4Hz 左右，测试时根据输入信号的变化观察输出信号的改变。

实验引脚锁定：

八个按键：按键 1～8 分别对应 FPGA 上的引脚 233,234,235,236,237,238,239,240。

八个发光二极管：发光二极管 D1～D8 分别对应 FPGA 上的引脚 1,2,3,4,6,7,8,12。

时钟端口：CLK0 对应 28，CLK2 对应 153，CLK5 对应 152，CLK90 对应 29。

三、实验扩展

在前面实验的基础上实现其他花样流水显示，控制 8 个 LED 灯进行花样显示，设计 3 种模式：①从左到右逐个点亮 LED；②从右到左逐个点亮 LED；③从中间到两边逐个点亮 LED，3 种模式循环切换，由复位键控制系统的运行和停止。

四、实验要求

（1）提前预习该实验要求。

（2）用 VHDL 文本方式提前设计实现该电路。

（3）设计仿真文件，进行仿真验证。

（4）通过下载线下载到实验板上进行验证。

五、实验报告要求

（1）写出源程序并加以注释。

（2）给出软件仿真结果及波形图。

（3）通过下载线下载到实验板上进行验证并给出硬件测试结果。

（4）写出学习总结。

实验 4 偶数分频器设计

一、实验目的

（1）学习设计一个分频器电路，并在实验板上验证。

（2）掌握分频器的工作原理。

（3）学习使用 VHDL 语言方法进行逻辑设计输入。

二、实验原理

在数字系统的设计中，分频器是一种应用十分广泛的电路，其功能是对较高频率的信号进行分频。分频的本质是加法计数器的变种，其计数值由分频系数 $N = f_{in} / f_{out}$ 决定，其输出不是一般计数器的计数结果，而是根据分频系数对输出信号的高、低电平进行控制。一般来讲，分频器用以得到较低频率的时钟信号、选通信号、中断信号等。常见的分频器有偶数分频器、奇数分频器、半整数分频器等。

三、实验内容

1. 分频系数是 2 的整数次幂的分频器设计

对于分频系数是 2 的整数次幂的分频器来说，可以直接将计数器的相应位赋给分频器的输出信号。那么要想实现分频系数为 2 的 N 次幂的分频器，只需要实现一个模为 N 的计数器，然后把模 N 计数器的最高位直接赋给分频器的输出信号，即可得到所需要的分频信号。利用 VHDL 语言描述分频系数是 2 的整数次幂的分频器，参考代码如下：

```
Library ieee;
Use ieee.std_logic_1164.all;
Use ieee.std_logic_unsigned.all;
Entity div248 is
Port(clk:in std_logic;
     Div2:out std_logic;
     Div4:out std_logic;
     Div8:out std_logic;);
End;
Architecture one of div248 is
     Signal cnt:std_logic_vector(2 downto 0);
Begin
Process(clk)
Begin
If clk'event and clk='1' then
   Cnt<=cnt+1;
```

```
End if;
End process;
Div2<=cnt(0);
Div4<=cnt(1);
Div8<=cnt(2);
End;
```

实验引脚锁定：

用按键1（引脚号233）控制clk，LED1（引脚号1）、LED2（引脚号2）、LED3（引脚号3）分别表示div2、div4、div8的输出结果。改变clk，观察LED的变化。

2. 分频系数不是2的整数次幂的分频器设计

对于分频系数不是2的整数次幂的分频器来说，仍然可以用计数器来实现，不过需要对计数器进行控制。利用VHDL语言描述分频系数是5的分频器，参考代码如下：

```
Library ieee;
Use ieee.std_logic_1164.all;
Use ieee.std_logic_unsigned.all;
Entity div12 is
Port(clk:in std_logic;
        Div5:out std_logic;);
End;
Architecture one of div12 is
   Signal cnt:std_logic_vector(2 downto 0);
   Signal clk_temp:std_logic;
   Constant m:integer:=5;
Begin
Process(clk)
Begin
If clk'event and clk='1' then
   If cnt=m then
     Clk_temp<=not clk_temp;
     Cnt<="000";
   else
   Cnt<=cnt+1;
   End if;
End if;
End process;
Div12<=clk_temp;
End;
```

实验引脚锁定：

用按键1（引脚号233）控制clk，LED1（引脚号1）表示div5。改变clk，观察LED的变化。

四、实验扩展

（1）奇数分频器的VHDL设计、仿真、硬件测试。

（2）半整数分频器的VHDL设计、仿真、硬件测试。

五、实验要求

（1）提前预习该实验要求。

（2）用 VHDL 文本方式提前设计实现该电路。

（3）设计仿真文件，进行仿真验证。

（4）通过下载线下载到实验板上进行验证。

六、实验报告要求

（1）写出源程序并加以注释。

（2）给出软件仿真结果及波形图。

（3）通过下载线下载到实验板上进行验证并给出硬件测试结果。

（4）写出学习总结。

实验 5　含异步清零和同步时钟使能的十进制加法计数器设计

一、实验目的

（1）学习计数器的设计、仿真和硬件测试。

（2）进一步熟悉 VHDL 设计技术。

二、实验原理

计数器是将几个触发器按照一定的顺序连接起来，然后根据触发器的组合状态按照一定的计数规律随着时钟脉冲的变化记忆时钟脉冲的个数。计数器是一个用以实现计数功能的时序部件，它不仅可用来记脉冲数，还常用作数子系统的定时、分频和执行数字运算以及其他特定的逻辑功能。常见的集成计数芯片有 74160、74161、74192 等。用 FPGA/CPLD 可以实现计数功能更加灵活的计数器。含异步清零和同步时钟使能的十进制加法计数器，其输入分别为时钟信号 CLK、复位信号 RST、使能信号 ENA，输出为四位二进制数 D[3..0]。其对应关系见表 5.3。

表 5.3　　十进制加法计数器真值表

输　入			输　出
CLK	RST	ENA	D[3..0]
X	1	X	0
X	0	0	保持前一状态
上升沿	0	1	下一状态

输出的四位二进制数在“0000”到“1001”之间变化，即十进制从“0”到“9”变化。当复位信号 RST 为高电平时，不管 CLK 和 ENA 处于何种状态，输出清零。当 RST 为非有效电平，ENA 为低电平时，输出保持前一状态不发生改变；当 RST 为非有效电平，ENA 为高电平时，此时每来一个时钟 CLK 的上升沿，输出加 1，若输出数据超过“1001”，则自动清零至“0000”。

参考程序：

```
LIBRARY IEEE;
USE IEEE.STD_LOGIC_1164.ALL;
USE IEEE.STD_LOGIC_UNSIGNED.ALL;
ENTITY CNT10 IS
```

```
    PORT (CLK,RST,EN : IN STD_LOGIC;
                    CQ : OUT STD_LOGIC_VECTOR(3 DOWNTO 0);
                   COUT : OUT STD_LOGIC  );
END CNT10;
ARCHITECTURE behav OF CNT10 IS
BEGIN
  PROCESS(CLK, RST, EN)
    VARIABLE  CQI : STD_LOGIC_VECTOR(3 DOWNTO 0);
  BEGIN
     IF RST = '1' THEN   CQI := (OTHERS =>'0'); --计数器异步复位
      ELSIF CLK'EVENT AND CLK='1' THEN          --检测时钟上升沿
       IF EN = '1' THEN                         --检测是否允许计数（同步使能）
         IF CQI < 9 THEN   CQI := CQI + 1;      --允许计数，检测是否小于 9
           ELSE    CQI := (OTHERS =>'0');       --大于 9，计数值清零
         END IF;
       END IF;
     END IF;
      IF CQI = 9 THEN COUT <= '1';              --计数大于 9，输出进位信号
        ELSE    COUT <= '0';
      END IF;
        CQ <= CQI;                              --将计数值向端口输出
  END PROCESS;
 END behav;
```

三、实验内容

实验内容 1：在 QuartusⅡ上对该例程进行编辑、编译、综合、适配、仿真。说明示例中各语句的作用，详细描述示例的功能特点，给出其所有信号的时序仿真波形。

实验内容 2：引脚锁定以及硬件下载测试：选择模式 5 电路。用键 1（引脚号为 233）控制输入 RST，用 Clock0（引脚号为 28）控制输入 CLK，用键 2（引脚号为 234）控制输入 ENA，输出信号直接接数码管 8 的译码器输入端口（从高位到低位分别接引脚号 168，167，166，165），注意未使用的引脚请设置为三态输入。引脚锁定后进行编译、下载和硬件测试实验。将实验过程和实验结果写进实验报告。

实验内容 3：使用 SignalTapⅡ对此计数器进行实时测试，流程与要求参考教材相关内容。

实验内容 4：从设计中去除 SignalTapⅡ，要求全程编译后生成用于配置器件 EPCS1 编程的压缩 POF 文件，并使用 ByteBlasterⅡ，通过 AS 模式对实验板上的 EPCS1 进行编程，最后进行验证。

实验内容 5：为此项设计加入一个可用于 SignalTapⅡ采样的独立的时钟输入端（采用时钟选择 Clock0=12MHz，计数器时钟 CLK 分别选择 256Hz、16384Hz、6MHz），并进行实时测试。

实验内容 6：综合：选择 Tools→RTL Viewer，观察综合后的 RTL 电路。可以看出，电路主要由 1 个比较器、1 个加法器、4 个多路选择器和 1 个 4 位锁存器组成。

CNT10 工程的 RTL 电路如图 5.9 所示。

四、实验要求

（1）用 VHDL 语言实现电路设计。

（2）设计仿真文件，进行软件验证。

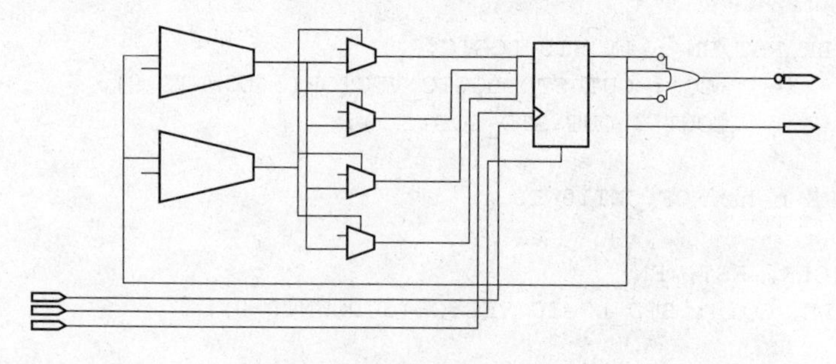

图 5.9 CNT10 工程的 RTL 电路

（3）通过下载线下载到实验板上进行验证。

五、实验报告要求

（1）写出 VHDL 程序并加以详细注释。

（2）给出软件仿真结果及波形图。

（3）通过下载线下载到实验板上进行验证并给出硬件测试结果。

（4）写出学习总结。

六、实验扩展与思考

（1）完成一个可逆计数器的 VHDL 设计、仿真和硬件测试。

（2）在例程中是否可以不定义信号 CQI，而直接用输出端口信号完成加法运算，即 CQ <= CQ+1？为什么？

实验 6 数控分频器设计

一、实验目的

学习数控分频器的设计、分析和测试方法。

二、实验原理

数控分频器的功能就是当在输入端给定不同输入数据时，对输入的时钟信号有不同的分频比。数控分频器就是用计数值可并行预置的加法计数器设计完成的，方法是将计数溢出位与预置数加载输入信号相接即可。

三、实验分析

根据图 5.10 所示的波形提示，分析参考程序中的各语句功能、设计原理及逻辑功能，详述进程 P_REG 和 P_DIV 的作用，并画出该程序的 RTL 电路图。分析输入数据与输出频率之间的关系，以及理论上该分频率器的频率范围。

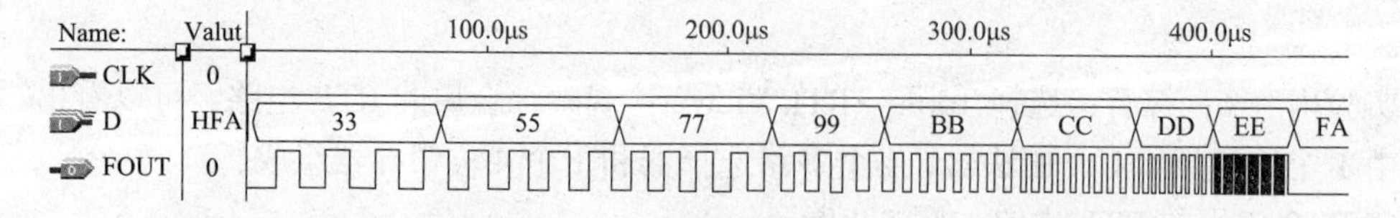

图 5.10 当给出不同输入值 D 时，FOUT 输出不同频率（CLK 周期=50ns）

四、实验仿真

输入不同的 CLK 频率和预置值 D，给出如图 5.7 所示的时序波形。

五、实验内容

实验内容 1：在实验系统上硬件验证例程的功能。可选实验电路模式 1；键 2/键 1 负责输入 8 位预置数 D（PIO7～PIO0）；CLK 由 clock0（引脚 28）输入，频率选 65536Hz 或更高（确保分频后落在音频范围）；输出 FOUT 接扬声器 SPKER（引脚 174）。编译下载后进行硬件测试：改变键 2/键 1 的输入值，可听到不同音调的声音。

实验内容 2：将例程扩展成 16 位分频器，并提出此项设计的实用示例，如 PWM 的设计等。

实验思考题：怎样利用 2 个由例程给出的模块设计一个电路，使其输出方波的正负脉宽的宽度分别由两个 8 位输入数据控制？

参考程序：

```
LIBRARY IEEE;
USE IEEE.STD_LOGIC_1164.ALL;
USE IEEE.STD_LOGIC_UNSIGNED.ALL;
ENTITY DVF IS
    PORT (   CLK  : IN STD_LOGIC;
              D  : IN STD_LOGIC_VECTOR(7 DOWNTO 0);
          FOUT : OUT STD_LOGIC   );
END;
ARCHITECTURE one OF DVF IS
    SIGNAL  FULL : STD_LOGIC;
BEGIN
   P_REG: PROCESS(CLK)
   VARIABLE CNT8 : STD_LOGIC_VECTOR(7 DOWNTO 0);
   BEGIN
     IF CLK'EVENT AND CLK = '1' THEN
          IF CNT8 = "11111111" THEN
          CNT8 := D;          --当 CNT8 计数计满时，输入数据 D 被同步预置给计数器 CNT8
           FULL <= '1';       --同时使溢出标志信号 FULL 输出为高电平
             ELSE   CNT8 := CNT8 + 1;        --否则继续作加 1 计数
                    FULL <= '0';             --且输出溢出标志信号 FULL 为低电平
          END IF;
     END IF;
    END PROCESS P_REG ;
    P_DIV: PROCESS(FULL)
      VARIABLE CNT2 : STD_LOGIC;
    BEGIN
    IF FULL'EVENT AND FULL = '1' THEN
      CNT2 := NOT CNT2;        --如果溢出标志信号 FULL 为高电平，D 触发器输出取反
         IF CNT2 = '1' THEN  FOUT <= '1'; ELSE FOUT <= '0';
        END IF;
    END IF;
     END PROCESS P_DIV ;
END;
```

六、实验要求

（1）分析、详细注释参考程序，并将其改写为 16 位数控分频器。

（2）设计仿真文件，进行软件验证。

（3）通过下载线下载到实验板上进行验证。

七、实验报告要求

（1）写出 VHDL 程序并加以详细注释。

（2）给出软件仿真结果及波形图。

（3）通过下载线下载到实验板上进行验证并给出硬件测试结果。

（4）写出学习总结。

实验 7　基于状态机的序列检测器设计

一、实验目的

（1）掌握序列检测器的工作原理。

（2）掌握利用状态机进行时序逻辑电路设计的方法。

二、实验原理

有限状态机是时序逻辑电路设计中经常使用的一种方法。在状态连续变化的数字系统设计中，采用状态机的设计思想有利于提高设计效率，增加程序的可读性，减少错误的发生几率。一般来说，标准状态机可以分为摩尔机和米立机两种。摩尔机的输出是当前状态值的函数，并且仅在时钟上升沿到来时才发生变化。米立机的输出是当前状态值、当前输出值和当前输入值的函数。对于基于状态机的设计，首先根据所设计电路的功能做出其状态转换图，然后用硬件描述语言对状态机进行描述。

序列检测器可用于检测一组或多组由二进制码组成的脉冲序列信号，在数字通信系统中有着广泛的应用。当序列检测器连续收到一组串行二进制码后，如果这组码与检测器中预先设置的码相同，则输出 1，否则输出 0。由于这种检测的关键在于正确码的收到必须是连续的，这就要求检测器必须记住前一次的正确码及正确序列，直到在连续的检测中所收到的每一位码都与预置数的对应码相同。在检测过程中，任何一位不相等都将回到初始状态重新开始检测。

三、实验内容

实验内容 1：利用 QuartusⅡ对参考例程进行文本编辑输入、仿真测试并给出仿真波形，了解控制信号的时序，最后进行引脚锁定并完成硬件测试实验。建议选择电路模式 No.8，用键 7（PIO11）控制复位信号 CLR；键 6（PIO9）控制状态机工作时钟 CLK；待检测串行序列数输入 DIN 接 PIO10（左移，最高位在前）；指示输出 AB 接 PIO39～PIO36（显示于数码管 6）。下载后：①按实验板“系统复位”键；②用键 2 和键 1 输入 2 位十六进制待测序列数“11100101”；③按键 7 复位（平时数码 6 指示显“B”）；④按键 6（CLK）8 次，这时若串行输入的 8 位二进制序列码（显示于数码 2/1 和发光管 D8～D0）与预置码“11100101”相同，则数码 6 应从原来的 B 变成 A，表示序列检测正确，否则仍为 B。

实验内容 2：将 8 位待检测预置数作为外部输入信号，重复以上实验内容（将 8 位待检测预置数由键 4/键 3 作为外部输入，从而可随时改变检测密码）。

实验思考题：

（1）如果待检测预置数必须以右移方式进入序列检测器，写出该检测器的 VHDL 代码（两进程符号化有限状态机），并提出测试该序列检测器的实验方案。

（2）利用有限状态机设计一个时序逻辑电路，其功能是检测一个 4 位二进制序列“1111”，即输入序列中如果有 4 个或者 4 个以上连续的“1”出现，输出为 1，其他情况下，输出为 0。

四、实验报告

根据以上的实验内容写出实验报告，包括设计原理、程序设计、程序分析、仿真分析、硬件测试和详细实验过程。总结使用有限状态机进行时序电路设计的要点。

参考程序：

```
LIBRARY IEEE ;
USE IEEE.STD_LOGIC_1164.ALL;

ENTITY SCHK IS
  PORT(DIN, CLK, CLR : IN STD_LOGIC;   --串行输入数据位/工作时钟/复位信号
              AB : OUT STD_LOGIC_VECTOR(3 DOWNTO 0)); --检测结果输出
END SCHK;

ARCHITECTURE behav OF SCHK IS
      SIGNAL Q : INTEGER RANGE 0 TO 8 ;
      SIGNAL D : STD_LOGIC_VECTOR(7 DOWNTO 0); --8 位待检测预置数(密码=E5H)
BEGIN
      D <= "11100101 " ;                      --8 位待检测预置数
  PROCESS( CLK, CLR )
    BEGIN
      IF CLR = '1' THEN    Q <= 0 ;
      ELSIF  CLK'EVENT AND CLK='1' THEN --时钟到来时，判断并处理当前输入的位
 CASE Q IS
      WHEN 0=>  IF DIN = D(7) THEN Q <= 1 ; ELSE Q <= 0 ; END IF ;
      WHEN 1=>  IF DIN = D(6) THEN Q <= 2 ; ELSE Q <= 0 ; END IF ;
      WHEN 2=>  IF DIN = D(5) THEN Q <= 3 ; ELSE Q <= 0 ; END IF ;
      WHEN 3=>  IF DIN = D(4) THEN Q <= 4 ; ELSE Q <= 0 ; END IF ;
      WHEN 4=>  IF DIN = D(3) THEN Q <= 5 ; ELSE Q <= 0 ; END IF ;
      WHEN 5=>  IF DIN = D(2) THEN Q <= 6 ; ELSE Q <= 0 ; END IF ;
      WHEN 6=>  IF DIN = D(1) THEN Q <= 7 ; ELSE Q <= 0 ; END IF ;
      WHEN 7=>  IF DIN = D(0) THEN Q <= 8 ; ELSE Q <= 0 ; END IF ;
      WHEN OTHERS =>  Q <= 0 ;
       END CASE ;
    END IF ;
  END PROCESS ;

  PROCESS( Q )                              --检测结果判断输出
  BEGIN
      IF Q = 8  THEN  AB <= "1010" ;      --序列数检测正确，输出 “A”
      ELSE            AB <= "1011" ;      --序列数检测错误，输出 “B”
      END IF ;
  END PROCESS ;
END behav ;
```

实验 8　4×4 键盘扫描电路设计

一、实验目的

（1）掌握矩阵键盘的工作原理。

（2）掌握用 VHDL 语言设计矩阵键盘的方法。

二、实验原理

设计要求：在时钟控制下循环扫描键盘，根据列扫描信号和对应的键盘响应信号确定键盘按键位置，并将按键值显示在 7 段数码管上。

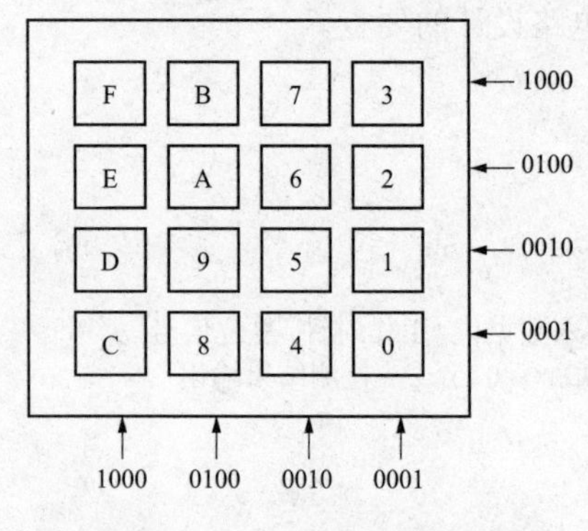

图 5.11　4×4 键盘基本原理图

设计原理：在数字系统设计中，4×4 矩阵键盘是一种常见的输入装置，通常作为系统的输入模块。对于键盘上每个键的识别一般采取扫描的方法实现，下面介绍用列信号进行扫描时的基本原理和流程。如图 5.11 所示，当进行列扫描时，扫描信号由列引脚进入键盘，以 1000、0100、0010、0001 的顺序每次扫描不同的一列，然后读取行引脚的电平信号，就可以判断是哪个按键被按下。例如，当扫描信号为 0100 时，表示正在扫描“89AB”一列，如果该列没有按键按下，则由行信号读出的值为 0000；反之如果按键 9 被按下，则该行信号读出的值为 0100。

三、实验内容

采用文本编辑法，利用 VHDL 语言描述 4×4 矩阵键盘扫描电路，代码如下：

```
library ieee;
use ieee.std_logic_1164.all;
use ieee.std_logic_unsigned.all;

entity jp is
port(  clk: in std_logic;
       start:in std_logic;
       kbcol:in std_logic_vector(3 downto 0);
       kbrow:out std_logic_vector(3 downto 0);
       dat_out:out std_logic_vector(3 downto 0));

end;
architecture one of jp is
  signal count:std_logic_vector(1 downto 0);
  signal dat:std_logic_vector(3 downto 0);
  signal sta:std_logic_vector(1 downto 0);
  signal fn:std_logic;
begin

process(clk)
begin
if clk'event and clk='1' then count<=count+1;
end if;
end process;
process(clk)
begin
if clk'event and clk='1' then
    case count is
    when "00" =>kbrow<="0001";sta<="00";
```

```
        when "01" =>kbrow<="0010";sta<="01";
        when "10" =>kbrow<="0100";sta<="10";
        when "11" =>kbrow<="1000";sta<="11";
        when others =>kbrow<="1111";
        end case;
    end if;
    end process;
    process(clk,start)
    begin
    if start='0' then dat<="0000";
    elsif clk'event and clk='1' then
      case sta is
      when "00"=>
           case kbcol is
             when "0001"=>dat<="0000";
             when "0010"=>dat<="0001";
             when "0100"=>dat<="0010";
             when "1000"=>dat<="0011";
             when others=>dat<="1111";
           end case;
      when "01"=>
           case kbcol is
             when "0001"=>dat<="0100";
             when "0010"=>dat<="0101";
             when "0100"=>dat<="0110";
             when "1000"=>dat<="0111";
             when others=>dat<="1111";
           end case;
      when "10"=>
           case kbcol is
             when "0001"=>dat<="1000";
             when "0010"=>dat<="1001";
             when "0100"=>dat<="1010";
             when "1000"=>dat<="1011";
             when others=>dat<="1111";
           end case;
      when "11"=>
           case kbcol is
             when "0001"=>dat<="1100";
             when "0010"=>dat<="1101";
             when "0100"=>dat<="1110";
             when "1000"=>dat<="1111";
             when others=>dat<="1111";
           end case;
      when others =>dat<="0000";
      end case;
    end if;
    end process;
    fn<=not(dat(0) and dat(1) and dat(2) and dat(3) );
    process(fn)
    begin
```

```
  if fn'event and fn='1' then
      dat_out<=dat;
  end if;
end process;
 end;
```

4×4 矩阵键盘扫描电路的电路符号如图 5.12 所示。输入信号：clk、开始信号 start、行扫描信号 kbcol[3..0]；输出信号：列扫描信号 kbrow[3..0]、7 段显示控制信号 dat_out[3..0]。

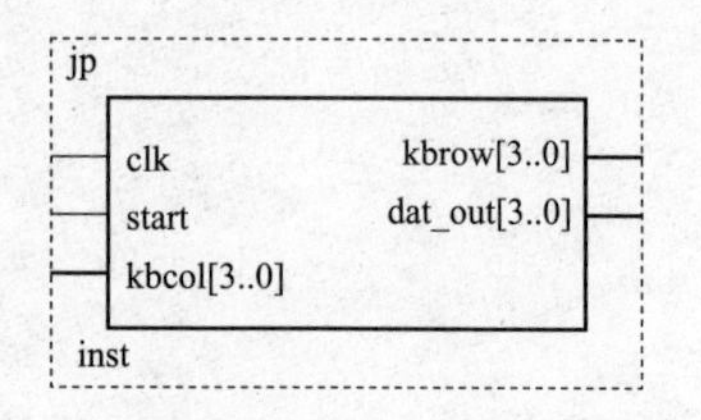

图 5.12 4×4 矩阵键盘扫描电路的电路符号

实验引脚锁定：

clk（引脚号 28）、start（引脚号 233）、dat_out[3..0] 在模式 5 下任选一个数码管进行引脚锁定。kbcol[3..0]、kbrow[3..0]通过杜邦线与主控芯片相连，进行引脚锁定。

四、实验要求

（1）预习教材中的相关内容。

（2）用 VHDL 语言实现电路设计。

（3）设计仿真文件，进行软件验证。

（4）选择实验电路模式 5。

五、实验报告要求

（1）给出 VHDL 设计程序和相应注释。

（2）给出软件仿真结果及波形图。

（3）写出硬件测试和详细实验过程并给出硬件测试结果。

（4）给出程序分析报告、仿真波形图及其分析报告。

（5）写出学习总结。

实验 9 存储器 ROM 和 RAM 设计

一、实验目的

（1）掌握只读存储器和随机存储器的工作原理。

（2）掌握用 VHDL 语言设计只读存储器和随机存储器的方法。

二、实验原理

在数字电路中，存储器是一种能够存储大量二进制信息的逻辑电路，通常用于数字系统中大量数据的存储。存储器的工作原理是：存储器为每一个存储单元都编写一个地址，因此只有地址指定的那些存储单元才能够与公共的 I/O 相连，然后进行存储数据的读写操作。

三、实验内容

1. 只读存储器（ROM）

只读存储器是一种重要的时序逻辑存储电路，它的逻辑功能是在地址信号的选择下从指定存储单元中读取相应的数据。只读存储器只能进行数据的读取而不能修改或写入新的数据。下面以 16×8 的只读存储器为例，代码如下：

```
library ieee;
use ieee.std_logic_1164.all;
use ieee.std_logic_unsigned.all;

entity cunchu is
port(  addr:in std_logic_vector(3 downto 0);
       en:in std_logic;
       data:out std_logic_vector(7 downto 0)
);
end;
architecture one of cunchu is
   type memory is array(0 to 15)of std_logic_vector(7 downto 0);
   signal data1:memory:=("10101001","11111101","11101001","11011100",
                         "10111001","11000010","11000101","00000100",
                         "11101100","10001010","11001111","00110100",
                         "11000001","10011111","10100101","01011100");
   signal addr1:integer range 0 to 15;
begin
  addr1<=conv_integer(addr);
  process(en,addr1,addr,data1)
  begin
  if en='1' then
     data<=data1(addr1);
  else
     data<=(others=>'Z');
  end if;
  end process;
end;
```

只读存储器的电路符号如图 5.13 所示。输入信号：地址选择信号 addr[3..0]；使能端 en、输出信号：数据输出端 data[7..0]。

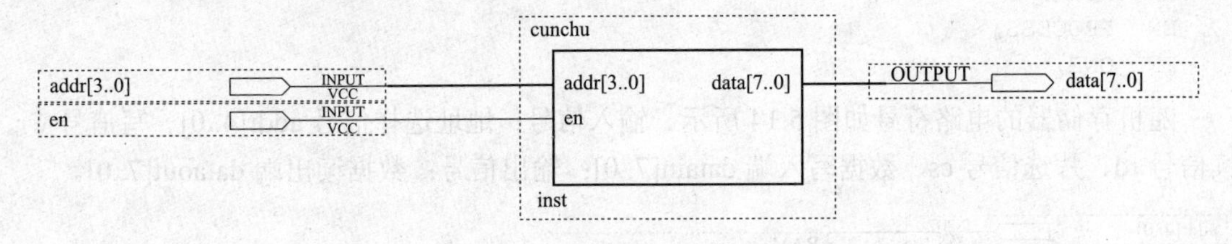

图 5.13　只读存储器的电路符号

实验引脚锁定：

用键 1（引脚号为 233）控制 en，用键 2（引脚号为 234）、键 3（引脚号为 235）、键 4（引脚号为 236）、键 5（引脚号为 237）分别控制 addr[3..0]，用 D1（引脚号为 1）、D2（引脚号为 2）、D3（引脚号为 3）、D4（引脚号为 4）、D5（引脚号为 6）、D6（引脚号为 7）、D7（引脚号为 8）、D8（引脚号为 12）分别控制 data[7..0]。键 1 使能置 1 时，通过控制键 2～5，观察 D1～D7 显示结果，是否满足只读存储器的设定。

2. 随机存储器（RAM）

随机存储器的逻辑功能是在地址信号的选择下对指定的存储单元进行相应的读写操作，

也就是说随机存储器不但可以读取数据，还可以进行存储数据的修改或重新写入，故通常用于动态数据的存储。下面以32×8的随机存储器为例，代码如下：

```
LIBRARY IEEE;
USE IEEE.STD_LOGIC_1164.ALL ;
USE IEEE.STD_LOGIC_UNSIGNED.ALL ;
ENTITY RAM IS
  PORT (ADDR: IN STD_LOGIC_VECTOR(4 DOWNTO 0);
        WR:IN STD_LOGIC;
        RD:IN STD_LOGIC;
        CS:IN STD_LOGIC;
       DIN:IN STD_LOGIC_VECTOR(7 DOWNTO 0);
      DOUT:OUT STD_LOGIC_VECTOR(7 DOWNTO 0));
 END RAM;
ARCHITECTURE ONE OF RAM IS
TYPE MEMORY IS ARRAY(0 TO 31) OF STD_LOGIC_VECTOR(7 DOWNTO 0);
SIGNAL DATA1:MEMORY;
SIGNAL ADDR1:INTEGER RANGE 0 TO 31;
BEGIN
ADDR1<=CONV_INTEGER(ADDR);
PROCESS(WR,CS,ADDR1,DATA1,DIN)
BEGIN
IF CS='0' AND WR='1' THEN
DATA1(ADDR1)<=DIN;
END IF;
END PROCESS;
PROCESS(RD,CS,ADDR1,DATA1)
BEGIN
IF CS='0' AND RD='1' THEN
DOUT<=DATA1(ADDR1);
ELSE DOUT<=(OTHERS=>'Z');
END IF;
END PROCESS;
END ONE;
```

随机存储器的电路符号如图5.14所示。输入信号：地址选择信号addr[4..0]、写信号wr、读信号rd、片选信号cs、数据写入端datain[7..0]；输出信号：数据读出端dataout[7..0]。

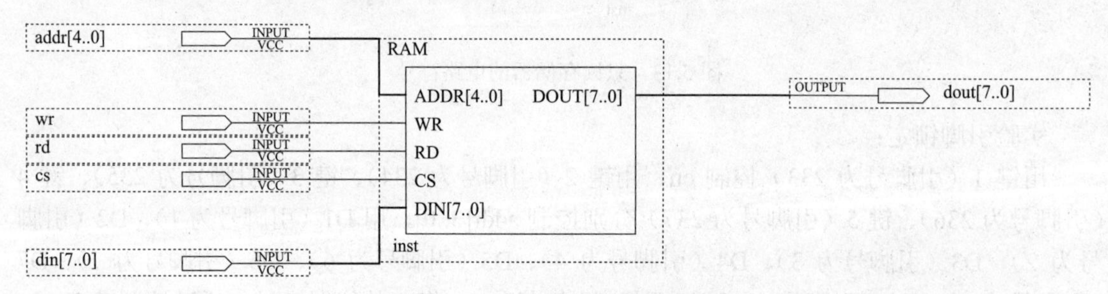

图5.14 随机存储器的电路符号

实验引脚锁定：

用键1（引脚号为233）控制cs，用键2（引脚号为234）控制rd，用键3（引脚号为235）

控制 wr，用键 4（引脚号为 236）、键 5（引脚号为 237）、键 6（引脚号为 238）、键 7（引脚号为 239）、键 8（引脚号为 240）分别控制 addr[4..0]；用 D1（引脚号为 1）、D2（引脚号为 2）、D3（引脚号为 3）、D4（引脚号为 4）、D5（引脚号为 6）、D6（引脚号为 7）、D7（引脚号为 8）、D8（引脚号为 12）分别控制 dataout[7..0]；用电平控制开关 IO47（引脚号为 168）、IO44（引脚号为 165）、IO46（引脚号为 167）、IO45（引脚号为 166）、IO41（引脚号为 162）、IO40（引脚号为 161）、IO26（引脚号为 128）、IO31（引脚号为 136）分别控制八位输入 datain[7..0]。键 1 置低，cs='0'，RAM 工作，键 3 置高，开始写入数据，数据选择地址由键 4～8 控制，数据输入由电平控制开关控制。例如，在"00000"地址写入数据"0101010101"，在"00001"地址写入数据"00110011"，则当键 2 置高时，开始读出数据，通过 LED8～LED1 显示输出数据。

四、实验要求

（1）预习教材中的相关内容。

（2）用 VHDL 语言实现电路设计。

（3）设计仿真文件，进行软件验证。

（4）选择实验电路模式 5。

五、实验报告要求

（1）给出 VHDL 设计程序和相应注释。

（2）给出软件仿真结果及波形图。

（3）写出硬件测试和详细实验过程并给出硬件测试结果。

（4）给出程序分析报告、仿真波形图及其分析报告。

（5）写出学习总结。

第 6 章　数字系统设计综合设计实验

实验 1　A/D 采样控制电路设计

一、实验目的

（1）学习用状态机对 A/D 转换器 ADC0809 的采样控制电路的实现。

（2）掌握利用有限状态机实现一般时序逻辑的分析方法。

（3）了解一般状态机的设计与应用。

二、实验原理

ADC0809 是 CMOS 的 8 位 A/D 转换器，片内有 8 路模拟开关，可控制 8 个模拟量中的一个进入转换器中。转换时间约为 100μs，含锁存控制的 8 路多路开关，输出有三态缓冲器控制，单 5V 电源供电。

主要控制信号如图 6.1 所示。START 是转换启动信号，高电平有效；ALE 是 3 位通道选择地址（ADDC、ADDB、ADDA）信号的锁存信号。当模拟量送至某一输入端（如 IN1 或 IN2 等），由 3 位地址信号选择，而地址信号由 ALE 锁存；EOC 是转换情况状态信号，当启动转换约 100μs 后，EOC 产生一个负脉冲，以表示转换结束；在 EOC 的上升沿后，若使输出使能信号 OE 为高电平，则控制打开三态缓冲器，把转换好的 8 位数据结果输至数据总线，至此 ADC0809 的一次转换结束。控制 ADC0809 采样的状态图如图 6.2 所示。参考程序的采样状态机结构图如图 6.3 所示。

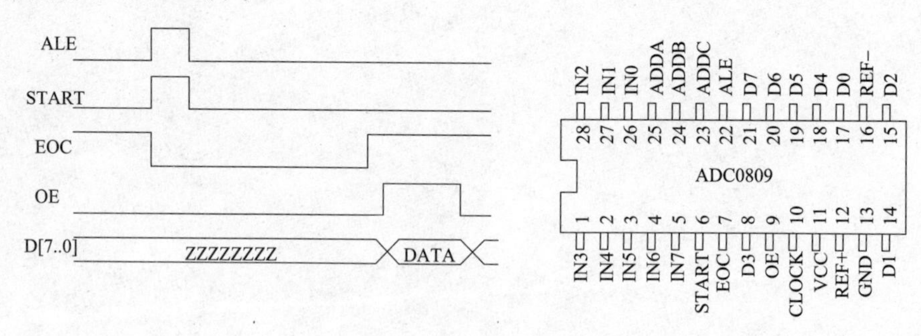

图 6.1　ADC0809 时序图

参考程序：

```
LIBRARY IEEE;
USE IEEE.STD_LOGIC_1164.ALL;
ENTITY ADCINT IS
    PORT(D  : IN STD_LOGIC_VECTOR(7 DOWNTO 0); --来自 0809 转换好的 8 位数据
        CLK  : IN STD_LOGIC;                    --状态机工作时钟
        EOC  : IN STD_LOGIC;                    --转换状态指示，低电平表示正在转换
        ALE  : OUT STD_LOGIC;                   --8 个模拟信号通道地址锁存信号
      START  : OUT STD_LOGIC;                   --转换开始信号
         OE  : OUT STD_LOGIC;                   --数据输出 3 态控制信号
```

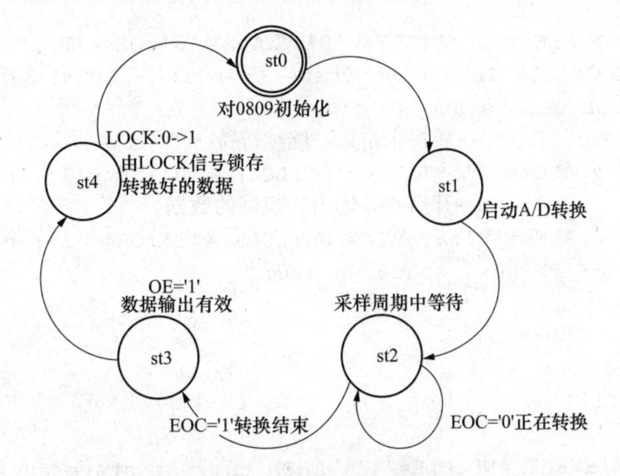

图 6.2　控制状态图

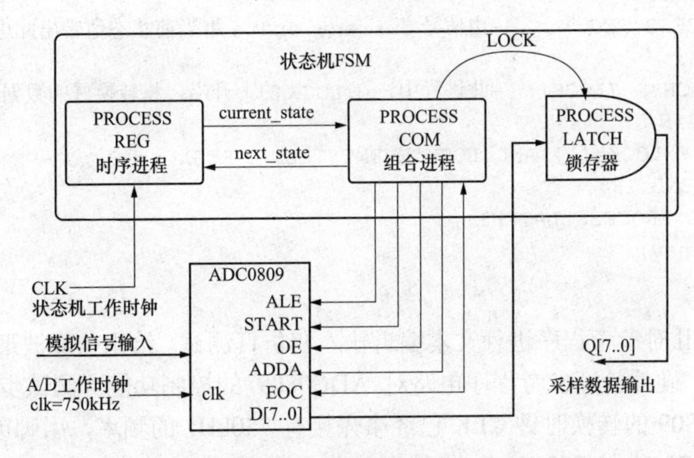

图 6.3　状态机结构图

```
      ADDA  : OUT STD_LOGIC;                          --信号通道最低位控制信号
     LOCK0  : OUT STD_LOGIC;                          --观察数据锁存时钟
         Q  : OUT STD_LOGIC_VECTOR(7 DOWNTO 0));  --8 位数据输出
END ADCINT;

ARCHITECTURE behav OF ADCINT IS
TYPE states IS (st0, st1, st2, st3,st4) ;          --定义各状态子类型
  SIGNAL current_state, next_state: states :=st0 ;
  SIGNAL REGL        : STD_LOGIC_VECTOR(7 DOWNTO 0);
  SIGNAL LOCK        : STD_LOGIC;                   -- 转换后数据输出锁存时钟信号
 BEGIN
ADDA <= '1';--当ADDA<='0'，模拟信号进入通道 IN0；当 ADDA<='1'，则进入通道 IN1
    Q <= REGL; LOCK0 <= LOCK ;
COM: PROCESS(current_state,EOC)
  BEGIN                                             --规定各状态转换方式
   CASE current_state IS
   WHEN st0=>ALE<='0';START<='0';LOCK<='0';OE<='0';  next_state <= st1;
                                                    --0809 初始化
   WHEN st1=>ALE<='1';START<='1';LOCK<='0';OE<='0';  next_state <= st2;
                                                    --启动采样
```

```
        WHEN st2=> ALE<='0';START<='0';LOCK<='0';OE<='0';
            IF (EOC='1') THEN next_state <= st3;  --EOC=1表明转换结束
                ELSE next_state <= st2;
            END IF ;          --转换未结束，继续等待
        WHEN st3=> ALE<='0';START<='0';LOCK<='0';OE<='1'; next_state <= st4;
                              --开启OE,输出转换好的数据
        WHEN st4=> ALE<='0';START<='0';LOCK<='1';OE<='1'; next_state <= st0;
        WHEN OTHERS => next_state <= st0;
        END CASE ;
      END PROCESS COM ;

  REG: PROCESS (CLK)
        BEGIN
          IF (CLK'EVENT AND CLK='1') THEN current_state<=next_state;
          END IF;
      END PROCESS REG ;   --由信号current_state将当前状态值带出此进程:REG

  LATCH1: PROCESS (LOCK)  --此进程中，在LOCK的上升沿，将转换好的数据锁入
          BEGIN
            IF LOCK='1' AND LOCK'EVENT THEN   REGL <= D ;
             END IF;
          END PROCESS LATCH1 ;
      END behav;
```

三、实验内容

利用QuartusⅡ对参考程序进行文本编辑输入和仿真测试，给出仿真波形。最后进行引脚锁定并进行测试，硬件验证参考程序电路对 ADC0809 的控制功能。测试步骤：建议选择电路模式5，ADC0809的转换时钟CLK已经事先接有750kHz的频率，引脚锁定为START接PIO34，OE（ENABLE）接PIO35，EOC接PIO8，ALE接PIO33，状态机时钟CLK接clock0，ADDA接PIO32（ADDB和ADDC都接GND），ADC0809的8位输出数据线接PIO23～PIO16，锁存输出Q显示于数码8/数码7（PIO47～PIO40）。

四、实验步骤

将GW48 EDA系统左下角的拨码开关4、6、7向下拨，其余向上，即使0809工作使能，使FPGA能接收来自0809转换结束的信号（对于GW48-CK系统，左下角选择插针处的“转换结束”和“A/D使能”用二短路帽短接）。下载ADC0809中的ADCINT.sof到实验板的FPGA中；clock0 的短路帽接可选 12MHz、6MHz、65536Hz 等频率；按动一次右侧的复位键；用螺丝刀旋转GW48系统左下角的精密电位器，以便为ADC0809提供变化的待测模拟信号（注意，这时必须在程序中赋值：ADDA <= '1'，这样就能通过实验系统左下的AIN1输入端与电位器相接，并将信号输入0809的IN1端）。这时数码管8和7将显示ADC0809采样的数字值（16进制），数据来自FPGA的输出。数码管2和1也将显示同样数据，此数据直接来自0809的数据口。实验结束后注意将拨码开关拨向默认：仅“4”向下。

实验思考题：在不改变原代码功能的条件下将参考程序表达成用状态码直接输出型的状态机。

五、实验报告

根据以上的实验要求、实验内容和实验思考题写出实验报告。

实验 2　数据采集电路和简易存储示波器设计

一、实验目的

掌握 LPM RAM 模块 VHDL 元件定制、调用和使用方法；熟悉 A/D 和 D/A 与 FPGA 接口电路设计；了解 HDL 文本描述与原理图混合设计方法。

二、实验原理

本设计项目是利用 FPGA 直接控制 0809 对模拟信号进行采样，然后将转换好的 8 位二进制数据迅速存储到存储器中，在完成对模拟信号一个或数个周期的采样后，由外部电路系统（如单片机）将存储器中的采样数据读出处理。采样存储器可以有以下方式实现：

（1）外部随机存储器 RAM。其优点是存储量大；缺点是需要外接芯片，且常用的 RAM 读写速度较低，与 FPGA 间的连接线过长，特别是在存储数据时需要对地址进行加 1 操作，进一步影响数据写入速度。

（2）FPGA 内部 EAB/ESB 等。在 Altera 的大部分 FPGA 器件中都含有类似于 EAB 的模块。

（3）由 EAB 等模块构成高速 FIFO。FIFO 比较适合于用作 A/D 采样数据高速存储。

基于以上讨论，A/D 采样电路系统可以绘成图 6.4 所示的电路原理图。其中元件功能描述如下：

（1）元件 ADCINT。ADCINT 是控制 0809 的采样状态机。

（2）元件 CNT10B（本实验参考程序）。CNT10B 中有一个用于 RAM 的 9 位地址计数器，此计数器的工作时钟 CLK0 由 WE 控制。当 WE='1'时，CLK0=LOCK0；LOCK0 来自 0809 采样控制器的 LOCK0（每一采样周期产生一个锁存脉冲），这时处于采样允许阶段，RAM 的地址锁存时钟 inclock=CLKOUT=LOCK0；每一个 LOCK0 的脉冲通过 0809 采到一个数据，同时将此数据锁入 RAM（RAM8B 模块）中。当 WE='0'时，处于采样禁止阶段，此时允许读出 RAM 中的数据，CLKOUT=CLK0=CLK=采样状态机的工作时钟（一般取 65536Hz），由于 CLK 的频率比较高，所以扫描 RAM 地址的速度就高，这时在 RAM 数据输出口 Q[7..0]接上 DAC0832，就能从示波器上看到刚才通过 0809 采入的波形数据。

（3）元件 RAM8B。这是一个 LPM_RAM，8 位数据线，9 位地址线。WREN 是写使能，高电平有效。

三、实验内容

实验内容 1：设 ADDA='1'，即模拟信号来自 0809 的 IN1 口（可用实验系统右下角的电位器产生被测模拟信号）完成此项设计，给出仿真波形及其分析，将设计结果在 Cyclone 中硬件实现，用 Quartus II 在系统 RAM/ROM 数据编辑器采入 RAM 中的数据。

实验内容 2：优化设计。检查 START 信号是否有毛刺，如果有，改进 ADCINT 的设计（也可用其他方法），排除 START 的毛刺。

实验内容 3：对电路图完成设计和仿真后锁定引脚，进行硬件测试。对 0809 和 0832 的引脚锁定：WE 用键 1 控制，为了实验方便，CLK 接 clock0，频率先选择 64Hz（选择较慢的采样时钟），作状态机工作时钟。硬件实验中，建议选择电路模式 5，打开+/–12V 电源，首先使 WE='1'，即键 1 置高电平，允许采样，由于这时的程序中设置 ADDA<= '1'，模拟信号来自 AIN1，即可通过调协实验板上的电位器（此时的模拟信号是手动产生的），将转换好的

数据采入 RAM 中；然后按键 1，使 WE='0'，clock0 的频率选择 16384Hz（选择较高时钟），即能从示波器中看见存于 RAM 中的数据（可以先通过 QuartusⅡ的 RAM 在系统读写器观察已采入 RAM 中的数据）。

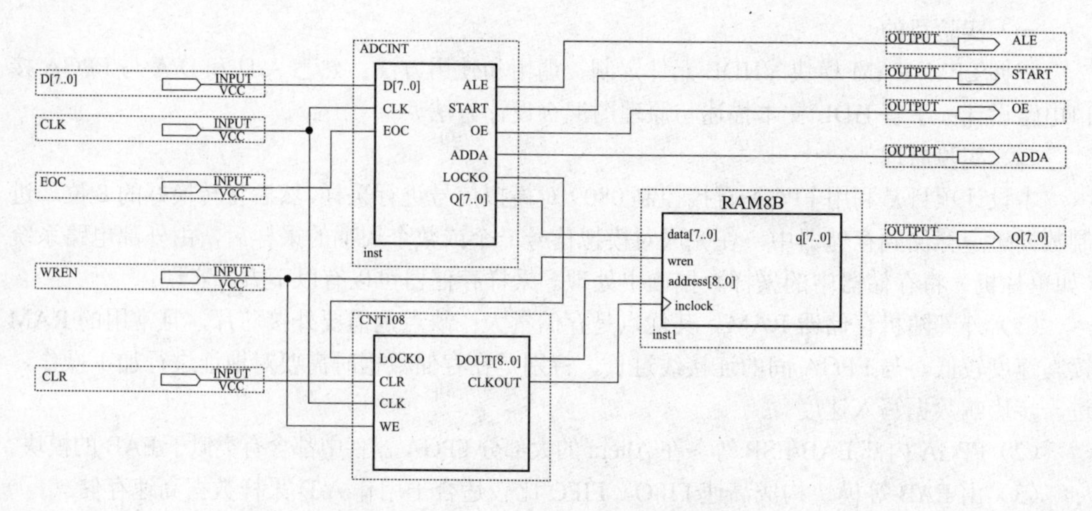

图 6.4 ADC0809 采样电路系统：RSV.bdf

实验内容 4：程序中设置 ADDA <= '0'，模拟信号将由 AIN0 进入，即 AIN0 的输入信号来自外部信号源的模拟连续信号。外部模拟信号可来自实验箱，方法如下：首先打开+/–12V 电源，将 GW48 主系统板右侧的“JL11”跳线座短路“L_F”端；跳线座“JP18”的“INPUT”端与系统右下角的时钟 64Hz 相接；并用一插线将插座“JP17”的“OUTPUT”端与实验箱最左侧“JL10”的“AIN0”端相接，这样就将 64Hz 待采样的模拟信号接入了 0809 的 IN0 端（注意，这时程序中设置 ADDA <= '0'）。试调节“JP18”上方的电位器，使得主系统右侧的“WAVE OUT”端输出正常信号波形（用示波器监视，峰值调在 4V 以下）。

注意，如果要将采入（用 CLK=64 采样）RAM 中的数据扫描显示到示波器上观察，必须用高频率时钟才行（clock0 接 16384Hz）。

可以使用键 1 高电平时对模拟信号采样，低电平时示波器显示已存入 RAM 的波形数据。

实验内容 5：仅按照以上方法，会发现示波器显示的波形并不理想，原因是从 RAM 中扫出的数据都不是一个完整的波形周期。试设计一个状态机，结合被锁入 RAM 中的某些数据，改进元件 CNT10B，使之存入 RAM 中的数据和通过 D/A 在示波器上扫出的数据都是一个或数个完整波形数据。

实验内容 6：在电路中增加一个锯齿波发生器，扫描时钟与地址发生器的时钟一致。锯齿波数据通过另一个 D/A 输出，控制示波器的 *X* 端（不用示波器内的锯齿波信号），而 *Y* 端由原来的 D/A 给出 RAM 中的采样信息，由此完成一个比较完整的存储示波器的显示控制。

参考程序：

```
LIBRARY IEEE;
USE IEEE.STD_LOGIC_1164.ALL;
USE IEEE.STD_LOGIC_UNSIGNED.ALL;
ENTITY CNT10B IS
     PORT (LOCK0,CLR : IN STD_LOGIC;
```

```
            CLK : IN STD_LOGIC;
             WE : IN STD_LOGIC;
           DOUT : OUT STD_LOGIC_VECTOR(8 DOWNTO 0);
         CLKOUT : OUT STD_LOGIC );
   END CNT10B;
ARCHITECTURE behav OF CNT10B IS
     SIGNAL CQI  :  STD_LOGIC_VECTOR(8 DOWNTO 0);
     SIGNAL CLK0 :  STD_LOGIC;
BEGIN
CLK0 <= LOCK0 WHEN WE='1' ELSE
        CLK;
  PROCESS(CLK0,CLR,CQI)
   BEGIN
    IF CLR = '1' THEN  CQI <= "000000000";
    ELSIF CLK0'EVENT AND CLK0 = '1' THEN  CQI <= CQI + 1; END IF;
  END PROCESS;
      DOUT <= CQI; CLKOUT <= CLK0;
END behav;
```

实验 3　比较器和 D/A 器件实现 A/D 转换功能的电路设计

一、实验目的

学习较复杂状态机的设计。

二、实验原理

图 6.5 所示是一个用比较器 LM311 和 DAC0832 构成的 8 位 A/D 转换器的电路框图。其工作原理是：当被测模拟信号电压 vi 接于 LM311 的“+”输入端时，由 FPGA 产生自小到大的搜索数据加于 DAC0832 后，LM311 的“−”端将得到一个比较电压 vc。当 vc<vi 时，LM311 的“1”脚输出高电平‘1’；而当 vc>vi 时，LM311 输出低电平。在 LM311 输出由’1’到’0’的转折点处，FPGA 输向 0832 数据必定与待测信号电压 vi 成正比。由此数即可算得 vi 的大小。

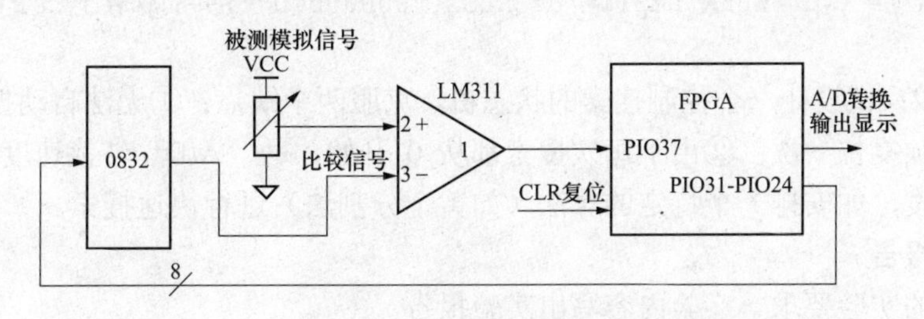

图 6.5　比较器和 D/A 器件构成 A/D 电路框图

三、实验内容

实验内容 1：下面的参考程序是 FPGA 的一个简单的示例性程序。实验步骤如下：首先锁定引脚，编译。选择电路模式 5，时钟 CLK 接 clock0；CLR 接键 1；DD[7..0]分别接 PIO31～PIO24；LM311 比较信号接 PIO37；显示数据 DISPDATA[7..0]，可以由数码 8 和 7 显示（PIO47-PIO40）。向 FPGA 下载文件后，打开+/-12V 电源；clock0 接 65536Hz。将 GW48 EDA 系统左下角的拨码开关的 4、5 向下拨，其余向上拨。注意，拨码 5 向下后，能将 FPGA 的

PIO37 脚与 LM311 的输出端相接，这可以从电路模式 5 对应的电路中看出。0832 的输出端与 LM311 的“3”脚相连，而实验系统左下的输入口“AIN0”与 LM311 的“2”脚相连，因此被测信号可接于“AIN0”端。由于“AIN1”口与电位器相接，所以必须将“AIN1”与“AIN0”短接，“AIN0”就能获得电位器输出而作为被测信号的电压了。方法是将实验系统最左侧的跳线座“JL10”的“AIN0”和“AIN1”用短路帽短接。实验操作中，首先调谐电位器输出一个电压值，然后用 CLR 复位一次，即可从数码管上看到与被测电压成正比的数值。此后，每调谐电位器输出一个新的电压，就要复位一次，以便能从头搜索到这个电压值。

参考程序：

```
LIBRARY IEEE;
USE IEEE.STD_LOGIC_1164.ALL;
USE IEEE.STD_LOGIC_UNSIGNED.ALL;
ENTITY DAC2ADC IS
    PORT ( CLK    :  IN STD_LOGIC;    --计数器时钟
           LM311  :  IN STD_LOGIC;    --LM311 输出，由 PIO37 口进入 FPGA
           CLR    :  IN STD_LOGIC;    --计数器复位
            DD    : OUT STD_LOGIC_VECTOR(7 DOWNTO 0) ;    --输向 0832 的数据
         DISPDATA : OUT STD_LOGIC_VECTOR(7 DOWNTO 0) ); --转换数据显示
END;
ARCHITECTURE DACC OF DAC2ADC IS
 SIGNAL CQI  : STD_LOGIC_VECTOR(7 DOWNTO 0) ;
 BEGIN
 DD <= CQI ;
PROCESS(CLK, CLR, LM311)
    BEGIN
      IF CLR = '1' THEN   CQI <= "00000000";
       ELSIF CLK'EVENT AND CLK = '1' THEN
        IF LM311 = '1' THEN CQI <= CQI + 1;  END IF;--如果是高电平，继续搜索
            END IF;               --如果出现低电平，即可停止搜索，保存计数值于 CQI 中
    END PROCESS;
 DISPDATA <= CQI  WHEN LM311='0' ELSE "00000000" ;--将保存于 CQI 中的数输出
  END;
```

实验内容 2：试设计一个控制搜索的状态机，克服两个缺点：①无法自动搜索被测信号，每次测试都必须复位一次；②由于每次搜索都从 0 开始，故“A/D”转换速度太慢。尽量提高“转换”速度，如安排一个特定的算法（如黄金分割法）进行快速搜索。

四、实验报告

根据以上的实验要求、实验内容写出实验报告。

实验 4　8 位 16 进制频率计设计

一、实验目的

设计 8 位 16 进制频率计，学习较复杂的数字系统设计方法。

二、实验原理

频率计的工作原理是用一个频率稳定度高的频率源作为基准时钟，对比测量其他信号的频率，也就是周期性信号在单位时间内变化的次数。频率计的原理如图 6.6 所示。

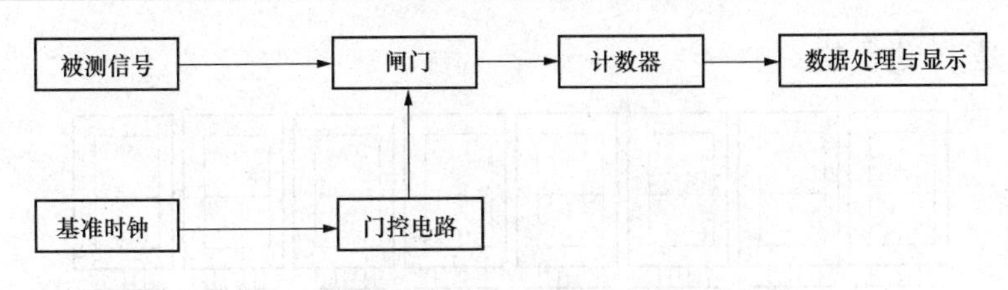

图 6.6　频率计的原理图

输入待测信号经过脉冲形成电路形成计数的窄脉冲，时基信号发生器产生计数闸门信号，待测信号通过闸门进入计数器计数，即可得到其频率。若闸门开启时间为 T，待测信号频率为 f_x，在闸门时间 T 内计数器计数值为 N，则待测信号频率为 $f_x = N/T$。闸门时间通常取为 1s。

根据频率的定义和频率测量的基本原理，测定信号的频率必须有一个脉宽为 1s 的输入信号脉冲计数允许的信号；1s 计数结束后，计数值被锁入锁存器，计数器清 0，为下一测频计数周期做好准备。测频控制信号可以由一个独立的发生器来产生。根据测频原理，测频控制时序如图 6.7 所示。设计要求是：FTCTRL 的计数使能信号 CNT_EN 能产生一个 1s 脉宽的周期信号，并对频率计中的 32 位二进制计数器 COUNTER32B（见图 6.8）的 ENABL 使能端进行同步控制。当 CNT_EN 高电平时允许计数，低电平时停止计数，并保持其所计的脉冲数。在停止计数期间，首先需要一个锁存信号 LOAD 的上跳沿将计数器在前 1s 的计数值锁存进锁存器 REG32B 中，并由外部的 16 进制 7 段译码器译出，显示计数值。设置锁存器的好处是数据显示稳定，不会由于周期性的清 0 信号而不断闪烁。锁存信号后，必须有一清 0 信号 RST_CNT 对计数器进行清零，为下 1s 的计数操做好准备。

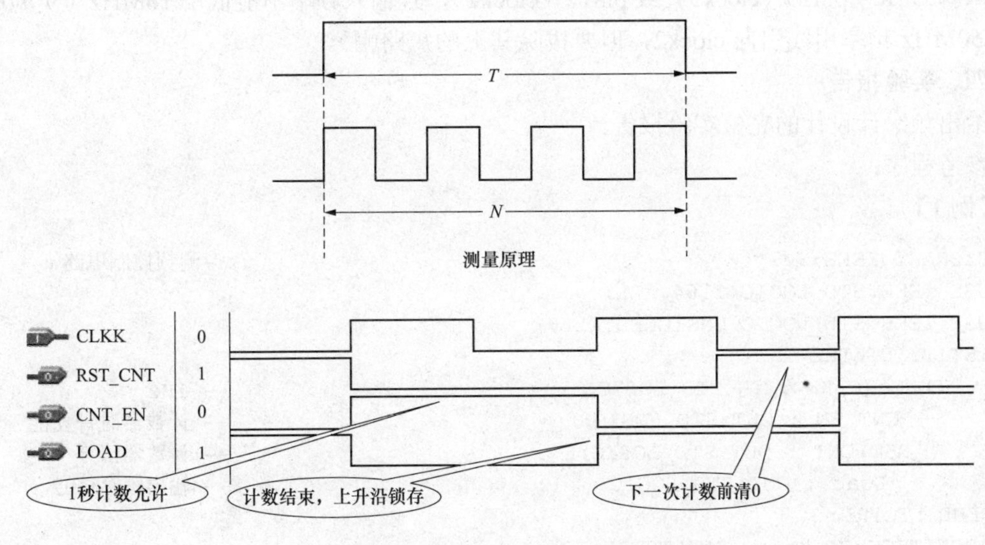

图 6.7　频率计测频控制器 FTCTRL 测控时序图

三、实验内容

实验内容 1：分别仿真测试模块例 1、例 2 和例 3，再结合例 4 完成频率计的完整设计和硬件实现，并给出其测频时序波形及其分析。建议选实验电路模式 5；8 个数码管以 16 进制形式显示测频输出；待测频率输入 FIN 由 clock0 输入，频率可选 4Hz、256Hz、3Hz、…、50MHz 等；1Hz 测频控制信号 CLK1Hz 可由 clock2 输入（用跳线选 1Hz）。注意，这时 8 个数码管的测频显示值是16进制的。

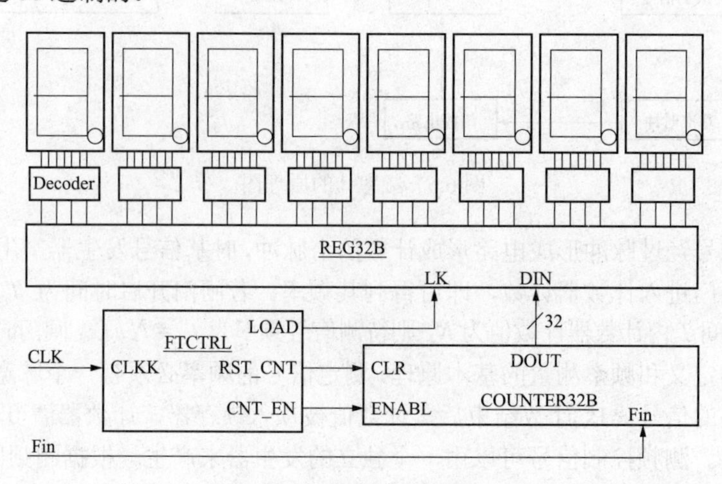

图6.8 频率计电路框图

实验内容2：将频率计改为8位10进制频率计，注意此设计电路的计数器必须是8个4位的10进制计数器，而不是1个。此外注意在测频速度上给予优化。

实验内容3：用LPM模块取代例2和例3，再完成同样的设计任务。

实验内容4：用嵌入式锁相环PLL的LPM模块对实验系统的50MHz或20MHz时钟源分频率，PLL的输出信号作为频率计的待测信号。注意PLL的输入时钟必须是器件的专用时钟输入脚CLK→pin16（clock5）或pin17（clock2），且输入频率不能低于16MHz（实验中可以将50MHz频率用线引向clock2，但要拔除其上的短路帽）。

四、实验报告

给出频率计设计的完整实验报告。

参考程序：

【例1】

```
LIBRARY IEEE;                                              --测频控制电路
USE IEEE.STD_LOGIC_1164.ALL;
USE IEEE.STD_LOGIC_UNSIGNED.ALL;
ENTITY FTCTRL IS
   PORT (CLKK : IN STD_LOGIC;                              -- 1Hz
      CNT_EN : OUT STD_LOGIC;                              -- 计数器时钟使能
     RST_CNT : OUT STD_LOGIC;                              -- 计数器清零
        Load : OUT STD_LOGIC    );                         -- 输出锁存信号
 END FTCTRL;
ARCHITECTURE behav OF FTCTRL IS
   SIGNAL Div2CLK : STD_LOGIC;
BEGIN
   PROCESS( CLKK )
   BEGIN
      IF CLKK'EVENT AND CLKK = '1' THEN                    --1Hz时钟2分频
         Div2CLK <= NOT Div2CLK;
      END IF;
   END PROCESS;
```

```
    PROCESS (CLKK, Div2CLK)
    BEGIN
       IF CLKK='0' AND Div2CLK='0' THEN RST_CNT<='1';  --产生计器清零信号
         ELSE RST_CNT <= '0';  END IF;
    END PROCESS;
    Load  <= NOT Div2CLK;    CNT_EN <= Div2CLK;
END behav;
```

【例2】

```
LIBRARY IEEE;                                          --32位锁存器
USE IEEE.STD_LOGIC_1164.ALL;
ENTITY REG32B IS
    PORT (    LK : IN STD_LOGIC;
             DIN : IN STD_LOGIC_VECTOR(31 DOWNTO 0);
            DOUT : OUT STD_LOGIC_VECTOR(31 DOWNTO 0) );
END REG32B;
ARCHITECTURE behav OF REG32B IS
BEGIN
    PROCESS(LK, DIN)
   BEGIN
   IF LK'EVENT AND LK = '1' THEN  DOUT <= DIN;
       END IF;
    END PROCESS;
END behav;
```

【例3】

```
LIBRARY IEEE;                                          --32位计数器
USE IEEE.STD_LOGIC_1164.ALL;
USE IEEE.STD_LOGIC_UNSIGNED.ALL;
ENTITY COUNTER32B IS
    PORT (FIN : IN STD_LOGIC;                          -- 时钟信号
          CLR : IN STD_LOGIC;                          -- 清零信号
        ENABL : IN STD_LOGIC;                          -- 计数使能信号
         DOUT :  OUT STD_LOGIC_VECTOR(31 DOWNTO 0));   -- 计数结果
   END COUNTER32B;
ARCHITECTURE behav OF COUNTER32B IS
    SIGNAL CQI :  STD_LOGIC_VECTOR(31 DOWNTO 0);
BEGIN
    PROCESS(FIN, CLR, ENABL)
      BEGIN
       IF CLR = '1' THEN   CQI <= (OTHERS=>'0');       -- 清零
       ELSIF FIN'EVENT AND FIN = '1' THEN
          IF ENABL = '1' THEN CQI <= CQI + 1; END IF;
       END IF;
    END PROCESS;
    DOUT <= CQI;
END behav;
```

【例4】

```
LIBRARY IEEE;                                          -- 频率计顶层文件
LIBRARY IEEE;
```

```
USE IEEE.STD_LOGIC_1164.ALL;
ENTITY FREQTEST IS
   PORT ( CLK1HZ : IN STD_LOGIC;
          FSIN : IN STD_LOGIC;
          DOUT : OUT STD_LOGIC_VECTOR(31 DOWNTO 0) );
END FREQTEST;
ARCHITECTURE struc OF FREQTEST IS
COMPONENT FTCTRL
   PORT (CLKK : IN STD_LOGIC;                          -- 1Hz
     CNT_EN : OUT STD_LOGIC;                           -- 计数器时钟使能
    RST_CNT : OUT STD_LOGIC;                           -- 计数器清零
      Load : OUT STD_LOGIC    );                       -- 输出锁存信号
 END COMPONENT;
COMPONENT COUNTER32B
   PORT (FIN : IN STD_LOGIC;                           -- 时钟信号
       CLR : IN STD_LOGIC;                             -- 清零信号
     ENABL : IN STD_LOGIC;                             -- 计数使能信号
      DOUT :  OUT STD_LOGIC_VECTOR(31 DOWNTO 0));      -- 计数结果
END COMPONENT;
COMPONENT REG32B
   PORT (    LK : IN STD_LOGIC;
          DIN : IN STD_LOGIC_VECTOR(31 DOWNTO 0);
         DOUT : OUT STD_LOGIC_VECTOR(31 DOWNTO 0) );
END COMPONENT;
   SIGNAL TSTEN1 : STD_LOGIC;
   SIGNAL CLR_CNT1 : STD_LOGIC;
   SIGNAL Load1 : STD_LOGIC;
   SIGNAL DTO1 : STD_LOGIC_VECTOR(31 DOWNTO 0);
   SIGNAL CARRY_OUT1 : STD_LOGIC_VECTOR(6 DOWNTO 0);
BEGIN
  U1 :     FTCTRL PORT MAP(CLKK =>CLK1HZ,CNT_EN=>TSTEN1,
                        RST_CNT =>CLR_CNT1,Load =>Load1);
  U2 :     REG32B PORT MAP(  LK => Load1,    DIN=>DTO1, DOUT => DOUT);
  U3 : COUNTER32B PORT MAP( FIN => FSIN, CLR => CLR_CNT1,
                            ENABL => TSTEN1, DOUT=>DTO1 );
END struc;
```

五、实验思考题

（1）如何实现测评范围的扩大？

（2）如何提高测量的精度？

实验 5　交通灯控制器设计

一、实验目的

（1）掌握交通灯控制的工作原理。

（2）学习较复杂的数字系统设计方法。

（3）学习并掌握状态机的设计方法。

二、实验原理

（1）十字路口的交通分为南北和东西两个方向，其中南北方向为主干道，东西方向为次干道。南北方向具有红灯（R1）、黄灯（Y1）、直行绿灯（G1）和左转绿灯（L1），东西方向具有红灯（R2）、黄灯（Y2）、直行绿灯（G2）和左转绿灯（L2）。交通信号控制系统示意图如图6.9所示。

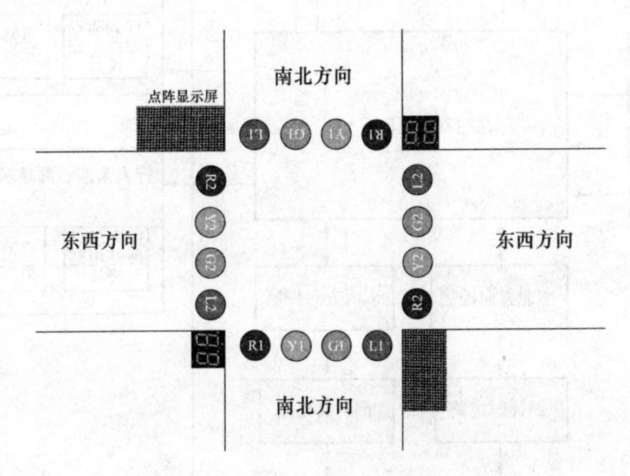

图6.9　交通信号控制系统示意图

交通信号相位分布如图6.10所示。

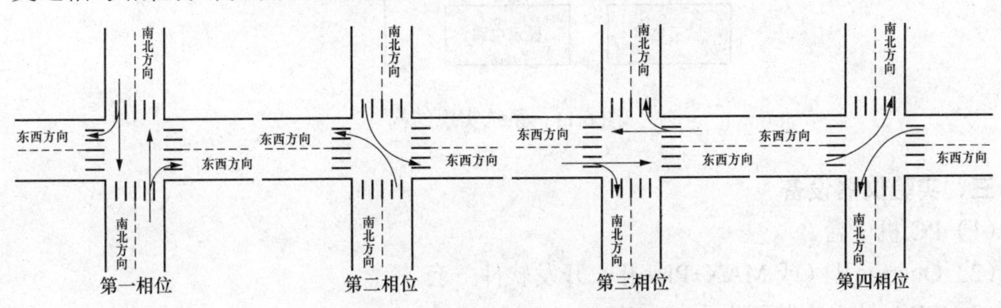

图6.10　交通信号相位分布图

交通灯信号状态转换表见表6.1。

表6.1　　交通灯信号状态转换表

南北方向（主干道）				东西方向（支干道）			
绿灯（G1）	黄灯（Y1）	左转灯（L1）	红灯（R1）	绿灯（G2）	黄灯（Y2）	左转灯（L2）	红灯（R2）
1	0	0	0	0	0	0	1
0	1	0	0	0	0	0	1
0	0	1	0	0	0	0	1
0	1	0	0	0	0	0	1
0	0	0	1	0	1	0	0
0	0	0	1	1	0	0	0
0	0	0	1	0	1	0	0
0	0	0	1	0	0	1	0
0	1	0	0	0	1	0	0

（2）系统实现结构如图 6.11 所示。

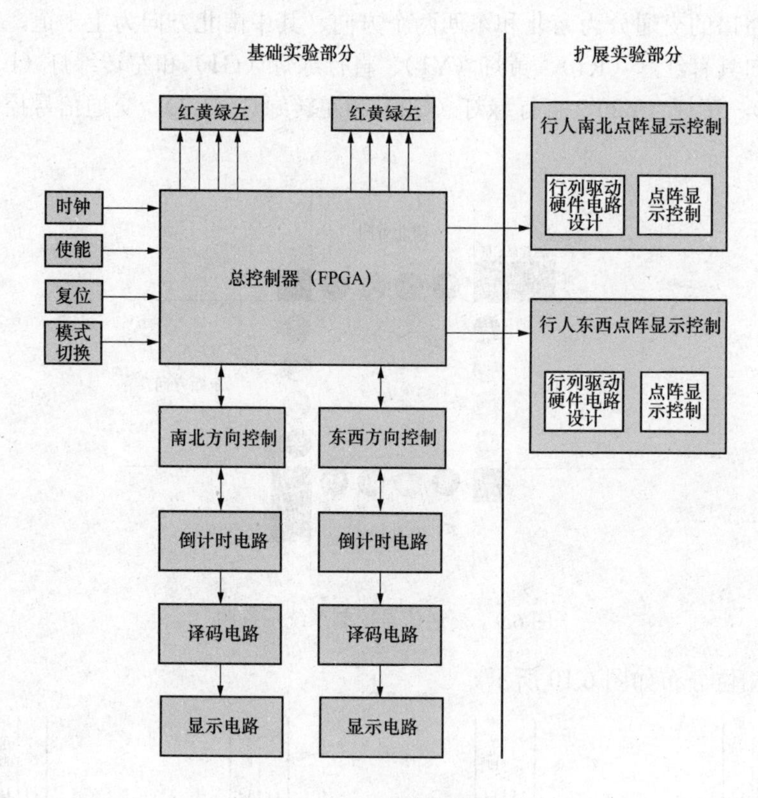

图 6.11 系统实现结构

三、实验仪器设备

（1）PC 机一台。

（2）Quartus II（或 MAX+Plus II）开发软件一套。

（3）EDA 技术实验开发系统一套。

四、实验内容

1. 设计任务

综合运用所学的数字电路、模拟电路知识，以 FPGA 为核心器件，实现一个十字路口交通信号控制系统设计。

（1）完成十字路口交通信号灯的控制，四组信号灯按照如下的顺序变化：

南北方向的交通灯工作顺序为绿灯→黄灯→左转绿灯→黄灯→红灯→黄灯。该方向交通灯亮的持续时间：黄灯为 5s，绿灯为 40s，左转绿灯为 15s，红灯为 55s。

东西方向的交通灯工作顺序为红灯→黄灯→绿灯→黄灯→左转绿灯→黄灯。该方向交通灯亮的持续时间：黄灯为 5s，绿灯为 30s，左转绿灯为 15s，红灯为 65s。

南北方向主干道红灯时间=东西方向绿灯+黄灯+左转绿灯+黄灯=55s。

东西方向支干道红灯时间=南北方向绿灯+黄灯+左转绿灯+黄灯=65s。

周期信号时间分配如图 6.12 所示。

（2）两个方向各种颜色的交通信号灯点亮的持续时间以倒计时的形式，通过四个 7 段数码管显示出来，其中两个数码管用于主干道的各个交通灯的时间显示，另外两个用于支干道交通灯的时间显示，实现正常的倒计时显示功能。倒计时和译码全部用 VHDL 设计实现。

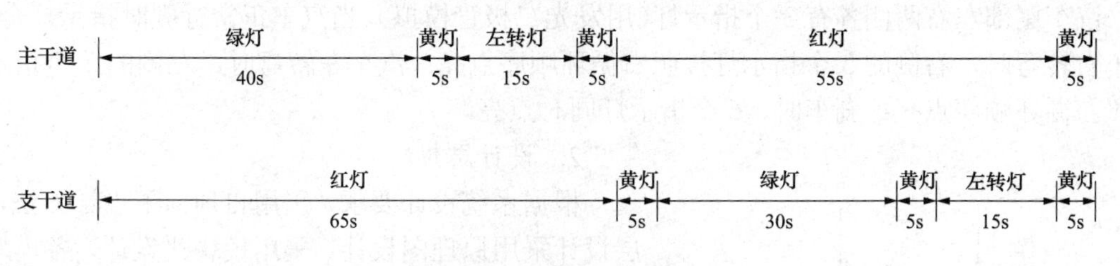

图 6.12　周期信号时间分配

（3）能够实现系统的使能、复位功能。

2. 引脚锁定

时间显示可选数码管 8～5，其译码模块硬件电路已做好，只需给出四位二进制数的输出即可显示对应数字。数码管 8 的四位译码输出分别接 168～165，数码管 7 的四位译码输出分别接 164～161，数码管 6 的四位译码输出分别接 160～158、141，数码管 5 的四位译码输出分别接 140～137。交通灯显示可选 D8～D5（分别代表主干道方向的红、黄、绿、左转灯，引脚号分别为 12,8,7,6）及 D4～D1（分别代表支干道方向的红、黄、绿、左转灯，引脚号分别为 4,3,2,1)，clk 接 clk0（引脚号为 28，且取频率为 1Hz)，rst 接键 2（引脚号为 234)，ena 接键 1（引脚号为 233)。

五、实验要求

（1）用 VHDL 语言实现电路设计。

（2）设计仿真文件，进行软件验证。

（3）通过下载线下载到实验板上进行验证。

（4）电路模式选择模式 5。

六、实验报告要求

（1）写出 VHDL 程序并加以详细注释。

（2）给出软件仿真结果及波形分析。

（3）通过下载线下载到实验板上进行验证并给出硬件测试结果。

（4）写出学习总结。

七、实验扩展与思考

（1）增加交通灯控制器模式切换功能，实现多模式的工作形式。

（2）增加行人通行点阵屏显示信息功能。

实验 6　汽车尾灯控制器设计

一、实验目的

（1）了解汽车尾灯控制电路的工作原理。

（2）掌握自顶向下模块化设计方法。

（3）进一步掌握复杂数字系统的设计和仿真方法。

二、实验原理

1. 设计要求

汽车尾部左右两侧各有 3 个指示灯（用发光二极管模拟）。当汽车正常行驶时指示灯全灭；汽车右转弯时，右侧的 3 个指示灯按照右循环顺序点亮；汽车左转弯时，左侧的 3 个指示灯按照左循环顺序点亮；刹车时，6 个指示灯同时点亮。

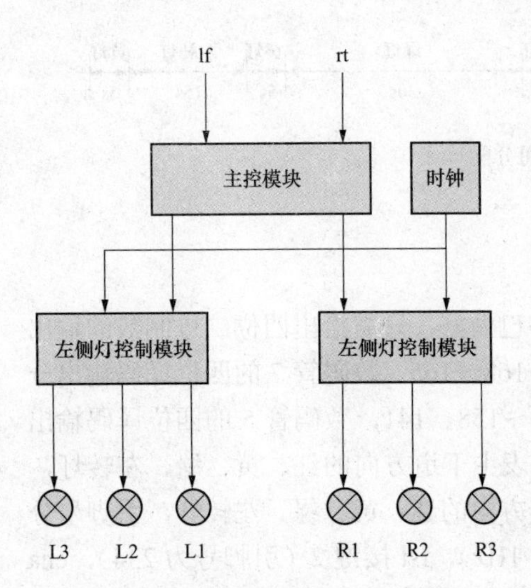

图 6.13 汽车尾灯控制电路系统框图

2. 设计思想

根据系统设计要求，采用自顶向下设计方法，顶层设计采用原理图设计。采用模块化设计，各模块单独进行编辑、编译、仿真。编译、仿真正确后将各个模块进行封装，然后新建原理图文件，将各模块的封装图调出来并进行连接（用细线连接信号，用粗线连接位矢量信号）。最后对顶层原理图文件进行编译、仿真、引脚锁定及硬件测试。汽车尾灯控制电路系统框图如图 6.13 所示，控制电路由主控模块、左边灯控制模块和右边灯控制模块三部分组成。

输入信号：左转信号 lf，右转信号 rt。为了实现指示灯的循环点亮，需要一个时钟输入信号 CLK。

输出信号：左转 3 个指示灯 L1、L2、L3；右转 3 个指示灯 R1、R2、R3。

3. 功能模块设计

（1）主控模块：用于产生汽车正常行驶、左转、右转刹车控制信号。

（2）左转模块：用于产生左循环顺序循环点亮信号。

（3）右转模块：用于产生右循环顺序循环点亮信号。

汽车尾灯状态表见表 6.2。

表 6.2 汽车尾灯状态表

开关控制		汽车运行状态	左转尾灯	右转尾灯
lf	rt			
0	0	正常运行	灯灭	灯灭
0	1	右转	灯灭	右循环点亮
1	0	左转	左循环点亮	灯灭
1	1	刹车	灯亮	灯亮

三、实验内容及步骤

（1）编写各个模块的 VHDL 程序，分别进行编译和功能仿真。

（2）调用各模块完成系统顶层模块原理图，进行功能和时序仿真。

（3）进行引脚锁定，下载到硬件实验箱进行硬件测试。

（4）电路模式选择模式 5，CLK 接 clock0：28 引脚；lf 接按键 1：233 引脚；rt 接按键 2：234 引脚；L1、L2、L3 和 R1、R2、R3 分别接 LED 指示灯 D1、D2、D3 和 D6、D7、D8：1、

2、3、7、8、12。

四、实验报告要求

（1）写出实验电路源程序，做出实验电路原理图，分析仿真波形及下载结果。

（2）写出心得体会。

五、实验扩展

设计实现故障时，6 个指示灯全部按照一定的频率闪烁。

实验 7　正弦信号发生器设计

一、实验目的

（1）进一步熟悉 QuartusⅡ及其 LPM_ROM 与 FPGA 硬件资源的使用方法。

（2）掌握复杂系统的分析与设计方法。

二、实验原理

正弦信号发生器的结构由 4 部分组成：数据计数器或地址发生器、波形数据 ROM、D/A 和滤波电路。性能良好的正弦信号发生器的设计要求此 4 部分具有高速性能，且数据 ROM 在高速条件下，占用最少的逻辑资源，设计流程最便捷，波形数据获取最方便。

数据计数器或地址发生器产生控制 ROM 波形数据表的地址，输出信号的频率由 ROM 地址的变化速率决定，变化越快，输出频率越高。

波形数据表 ROM 用于存放波形数据，可以存放正弦波、三角波或者其他波形数据。

D/A 转换器将 ROM 输出的数据转换成模拟信号，经过滤波电路后输出。

三、实验内容

实验内容 1：在 QuartusⅡ上完成正弦信号发生器设计，包括仿真和资源利用情况（假设利用 Cyclone 器件）。然后在实验系统上实测，包括 SignalTapⅡ测试、FPGA 中 ROM 在系统数据读写测试和利用示波器测试。最后完成 EPCS1 配置器件的编程。

正弦信号发生器顶层设计参考程序：

```
LIBRARY IEEE;                                          --正弦信号发生器源文件
USE IEEE.STD_LOGIC_1164.ALL;
USE IEEE.STD_LOGIC_UNSIGNED.ALL;
ENTITY SINGT IS
 PORT ( CLK : IN STD_LOGIC;                            --信号源时钟
        DOUT : OUT STD_LOGIC_VECTOR (7 DOWNTO 0) );--8 位波形数据输出
 END;
 ARCHITECTURE DACC OF SINGT IS
 COMPONENT data_rom          --调用波形数据存储器 LPM_ROM 文件：data_rom.vhd 声明
 PORT(address : IN STD_LOGIC_VECTOR (5 DOWNTO 0);  --6 位地址信号
     inclock : IN STD_LOGIC ;                          --地址锁存时钟
            q : OUT STD_LOGIC_VECTOR (7 DOWNTO 0));
 END COMPONENT;
   SIGNAL Q1 : STD_LOGIC_VECTOR (5 DOWNTO 0);   --设定内部节点作为地址计数器
 BEGIN
 PROCESS(CLK )                                       --LPM_ROM 地址发生器进程
 BEGIN
   IF CLK'EVENT AND CLK = '1' THEN  Q1<=Q1+1;   --Q1 作为地址发生器计数器
```

```
        END IF;
    END PROCESS;
    u1 : data_rom PORT MAP(address=>Q1, q => DOUT,inclock=>CLK); --例化
    END;
```

信号输出的D/A使用实验系统上的DAC0832，注意其转换速率是1μs，其引脚功能简述如下：

ILE：数据锁存允许信号，高电平有效，系统板上已直接连在5V上；WR1、WR2：写信号1、2，低电平有效；XFER：数据传送控制信号，低电平有效；VREF：基准电压，可正可负，－10～10V；RFB：反馈电阻端；IOUT1/IOUT2：电流输出端。D/A 转换量是以电流形式输出的，所以必须将电流信号变为电压信号；AGND/DGND：模拟地与数字地。在高速情况下，此二地的连接线必须尽可能短，且系统的单点接地点须接在此连线的某一点上。

建议选择GW48系统的电路模式5，DAC0832的8位数据口D[7..0]分别与FPGA的PIO31、30、…、24相连，如果目标器件是EP1C3T144，则对应的引脚是72、71、70、69、68、67、52、51；时钟CLK接系统的clock0，对应的引脚是93，选择的时钟频率不能太高（转换速率1μs）。应注意，DAC0832电路须接有+/−12V电压，GW48系统的+/−12V电源开关在系统左侧上方。然后下载SINGT.sof到FPGA中；波形输出在系统左下角，将示波器的地与GW48系统的地（GND）相接，信号端与“AOUT”信号输出端相接。如果希望对输出信号进行滤波，将GW48系统左下角的拨码开关的“8”向下拨则波形滤波输出，向上拨则无滤波输出，这可从输出的波形看出。

实验内容2：修改数据ROM文件，设其数据线宽度为8，地址线宽度也为8，初始化数据文件使用MIF格式，用C程序产生正弦信号数据，最后完成以上相同的实验。

实验内容3：设计一任意波形信号发生器，可以使用LPM双口RAM担任波形数据存储器，利用单片机产生所需要的波形数据，然后输向FPGA中的RAM（可以利用GW48系统上与FPGA接口的单片机完成此实验，D/A可利用系统上配置的0832或5651高速器件）。

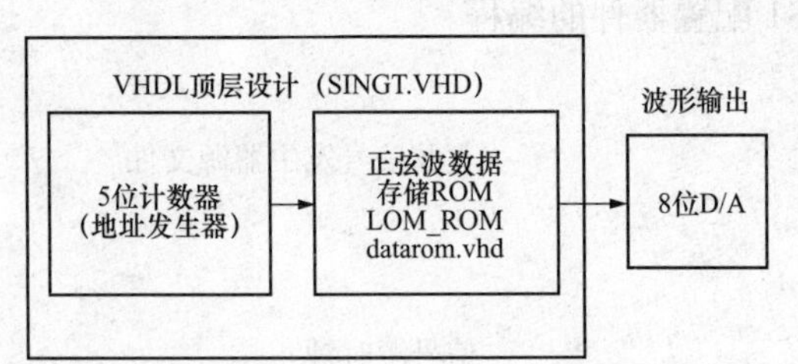

图6.14　正弦信号发生器结构图

四、实验步骤

（1）创建工程和编辑设计文件。图6.14所示是信号发生器结构图，顶层文件SINGT.VHD在FPGA中实现，包含2个部分：ROM的地址信号发生器由5位计数器担任，及正弦数据ROM。据此，ROM由LPM_ROM模块构成，能达到最优设计，LPM_ROM底层是FPGA中的EAB或ESB等。地址发生器的时钟CLK的输入频率f_0与每周期的波形数据点数（在此选择64点），以及D/A输出的频率f的关系是：$f=f_0/64$。

（2）创建工程。

（3）编译前设置。在对工程进行编译处理前，必须做好必要的设置。具体步骤如下：①选择目标芯片；②选择目标器件编程配置方式；③选择输出配置。

（4）编译及了解编译结果。

（5）正弦信号数据ROM定制（包括设计ROM初始化数据文件）。

另两种方法要快捷得多，可分别用C程序生成同样格式的初始化文件和使用DSP

Builder/MATLAB 来生成。

（6）仿真。

（7）引脚锁定、下载和硬件测试。

（8）使用嵌入式逻辑分析仪进行实时测试，如图 6.15 所示。

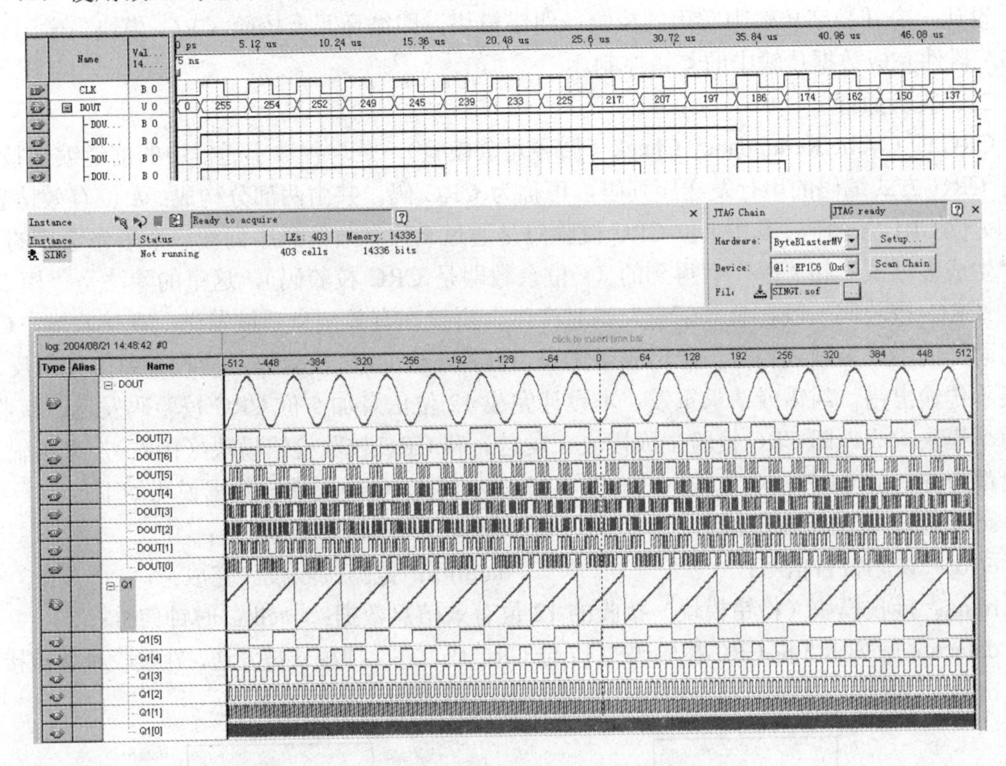

图 6.15　SignalTap Ⅱ数据窗的实时信号

（9）对配置器件 EPCS4/EPCS1 编程。

（10）了解此工程的 RTL 电路图，如图 6.16 所示。

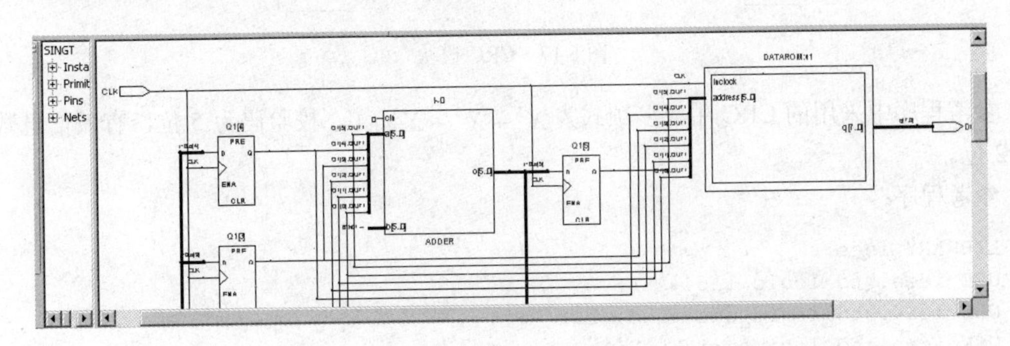

图 6.16　工程 singt 的 RTL 电路图

五、实验报告

根据以上实验内容写出实验报告，包括设计原理、程序设计、程序分析、仿真分析、硬件测试和详细实验过程。

实验 8　循环冗余校验（CRC）模块设计

一、实验目的

设计一个在数字传输中常用的校验、纠错模块，即循环冗余校验 CRC 模块，学习使用 FPGA 器件完成数据传输中的差错控制。

二、实验原理

CRC 即 Cyclic Redundancy Check（循环冗余校验），是一种数字通信中的信道编码技术。经过 CRC 方式编码的串行发送序列码，可称为 CRC 码，共由两部分构成：*k* 位有效信息数据和 *r* 位 CRC 校验码。其中 *r* 位 CRC 校验码是通过 *k* 位有效信息序列被一个事先选择的 *r*+1 位“生成多项式”相“除”后得到的（*r* 位余数即是 CRC 校验码），这里的除法是“模 2 运算”。CRC 校验码一般在有效信息发送时产生，拼接在有效信息后被发送；在接收端，CRC 码用同样的生成多项式相除，除尽表示无误，弃掉 *r* 位 CRC 校验码，接收有效信息；反之，则表示传输出错，纠错或请求重发。本设计完成 12 位信息加 5 位 CRC 校验码发送、接收，由两个模块构成，即 CRC 校验生成模块（发送）和 CRC 校验检错模块（接收），采用输入、输出都为并行的 CRC 校验生成方式。图 6.17 所示的 CRC 模块端口数据说明如下：

sdata：12 位的待发送信息；　　datald：sdata 的装载信号；

error：误码警告信号；　　datafini：数据接收校验完成；

rdata：接收模块（检错模块）接收的 12 位有效信息数据；　　clk：时钟信号；

datacrc：附加上 5 位 CRC 校验码的 17 位 CRC 码，在生成模块被发送，在接收模块被接收；

hsend、hrecv：生成、检错模块的握手信号，协调相互之间关系。

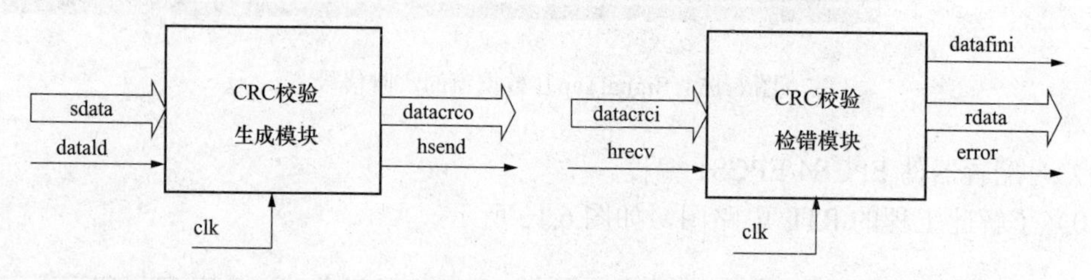

图 6.17　CRC 模块

参考程序中采用的 CRC 生成多项式为 $X^5+X^4+X^2+1$，校验码为 5 位，有效信息数据为 12 位。

参考程序：

```
LIBRARY ieee;
USE ieee.std_logic_1164.ALL;
USE ieee.std_logic_unsigned.ALL;
USE ieee.std_logic_arith.ALL;
ENTITY crcm IS
   PORT (clk, hrecv, datald : IN std_logic;
        sdata     : IN std_logic_vector(11 DOWNTO 0);
        datacrco  : OUT std_logic_vector(16 DOWNTO 0);
        datacrci  : IN std_logic_vector(16 DOWNTO 0);
          rdata   : OUT std_logic_vector(11 DOWNTO 0);
```

```
        datafini  : OUT std_logic;
    ERROR0, hsend  : OUT std_logic);
END crcm;

ARCHITECTURE comm OF crcm IS
   CONSTANT multi_coef : std_logic_vector(5 DOWNTO 0) := "110101";
        -- 多项式系数, MSB一定为'1'
   SIGNAL  cnt,rcnt : std_logic_vector(4 DOWNTO 0);
   SIGNAL  dtemp,sdatam,rdtemp   : std_logic_vector(11 DOWNTO 0);
   SIGNAL  rdatacrc: std_logic_vector(16 DOWNTO 0);
   SIGNAL  st,rt  : std_logic;
BEGIN
PROCESS(clk)
   VARIABLE crcvar : std_logic_vector(5 DOWNTO 0);
BEGIN
   IF(clk'event AND clk = '1') THEN
      IF(st = '0' AND datald = '1') THEN  dtemp <= sdata;
  sdatam <= sdata; cnt <= (OTHERS => '0');  hsend <= '0';  st <= '1';
      ELSIF(st = '1' AND cnt < 7) THEN  cnt <= cnt + 1;
      IF(dtemp(11) = '1') THEN  crcvar := dtemp(11 DOWNTO 6) XOR multi_coef;
         dtemp <= crcvar(4 DOWNTO 0) & dtemp(5 DOWNTO 0) & '0';
          ELSE  dtemp <= dtemp(10 DOWNTO 0) & '0';   END IF;
      ELSIF(st='1' AND cnt=7) THEN datacrco<=sdatam & dtemp(11 DOWNTO 7);
          hsend <= '1';  cnt <= cnt + 1;
      ELSIF(st='1' AND cnt=8) THEN   hsend<= '0';   st<='0';
      END IF;
   END IF;
END PROCESS;

PROCESS(hrecv,clk)
   VARIABLE rcrcvar : std_logic_vector(5 DOWNTO 0);
BEGIN
   IF(clk'event AND clk = '1') THEN
     IF(rt = '0' AND hrecv = '1') THEN  rdtemp <= datacrci(16 DOWNTO 5);
      rdatacrc <= datacrci;  rcnt <= (OTHERS => '0');
      ERROR0 <= '0';    rt <= '1';
      ELSIF(rt= '1' AND rcnt < 7) THEN  datafini <= '0'; rcnt <= rcnt + 1;
            rcrcvar := rdtemp(11 DOWNTO 6) XOR multi_coef;
            IF(rdtemp(11) = '1') THEN
            rdtemp <= rcrcvar(4 DOWNTO 0) & rdtemp(5 DOWNTO 0) & '0';
          ELSE  rdtemp <= rdtemp(10 DOWNTO 0) & '0';
            END IF;
       ELSIF(rt = '1' AND rcnt = 7) THEN  datafini <= '1';
           rdata <= rdatacrc(16 DOWNTO 5);  rt <= '0';
           IF(rdatacrc(4 DOWNTO 0) /= rdtemp(11 DOWNTO 7)) THEN
             ERROR0 <= '1'; END IF;
       END IF;
   END IF;
END PROCESS;
END comm;
```

三、实验内容

实验内容 1：编译以上示例文件，给出仿真波形。

实验内容 2：建立一个新的设计，调入 crcm 模块，把其中的 CRC 校验生成模块和 CRC 校验查错模块连接在一起，协调工作。引出必要的观察信号，锁定引脚，并在 EDA 实验系统上实现。

实验思考题 1：示例文件中对 st、rt 有不妥之处，试解决之（提示：复位 reset 信号的引入有助于问题的解决）。

实验思考题 2：如果输入数据、输出 CRC 码都是串行的，实现该设计（提示：采用 LFSR）。

实验思考题 3：在示例程序中需要 8 个时钟周期才能完成一次 CRC 校验，试重新设计使得在一个 clk 周期内完成。

四、实验报告

叙述 CRC 的工作原理，以及设计原理、程序设计与分析、仿真分析和详细实验过程。

实验 9　FPGA 步进电机细分驱动控制设计

一、实验目的

学习用 FPGA 实现步进电机的驱动和细分控制。

二、实验内容

实验内容 1：完成如图 6.18 所示的步进电机控制电路的验证性实验。

（1）步进电机的 4 个相：Ap、Bp、Cp、Dp（对应程序中的 Y0、Y1、Y2、Y3）分别与 PIO65、PIO64、PIO63、PIO62（见 GW48 主系统左侧的标注）相接。

（2）CLK0 接 clock0，选择 4Hz；CLK5 接 clock5，选择 32768Hz；S 接 PIO6（键 7），控制步进电机细分旋转（1/8 细分，2.25°/步），或不细分旋转（18°/步）；U_D 接 PIO7（键 8），控制旋转方向。

（3）用短路帽将系统左侧的“步进允许（JM0）”短路（注意，电机实验结束后，短路帽插回“禁止”端。

（4）选择模式 5，用 Quartus 下载 step_1c3 中的 step_a.sof 到 EP1C12 中，观察电机工作情况。

（5）操作中用键 8 控制转向，键 7 控制转动模式，高电平细分控制、低电平普通控制方式。

（6）给出电机的驱动仿真波形，与示波器中观察到的电机控制波形进行比较。

实验内容 2：设计 2 个电路：①要求能按给定细分要求，采用 PWM 方法，用 FPGA 对步进电机转角进行细分控制（利用 Quartus Ⅱ的 EAB 在系统编辑器实时在系统编辑调试 ROM3 中的细分控制数据）；②用 FPGA 实现对步进电机的匀加速和匀减速控制。

实验内容 3：为使步进电机能平稳运行，并尽快从起点到达终点，步进电机应按照以下控制方式运行：启动→匀加速→匀速→匀减速→停止。当给定终点位置（转角）以后，试用 FPGA 实现此控制。

实验内容 4：步进电机在步距角 8 细分的基础上，试通过修改控制电路对步距角进一步细分。

实验内容 5：用嵌入式逻辑分析仪观察普通控制/细分控制方式驱动信号的实时波形（见

图 6.19、图 6.20），并给予分析解释。

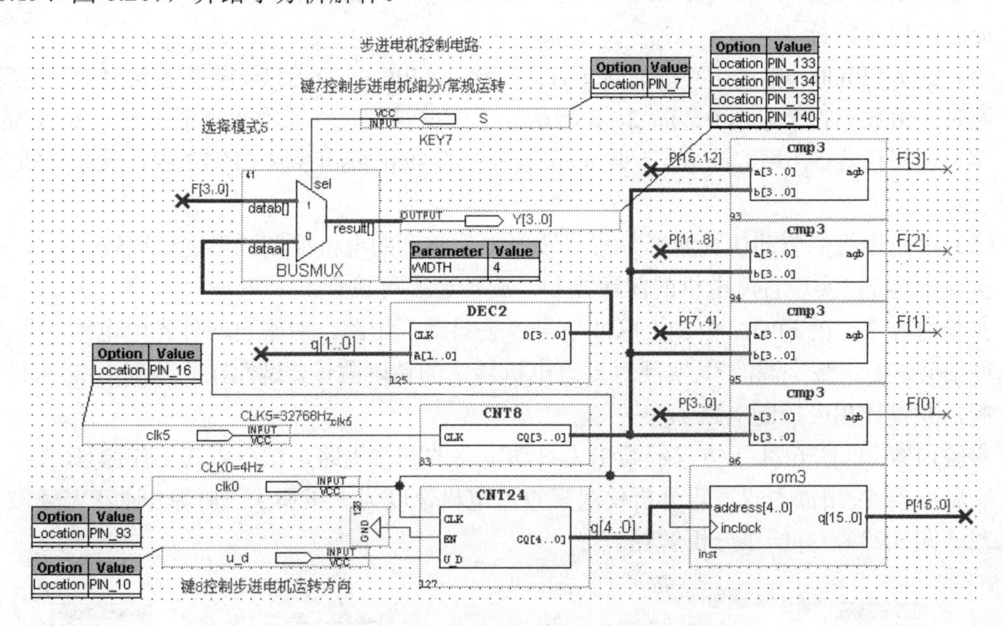

图 6.18　步进电机 PWM 细分控制控制电路图

图 6.19　嵌入式逻辑分析仪测试波形：4 相步进电机普通工作方式驱动波形

图 6.20　嵌入式逻辑分析仪测试波形：4 相步进电机细分驱动工作方式驱动波形

实验 10　FPGA 直流电机 PWM 控制实验

一、实验目的

学习直流电机 PWM 的 FPGA 控制。掌握 PWM 控制的工作原理，对直流电机进行速度控制、旋转方向控制、变速控制。

二、实验内容

实验内容 1：完成如图 6.21 所示的直流电机控制电路的验证性实验。

（1）直流电机模块中的 MA2、MA1（对应程序中的 Z、F）分别与 EP1C12 的 PIO60、61 相接，用于控制直流电机；测直流电机转速的 MA-CNT 端接 PIO66，即 CNTT 端（见主系统左侧的标注）。

（2）用短路帽分别将主系统左侧的“直流允许（JM1）”和“计数允许（JM2）”短路；

CLK5 接 clock5，选择 32768Hz；CLK0 接 clock0，选择 4Hz；分频成 1Hz 后作为转速测量的频率计的门控时钟。

（3）键 1（PIO0，接 Z_F）控制旋转方向，键 2（PIO1，D_STP）控制旋转速度。连续按动此键时，由数码管 7 显示 0、1、2、3 指示 4 个速度级别；转速由数码管 4、3、2、1 显示。

（4）选择模式 5，用 Quartus 下载 step_1c3 中的 step_a.sof 到 EP1C12 中，观察电机工作情况。

（5）给出电机的驱动仿真波形，与示波器中观察到的电机控制波形进行比较。

实验内容 2：实现直流电机的闭环控制，旋转速度可设置。

实验内容 3：在 FPGA 中加上脉冲信号“去抖动”电路，对来自红外光电电路测得的转速脉冲信号进行“数字滤波”，实现对直流电机转速的精确测量，进而在此基础上实现闭环精确控制，并设计相应控制电路。

实验内容 4：图 6.21 下方已经给出去抖动电路的参考电路，试分析其工作原理。

实验内容 5：用嵌入式逻辑分析仪观察直流电机速度为 1 级和 3 级时输出的 PWM 波（见图 6.22、图 6.23），并给予分析解释。

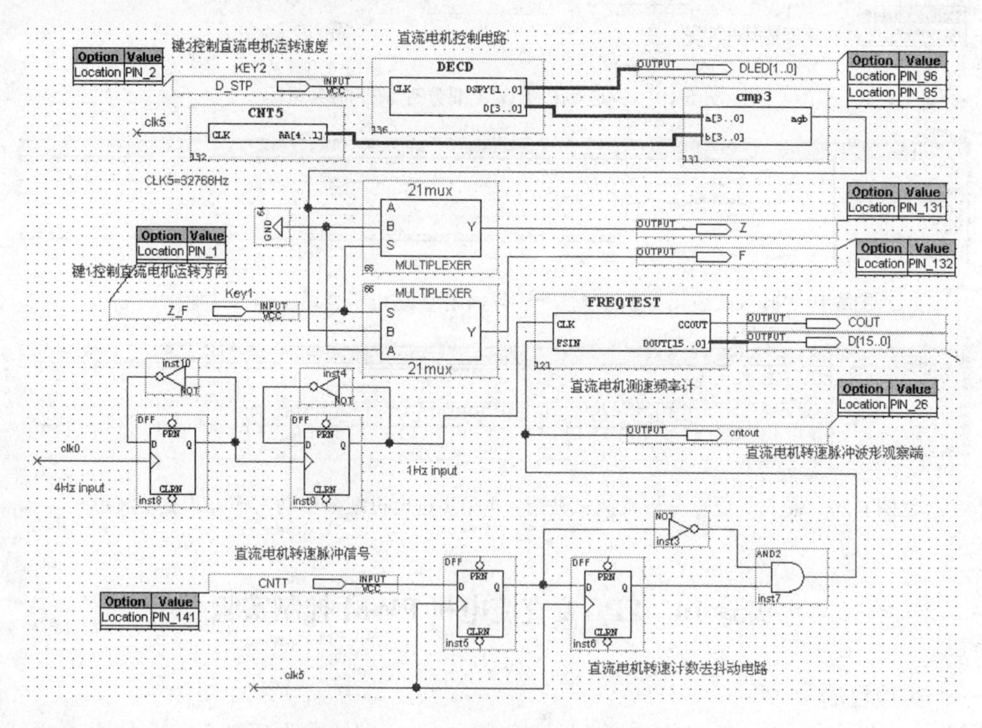

图 6.21 FPGA 直流电机控制模块

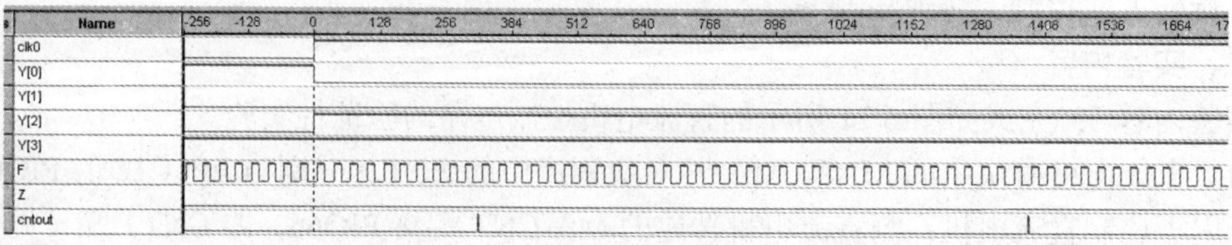

图 6.22 嵌入式逻辑分析仪测试波形：直流电机速度为 1 级时 F 输出的 PWM 波，cntout 是转速计数脉冲

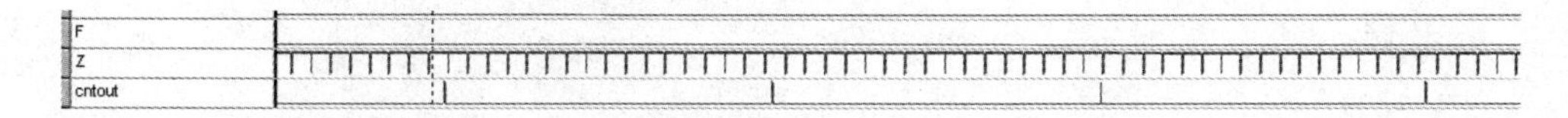

图 6.23　嵌入式逻辑分析仪测试波形：直流电机速度为 3 级时 Z 输出的 PWM 波（转向已变），cntout 是转速计数脉冲

实验 11　高速公路电动栏杆机测速系统设计

一、实验目的

（1）掌握光电红外传感器的工作原理。

（2）掌握用 VHDL 语言设计栏杆机测速系统的方法。

二、实验原理

在高速公路收费站中，有用于阻挡和放行的电动栏杆机，通常栏杆机的抬起和落下有一定的时间要求标准，需要对电动栏杆机的运行状态进行测速。测速方法：在栏杆机栏杆水平位置安装光电红外传感器，当栏杆抬起时开始计时，落下后停止计时，需要测出栏杆机栏杆抬起和落下的时间周期，可以以此并计算出固定距离内栏杆机的运行速度。

利用反射型红外光电传感器，发射光经过调制后发出，遇到障碍物反射回来，接收头对反射光进行解调接收。传感器输出状态是 0、1，即数字电路中的高电平和低电平，当传感器正常状态时高电平输出，检测到目标后为低电平输出。

三、实验内容

（1）用按键模拟光电传感器的输出数字信号，设计计数器模块和译码显示模块，将两次按键所用时间检测出来并在数码管上显示。

（2）用两个按键模拟栏杆机在竖直状态和水平状态的传感器输出数字信号，分别测试栏杆在抬起和落下两种状态所用时间，并在数码管上显示。

参考程序：

```
LIBRARY IEEE;
USE IEEE.STD_LOGIC_1164.ALL;
USE IEEE.STD_LOGIC_UNSIGNED.ALL;
USE IEEE.STD_LOGIC_ARITH.ALL;
entity cesu is
   port  (clk,sign,clr:in std_logic;
          count: out std_logic_vector(3 downto 0));
end cesu;
architecture con of cesu is
signal coun:std_logic_vector(3 downto 0);
begin
process(clk,sign,clr)
begin
if clr='1' then coun <="0000";
 elsif (clk'event and clk='1') then
  if  sign='1' then  coun <="0000";
     elsif sign='0' then
     coun<=coun+1;
```

```
    end if;
end if;
count <= coun;
end process;
end con;
```

公路栏杆机测速系统的电路符号如图 6.24 所示。输入信号：clk、脉冲信号 sign、清零信号 clr；输出信号：7 段显示控制信号 count[3..0]。

cesu
clk　count[3..0]
sign
clr
inst

图 6.24　公路栏杆机测速系统的电路符号

实验引脚锁定：

计时 clk（引脚号 28），用键 1（引脚号 233）控制脉冲信号 sign，用键 2（引脚号 234）控制清零信号 clr，锁定 7 段显示数码管控制信号。通过改变键 1 脉冲信号，观察数码管的时间变化。

四、实验要求

（1）预习教材中的相关内容。

（2）用 VHDL 语言实现电路设计。

（3）设计仿真文件，进行软件验证。

（4）选择实验电路模式 5。

五、实验报告要求

（1）给出 VHDL 设计程序和相应注释。

（2）给出软件仿真结果及波形图。

（3）写出硬件测试和详细实验过程并给出硬件测试结果。

（4）给出程序分析报告、仿真波形图及其分析报告。

（5）写出学习总结。

实验 12　乐曲硬件演奏电路设计

一、实验目的

学习利用数控分频器设计硬件乐曲演奏电路。

二、实验原理

图 6.25 所示电路内部有 3 个功能模块，即 TONETABA.VHD、NOTETABS.VHD 和 SPEAKER.VHD。

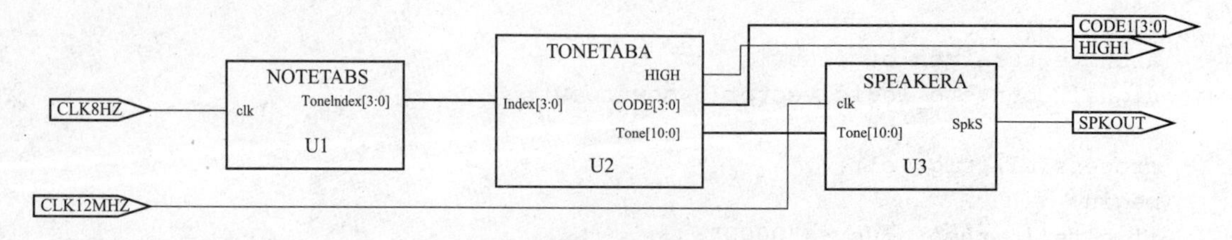

图 6.25　硬件乐曲演奏电路结构（Synplify 综合）

与利用微处理器（CPU 或 MCU）来实现乐曲演奏相比，以纯硬件完成乐曲演奏电路的逻辑要复杂得多，如果不借助于功能强大的 EDA 工具和硬件描述语言，仅凭传统的数字逻辑技术，即使最简单的演奏电路也难以实现。本实验设计项目作为“梁祝”乐曲演奏电路的实现。组成乐曲的每个音符的发音频率值及其持续的时间是乐曲能连续演奏所需的两个基本要素，问题是如何来获取这两个要素所对应的数值以及如何通过纯硬件的手段来利用这些数值实现所希望乐曲的演奏效果。图 6.25 中，模块 U1 类似于弹琴的人的手指；U2 类似于琴键；U3 类似于琴弦或音调发声器。

图 6.25 的工作原理如下：

（1）音符的频率可以由图 6.25 中的 SPEAKERA 获得，这是一个数控分频器。由其 clk 端输入一具有较高频率（这里是 12MHz）的信号，通过 SPEAKERA 分频后由 SPKOUT 输出，由于直接从数控分频器中出来的输出信号是脉宽极窄的脉冲式信号，为了有利于驱动扬声器，需另加一个 D 触发器以均衡其占空比，但这时的频率将是原来的 1/2。SPEAKERA 对 clk 输入信号的分频比由 11 位预置数 Tone[10..0]决定。SPKOUT 的输出频率将决定每一音符的音调，这样，分频计数器的预置值 Tone[10..0]与 SPKOUT 的输出频率就有了对应关系。例如在 TONETABA 模块中若取 Tone[10..0]=1036，将发音符为"3"音的信号频率。

（2）音符的持续时间须根据乐曲的速度及每个音符的节拍数来确定，图 6.25 中模块 TONETABA 的功能首先是为 SPEAKERA 提供决定所发音符的分频预置数，而此数在 SPEAKER 输入口停留的时间即为此音符的节拍值。模块 TONETABA 是乐曲简谱码对应的分频预置数查表电路，其中设置了“梁祝”乐曲全部音符所对应的分频预置数，共 13 个，每一音符的停留时间由音乐节拍和音调发生器模块 NOTETABS 的 clk 的输入频率决定，在此为 4Hz。这 13 个值的输出由对应于 TONETABA 的 4 位输入值 Index[3..0]确定，而 Index[3..0]最多有 16 种可选值。输向 TONETABA 中 Index[3..0]的值 ToneIndex[3..0]的输出值与持续的时间由模块 NOTETABS 决定。

（3）在 NOTETABS 中设置了一个 8 位二进制计数器（计数最大值为 138），作为音符数据 ROM 的地址发生器。这个计数器的计数频率选为 4Hz，即每一计数值的停留时间为 0.25s，恰为当全音符设为 1s 时，四四拍的 4 分音符持续时间。例如，NOTETABS 在以下的 VHDL 逻辑描述中，“梁祝”乐曲的第一个音符为“3”，此音在逻辑中停留了 4 个时钟节拍，即 1s，相应地，所对应的“3”音符分频预置值为 1036，在 SPEAKERA 的输入端停留了 1s。随着 NOTETABS 中的计数器按 4Hz 的时钟速率作加法计数时，即随地址值递增时，音符数据 ROM 中的音符数据将从 ROM 中通过 ToneIndex[3..0]端口输向 TONETABA 模块，“梁祝”乐曲就开始连续自然地演奏起来了。

三、实验内容

实验内容 1：定制例 4 的 NoteTabs 模块中的音符数据 ROM“music”。该 ROM 中的音符数据已列在例 5 中。注意该例数据表中的数据位宽、深度和数据的表达类型。此外，为了节省篇幅，例中的数据都横排了，实用中应该以每一分号为一行来展开，否则会出错。

最后对该 ROM 进行仿真，确认例 5 中的音符数据已经进入 ROM 中。

实验内容 2：根据给出的乘法器逻辑原理图及其各模块的 VHDL 描述，在 QuartusⅡ上完成全部设计，包括编辑、编译、综合和仿真操作等。给出仿真波形，并做出详细说明。

实验内容 3：硬件验证。先将引脚锁定，使 CLK12MHz 与 clock9 相接，接收 12MHz 时钟频率（用短路帽在 clock9 接 12MHz）；CLK8Hz 与 clock2 相接，接收 4Hz 频率；发音输出 SPKOUT 接 Speaker；与演奏发音相对应的简谱码输出显示可由 CODE1 在数码管 5 显示；

HIGH1 为高 8 度音指示，可由发光管 D5 指示，最后向目标芯片下载适配后的 SOF 逻辑设计文件。实验电路结构图为模式 1。

实验内容 4：填入新的乐曲，如“采茶舞曲”或其他熟悉的乐曲。操作步骤如下：

（1）根据所填乐曲可能出现的音符，修改例 5 的音符数据表格，同时注意每一音符的节拍长短。

（2）如果乐曲比较长，可增加模块 NOTETABA 中计数器的位数，如 9 位时可达 512 个基本节拍。

实验内容 5：争取可以在一个 ROM 装上多首歌曲，可手动或自动选择歌曲。

实验内容 6：根据此项实验设计一个电子琴，硬件测试可用电路结构图模式 3。

实验思考题 1：用 LFSR 设计可编程分频器，对本实验中的音阶发生电路的可编程计数器（实现可编程分频功能）用 LFSR 替代。

实验思考题 2：例 2 中的进程 DelaySpkS 对扬声器发声有什么影响？

实验思考题 3：在电路上应该满足哪些条件，才能用数字器件直接输出的方波驱动扬声器发声？

四、实验报告

用仿真波形和电路原理图，详细叙述硬件电子琴的工作原理及其 4 个 VHDL 文件中相关语句的功能，叙述硬件实验情况。

乐曲演奏电路的 VHDL 逻辑描述如下：

【例 1】

```
LIBRARY IEEE;                              --硬件演奏电路顶层设计
USE IEEE.STD_LOGIC_1164.ALL;
ENTITY Songer IS
    PORT (   CLK12MHZ : IN STD_LOGIC;      --音调频率信号
          CLK8HZ    : IN STD_LOGIC;        --节拍频率信号
           CODE1  : OUT STD_LOGIC_VECTOR (3 DOWNTO 0);
                                           --简谱码输出显示
           HIGH1  : OUT STD_LOGIC;         --高 8 度指示
          SPKOUT   : OUT STD_LOGIC );      --声音输出
 END;
ARCHITECTURE one OF Songer IS
   COMPONENT NoteTabs
     PORT ( clk    : IN STD_LOGIC;
        ToneIndex : OUT STD_LOGIC_VECTOR (3 DOWNTO 0) );
    END COMPONENT;
    COMPONENT ToneTaba
        PORT ( Index :  IN  STD_LOGIC_VECTOR (3 DOWNTO 0) ;
             CODE  : OUT  STD_LOGIC_VECTOR (3 DOWNTO 0) ;
             HIGH  : OUT STD_LOGIC;
             Tone  : OUT  STD_LOGIC_VECTOR (10 DOWNTO 0) );
    END COMPONENT;
    COMPONENT Speakera
        PORT  ( clk  : IN STD_LOGIC;
              Tone : IN STD_LOGIC_VECTOR (10 DOWNTO 0);
              SpkS : OUT STD_LOGIC  );
```

```
   END COMPONENT;
   SIGNAL Tone : STD_LOGIC_VECTOR (10 DOWNTO 0);
   SIGNAL ToneIndex : STD_LOGIC_VECTOR (3 DOWNTO 0);
 BEGIN
u1 : NoteTabs  PORT MAP (clk=>CLK8HZ, ToneIndex=>ToneIndex);
u2 : ToneTaba PORT MAP (Index=>ToneIndex,Tone=>Tone, CODE=>CODE1, HIGH=>HIGH1);
u3 : Speakera PORT MAP(clk=>CLK12MHZ,Tone=>Tone, SpkS=>SPKOUT );
END;
```

【例2】

```
LIBRARY IEEE;
USE IEEE.STD_LOGIC_1164.ALL;
USE IEEE.STD_LOGIC_UNSIGNED.ALL;
ENTITY Speakera IS
   PORT (  clk  : IN STD_LOGIC;
           Tone : IN STD_LOGIC_VECTOR (10 DOWNTO 0);
           SpkS : OUT STD_LOGIC );
END;
ARCHITECTURE one OF Speakera IS
   SIGNAL PreCLK, FullSpkS : STD_LOGIC;
BEGIN
 DivideCLK : PROCESS(clk)
      VARIABLE Count4 : STD_LOGIC_VECTOR (3 DOWNTO 0) ;
   BEGIN
      PreCLK <= '0';        -- 将CLK进行16分频，PreCLK为CLK的16分频
      IF Count4>11 THEN PreCLK <= '1';  Count4 := "0000";
      ELSIF clk'EVENT AND clk = '1' THEN  Count4 := Count4 + 1;
      END IF;
   END PROCESS;
   GenSpkS : PROCESS(PreCLK, Tone) -- 11位可预置计数器
      VARIABLE Count11 : STD_LOGIC_VECTOR (10 DOWNTO 0);
BEGIN
     IF PreCLK'EVENT AND PreCLK = '1' THEN
      IF Count11 = 16#7FF# THEN Count11 := Tone ; FullSpkS <= '1';
          ELSE Count11 := Count11 + 1; FullSpkS <= '0'; END IF;
      END IF;
  END PROCESS;
 DelaySpkS : PROCESS(FullSpkS)
                          --将输出再2分频，展宽脉冲，使扬声器有足够功率发音
      VARIABLE Count2 : STD_LOGIC;
BEGIN
   IF FullSpkS'EVENT AND FullSpkS = '1' THEN  Count2 := NOT Count2;
          IF Count2 = '1' THEN  SpkS <= '1';
          ELSE SpkS <= '0';  END IF;
      END IF;
   END PROCESS;
END;
```

【例3】

```
LIBRARY IEEE;
USE IEEE.STD_LOGIC_1164.ALL;
```

```
ENTITY ToneTaba IS
    PORT ( Index :  IN  STD_LOGIC_VECTOR (3 DOWNTO 0) ;
           CODE  : OUT  STD_LOGIC_VECTOR (3 DOWNTO 0) ;
           HIGH  : OUT STD_LOGIC;
           Tone  : OUT  STD_LOGIC_VECTOR (10 DOWNTO 0) );
END;
ARCHITECTURE one OF ToneTaba IS
BEGIN
    Search : PROCESS(Index)
    BEGIN
       CASE Index IS           -- 译码电路，查表方式，控制音调的预置数
 WHEN "0000" => Tone<="11111111111" ; CODE<="0000"; HIGH <='0';-- 2047
 WHEN "0001" => Tone<="01100000101" ; CODE<="0001"; HIGH <='0';-- 773;
 WHEN "0010" => Tone<="01110010000" ; CODE<="0010"; HIGH <='0';-- 912;
 WHEN "0011" => Tone<="10000001100" ; CODE<="0011"; HIGH<='0';--1036;
 WHEN "0101" => Tone<="10010101101" ; CODE<="0101"; HIGH<='0';--1197;
 WHEN "0110" => Tone<="10100001010" ; CODE<="0110"; HIGH<='0';--1290;
 WHEN "0111" => Tone<="10101011100" ; CODE<="0111"; HIGH<='0';--1372;
 WHEN "1000" => Tone<="10110000010" ; CODE<="0001"; HIGH<='1';--1410;
 WHEN "1001" => Tone<="10111001000" ; CODE<="0010"; HIGH<='1';--1480;
 WHEN "1010" => Tone<="11000000110" ; CODE<="0011"; HIGH<='1';--1542;
 WHEN "1100" => Tone<="11001010110" ; CODE<="0101"; HIGH<='1';--1622;
 WHEN "1101" => Tone<="11010000100" ; CODE<="0110"; HIGH<='1';--1668;
 WHEN "1111" => Tone<="11011000000" ; CODE<="0001"; HIGH<='1';--1728;
 WHEN OTHERS => NULL;
   END CASE;
   END PROCESS;
END;
```

【例 4】

```
LIBRARY IEEE;
USE IEEE.STD_LOGIC_1164.ALL;
USE IEEE.STD_LOGIC_UNSIGNED.ALL;
ENTITY NoteTabs IS
    PORT ( clk    : IN STD_LOGIC;
       ToneIndex : OUT STD_LOGIC_VECTOR (3 DOWNTO 0) );
END;
ARCHITECTURE one OF NoteTabs IS
COMPONENT MUSIC                  --音符数据ROM
 PORT(address : IN STD_LOGIC_VECTOR (7 DOWNTO 0);
   inclock : IN STD_LOGIC ;
         q : OUT STD_LOGIC_VECTOR (3 DOWNTO 0));
END COMPONENT;
    SIGNAL Counter :  STD_LOGIC_VECTOR (7 DOWNTO 0);
BEGIN
    CNT8 : PROCESS(clk, Counter)
    BEGIN
       IF Counter=138 THEN  Counter <= "00000000";
       ELSIF (clk'EVENT AND clk = '1') THEN Counter <= Counter+1; END IF;
    END PROCESS;
```

```
u1 : MUSIC PORT MAP(address=>Counter , q=>ToneIndex, inclock=>clk);
END;
```

【例5】

```
WIDTH = 4 ;                          --"梁祝"乐曲演奏数据
DEPTH = 256 ;
ADDRESS_RADIX = DEC ;
DATA_RADIX = DEC ;
CONTENT  BEGIN                       --注意，以下的数据排列方法只是为了节省空间，实用文件中要
                                       展开以下数据，每一组占一行
00: 3 ; 01: 3 ; 02: 3 ; 03: 3; 04: 5; 05: 5; 06:  5;07: 6; 08: 8; 09: 8;
10: 8 ; 11: 9 ; 12: 6 ; 13: 8; 14: 5; 15: 5; 16: 12;17: 12;18: 12; 19:15;
20:13 ; 21:12 ; 22:10 ; 23:12; 24: 9; 25: 9; 26: 9; 27: 9; 28: 9; 29: 9;
30: 9 ; 31: 0 ; 32: 9 ; 33: 9; 34: 9; 35:10; 36: 7; 37: 7; 38: 6; 39: 6;
40: 5 ; 41: 5 ; 42: 5 ; 43: 6; 44: 8; 45: 8; 46: 9; 47: 9; 48: 3; 49: 3;
50: 8 ; 51: 8 ; 52: 6 ; 53: 5; 54: 6; 55: 8; 56: 5; 57: 5; 58: 5; 59: 5;
60: 5 ; 61: 5 ; 62: 5 ; 63: 5; 64:10; 65:10; 66:10; 67:12; 68: 7; 69: 7;
70: 9 ; 71: 9 ; 72: 6 ; 73: 8; 74: 5; 75: 5; 76: 5; 77: 5; 78: 5; 79: 5;
80: 3 ; 81: 5 ; 82: 3 ; 83: 3; 84: 5; 85: 6; 86: 7; 87: 9; 88: 6; 89: 6;
90: 6 ; 91: 6 ; 92: 6 ; 93: 6; 94: 5; 95: 6; 96: 8; 97: 8; 98: 8; 99: 9;
100:12 ;101:12 ;102:12 ;103:10;104: 9;105: 9;106:10;107: 9;108: 8;109:8;
110: 6 ;111: 5 ;112: 3 ;113: 3;114: 3;115: 3;116: 8;117: 8;118: 8;119:8;
120: 6 ;121: 8 ;122: 6 ;123: 5;124: 3;125: 5;126: 6;127: 8;128: 5;129:5;
130: 5 ;131: 5 ;132: 5 ;133: 5;134: 5;135: 5;136: 0;137: 0;138: 0;
END ;
```

实验13　VGA彩条信号显示控制器设计

一、实验目的

学习VGA图像显示控制器的设计。

二、实验原理

计算机显示器的显示有许多标准，常见的有VGA、SVGA等。一般这些显示控制都用专用的显示控制器（如6845）。在这里不妨尝试用FPGA来实现VGA图像显示控制器，用以显示一些图形、文字或图像，这在产品开发设计中有许多实际应用。

常见的彩色显示器一般由CRT（阴极射线管）构成，彩色由R、G、B（红：Red，绿：Green，蓝：Blue）三基色组成，用逐行扫描的方式解决图像显示。阴极射线强发出电子束打在涂有荧光粉的荧光屏上，产生R、G、B三基色，合成一个彩色像素。扫描是从屏幕的左上方开始的，从左到右、从上到下进行扫描。每扫完一行，电子束回到屏幕的左边下一行的起始位置，在这期间，CRT对电子束进行消隐，每行结束时，用行同步信号进行同步；扫描完所有行，用场同步信号进行场同步，并使扫描回到屏幕左上方，同时进行场消隐，预备下一场的扫描。对于普通的VGA显示器，其引出线共含5个信号，即R、G、B：三基色信号；HS：行同步信号；VS：场同步信号。

对于VGA显示器的这5个信号的时序驱动要严格遵守“VGA工业标准”，即640Hz×480Hz×60Hz模式。表6.3和表6.4分别列出了它们的时序参数。

VGA工业标准要求的频率如下。

（1）时钟频率（Clock Frequency）：25.175Hz（像素输出的频率）。

（2）行频（Line Frequency）：31469Hz。

（3）场频（Field Frequency）：59.94Hz（每秒图像刷新频率）。

VGA 工业标准显示模式要求行同步、场同步都为负极性，即同步头脉冲要求是负脉冲。设计 VGA 图像显示控制要注意两个问题：①时序驱动，这是完成设计的关键，时序稍有偏差，显示必然不正常；②VGA 信号的电平驱动（VGA 信号的驱动电平是模拟信号），详细情况可参考相关资料。对于一些 VGA 显示器，HS 和 VS 的极性可正可负，显示器内可自动转换为正极性逻辑。在此以正极性为例，说明本例中的 CRT 工作过程，R、G、B 为正极性信号，即高电平有效。

表 6.3　　行扫描时序参数

单位：像素，即输出一个像素 pixel 的时间间隔

		行同步头			行图像		列周期
对应位置	Tf	Ta	Tb	Tc	Td	Te	Tg
时间（Pixels）	8	96	40	8	640	8	800

表 6.4　　场扫描时序参数

单位：行，即输出一行 Line 的时间间隔

		行同步头			行图像		列周期
对应位置	Tf	Ta	Tb	Tc	Td	Te	Tg
时间（Lines）	2	2	25	8	480	8	525

当 VS=0、HS=0 时，CRT 显示的内容为亮的过程，即正向扫描过程约为 26μs。当一行扫描完毕，行同步 HS=1，约需 6μs。

期间，CRT 扫描产生消隐，电子束回到 CRT 左边下一行的起始位置（X=0，Y=1）；当扫描完 480 行后，CRT 的场同步 VS=1，产生场同步使扫描线回到 CRT 的第一行第一列（X=0，Y=0）处（约为两个行周期）。

为了节省存储空间，本示例中仅采用 3 为数字信号表达 R、G、B（纯数字方式）：三基色信号，因此仅可显示 8 种颜色，表 6.5 是此 8 色对应的编码电平。

参考程序设计的彩条信号发生器可通过外部控制产生如下 3 种显示模式，共 6 种显示变化，见表 6.6。

图 6.26 所示是参考程序的 VGA 图像显示控制器的实现电路图。

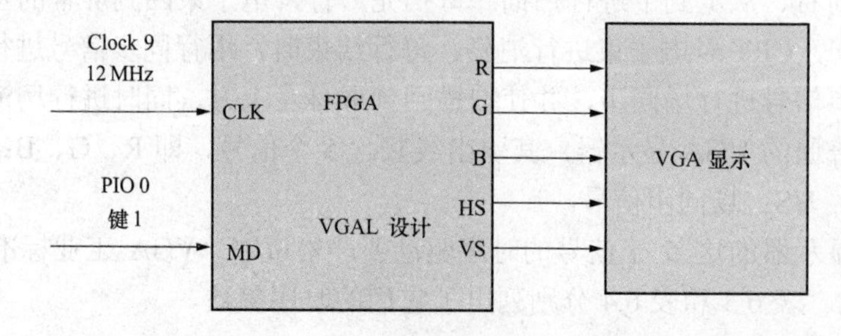

图 6.26　VGA 图像显示控制器电路图

表 6.5　颜色编码

颜色	黑	蓝	红	品	绿	青	黄	白
R	0	0	0	0	1	1	1	1
G	0	0	1	1	0	0	1	1
B	0	1	0	1	0	1	0	1

表 6.6　彩条信号发生器的 3 种显示模式

1	横彩条	1：白黄青绿品红蓝黑	2：黑蓝红品绿青黄白
2	竖彩条	1：白黄青绿品红蓝黑	2：黑蓝红品绿青黄白
3	棋盘格	1：棋盘格显示模式 1	2：棋盘格显示模式

参考程序的硬件验证方法是：首先向 FPGA 下载参考程序的设计文件；插上 VGA 显示器接头；每按动一次键 1，输出就改变一种方式，6 次为一循环，其循环显示模式分别为：横彩条 1、横彩条 2、竖彩条 1、竖彩条 2、棋盘格 1、棋盘格 2。

三、实验内容

实验内容 1：根据图 6.26 和参考程序完成 VGA 彩条信号显示的验证性实验。根据图 6.26 引脚锁定：R、G、B 分别接 PIO60、PIO61、PIO63；HS、VS 分别接 PIO64、PIO65；CLK 接 clock9（12MHz），MD 接 PIO0（对应模式 5 的键 1，P1 脚）控制显示模式。

接上 VGA 显示器，选择模式 5，下载 COLOR.SOF；控制键 1，观察显示器工作（如果显示不正常，将 GW48 系统右侧开关拨以下，最后再拨回到“TO_MCU”）。

实验内容 2：设计可显示横彩条与棋盘格相间的 VGA 彩条信号发生器。

实验内容 3：设计可显示英语字母的 VGA 信号发生器电路。

实验内容 4：设计可显示移动彩色斑点的 VGA 信号发生器电路。

参考程序：

```
LIBRARY IEEE;                                        --VGA 显示器 彩条 发生器
USE IEEE.STD_LOGIC_1164.ALL;
USE IEEE.STD_LOGIC_UNSIGNED.ALL;
ENTITY COLOR IS
   PORT (      CLK, MD : IN STD_LOGIC;
      HS, VS, R, G, B : OUT STD_LOGIC  );           --行场同步/红、绿、蓝
END COLOR;
ARCHITECTURE behav OF COLOR IS
   SIGNAL HS1,VS1,FCLK,CCLK      : STD_LOGIC;
   SIGNAL MMD : STD_LOGIC_VECTOR(1 DOWNTO 0);  --方式选择
   SIGNAL FS : STD_LOGIC_VECTOR (3 DOWNTO 0);
   SIGNAL CC : STD_LOGIC_VECTOR(4 DOWNTO 0);   --行同步/横彩条生成
   SIGNAL LL : STD_LOGIC_VECTOR(8 DOWNTO 0);   --场同步/竖彩条生成
   SIGNAL GRBX : STD_LOGIC_VECTOR(3 DOWNTO 1);--X 横彩条
   SIGNAL GRBY : STD_LOGIC_VECTOR(3 DOWNTO 1);--Y 竖彩条
   SIGNAL GRBP : STD_LOGIC_VECTOR(3 DOWNTO 1);
   SIGNAL GRB  : STD_LOGIC_VECTOR(3 DOWNTO 1);
BEGIN
   GRB(2) <= (GRBP(2) XOR MD) AND HS1 AND VS1;
```

```
GRB(3) <= (GRBP(3) XOR MD) AND HS1 AND VS1;
GRB(1) <= (GRBP(1) XOR MD) AND HS1 AND VS1;
PROCESS( MD )
BEGIN
   IF MD'EVENT AND MD = '0' THEN
      IF MMD = "10" THEN  MMD <= "00";
       ELSE  MMD <= MMD + 1; END IF;                         --三种模式
   END IF;
END PROCESS;
PROCESS( MMD )
BEGIN
   IF MMD = "00" THEN    GRBP <= GRBX;                       -- 选择横彩条
   ELSIF MMD = "01" THEN  GRBP <= GRBY;                      -- 选择竖彩条
   ELSIF MMD = "10" THEN  GRBP <= GRBX XOR GRBY;             --产生棋盘格
    ELSE GRBP <= "000"; END IF;
END PROCESS;
PROCESS( CLK )
BEGIN
   IF CLK'EVENT AND CLK = '1' THEN                           --12MHz 13 分频
      IF FS = 12 THEN FS <= "0000";
       ELSE FS <= (FS + 1); END IF;
   END IF;
END PROCESS;
FCLK <= FS(3); CCLK <= CC(4);
PROCESS( FCLK )
BEGIN
   IF FCLK'EVENT AND FCLK = '1' THEN
      IF CC = 29 THEN  CC <= "00000";
      ELSE  CC <= CC + 1; END IF;
   END IF;
END PROCESS;
PROCESS( CCLK )
BEGIN
   IF CCLK'EVENT AND CCLK = '0' THEN
      IF LL = 481 THEN  LL <= "000000000";
      ELSE  LL <= LL + 1; END IF;
   END IF;
END PROCESS;
PROCESS( CC,LL )
BEGIN
   IF CC > 23 THEN  HS1 <= '0';                              --行同步
   ELSE HS1 <= '1'; END IF;
   IF LL > 479 THEN  VS1 <= '0';                             --场同步
   ELSE  VS1 <= '1'; END IF;
END PROCESS;
PROCESS(CC, LL)
BEGIN
     IF CC < 3  THEN GRBX <= "111";                          --横彩条
   ELSIF CC < 6  THEN GRBX <= "110";
   ELSIF CC < 9  THEN GRBX <= "101";
   ELSIF CC < 12 THEN GRBX <= "100";
```

```
        ELSIF CC < 15 THEN GRBX <= "011";
        ELSIF CC < 18 THEN GRBX <= "010";
        ELSIF CC < 21 THEN GRBX <= "001";
         ELSE GRBX <= "000";
           END IF;
           IF LL <  60 THEN GRBY <= "111";                   --竖彩条
        ELSIF LL < 120 THEN GRBY <= "110";
        ELSIF LL < 180 THEN GRBY <= "101";
        ELSIF LL < 240 THEN GRBY <= "100";
        ELSIF LL < 300 THEN GRBY <= "011";
        ELSIF LL < 360 THEN GRBY <= "010";
        ELSIF LL < 420 THEN GRBY <= "001";
        ELSE GRBY <= "000";
           END IF;
    END PROCESS;
    HS <= HS1 ; VS <= VS1 ;R <= GRB(2) ;G <= GRB(3) ; B <= GRB(1);
END behav;
```

实验 14　VGA 图像显示控制器设计

一、实验目的

学习 VGA 图像显示控制器的设计。

二、实验原理

对于信息量大的彩色图像显示，可将像素点数据存于 FPGA 内部的 EAB RAM、外部 ROM 或 RAM 中。如果用 FPGA 中的 LPM_ROM，可以设置成含 3 位数据线的模块；如果用外部的 8 位数据线的 ROM/RAM，一个字节存储两个相邻数据，每个像素是 3 位彩色像素。图 6.27 所示是实现电路。参考程序 1 和参考程序 2 是一个 FPGA 内部的 EAB RAM 图像 VGA 显示控制程序。参考程序 1 是顶层设计，其中 vga640480 参考程序 2 是显示扫描模块，imgrom 是图像数据 ROM，注意其数据线宽为 3，恰好放置 RGB 三信号数据，因此此图像仅能显示 8 种颜色。此外注意程序中对图像显示的区域控制。

三、实验内容

实验内容 1：根据图 6.26 和参考程序 1，完成 VGA 彩条信号显示的验证性实验。设计与生成图像数据；根据参考程序 1 中 imgrom 元件的接口，定制放置图像数据的 ROM。

实验内容 2：硬件验证参考程序 1 和参考程序 2，选择模式 5，下载后观察图形显示情况。

实验内容 3：为此设计增加一个键，控制输出图像的正色与补色。

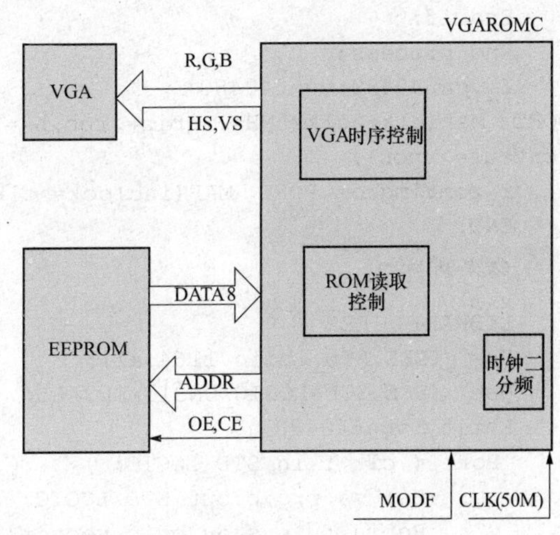

图 6.27　VGA 图像控制器框图

实验内容 4：为了显示更大的图像，用外部 ROM 取代 FPGA 的内部 ROM，即 imgrom 元件，电路结构参考图 6.26，引脚锁定参考电路结构图模式 5 中的 ROM 27C020/27C040 与

FPGA 的引脚连接情况。示例程序可下载 ./VGA88/vgarom.sof 或./VGAbb/vgarom.sof，clock0 接 50MHz，GW48 EDA 系统左下角的拨码开关的“ROM 使能”向下（如果显示不正常，将 EDA 系统右侧开关拨一下，最后再拨回到“TO_MCU”）。选择模式 5，键 1 控制图像的正色与补色显示。注意，实验结束后将拨码开关的“ROM 使能”拨向上还原。

参考程序 1：

```
LIBRARY  IEEE;                    --图像显示顶层设计
Use  IEEE.std_logic_1164.all;
ENTITY  img   IS
 Port
(clk50MHz :IN STD_LOGIC;
  Hs,vs,r,g,b:OUT STD_LOGIC);
END img;
ARCHITECTURE modelstru OFimg IS
 Component vga640480
  Port(clk:IN STD_LOGIC;
     Rgbin:IN STD_LOGIC_VECTOR(2 downto 0);
     Hs,vs,r,g,b: OUT STD_LOGIC;
     Hcntout,vcntout: OUT STD_LOGIC_VECTOR(9 downto 0) );
End component;
Component imgrom
PORT(inclock: IN STD_LOGIC;
     Address: IN STD_LOGIC_VECTOR(11 downto 0);
     Q: OUT STD_LOGIC_VECTOR(2 downto 0) );
End component;
Signal rgb: STD_LOGIC_VECTOR(2 downto 0);
Signal clk25MHz: STD_LOGIC;
Signal romaddr: STD_LOGIC_VECTOR(11 downto 0);
Signal hpos,vpos: STD_LOGIC_VECTOR(9 downto 0);
BEGIN
Romaddr <=vpos(5 down 0) & hpos(5 downto 0);
Process(clk50MHz) begin
If clk50MHz'event and clk50MHz='1' then clk25MHz<=not clk25MHz;
End if;
End process;
I_vga640480:vga640480
PORT  MAP(clk=>clk25MHz,rgbin=>rgb,hs=>hs,vs=>vs,r=>r,g=>g,b=>b,hcntout=>hpos,
vcntout=>vpos);
i_rom:imgrom PORT  MAP(inclock=>clk25MHz,address=>romaddr,q=>rgb);
END;
```

参考程序 2：

```
LIBRARY  IEEE
Use  IEEE.STD_logic_1164.all;
Use  IEEE.STD_LOGIC_UNSIGNED.ALL;
Entity vga640480 is
 Port ( clk : in STD_LOGIC;
      Hs, vs,r,g,b:out STD LOGIC;
      Rgbin : in std_logic_vector(2 downto 0);
      Hcntout,vcntout : out std_logic_vector(9 downto 0) );
```

```
End vga640480;
Architecture one of vga640480 is
Signal hcnt,vcnt :std_logic_vector(9 downto 0);
Begin
Hcntout <= hcnt;vcntout<=vcnt;
Process(clk) begin
 If (rising_edge(clk) ) then
    If(hcnt<800) then hcnt <=hcnt+1;
    Else hcnt <=(others=>'0'); end if;
End if;
End process;
Process(clk) begin
If (rising_edge(clk)) then
   If(hcnt=640+8) then
      If(vcnt<525) then vcnt<=vcnt+1;
         Else vcnt<=(others=>'0');end if;
   End if;
   End if;
End process;
Process(clk) begin
If(rising_edge(clk)) then
 If((hcnt>=640+8+8) and (hcnt<640+8+8+96)) then hs<='0';
Else hs<='1'; end if;
End if;
End process;
Process(vcnt) begin
If((vcnt>=480+8+2) and (vcnt<480+8+2+2)) then vs <='0';
  Else vs<='1'; end if;
End process;
Process(clk) begin
If(rising_edge(clk)) then
  If(hcnt<640 and vcnt<480) then
 R<=rgbin(2);g<=rgbin(1);b<=rgbin(0);
Else r<='0';g<='0';b<='0';end if;
End if;
End process;End one;
```

实验 15　移位相加硬件乘法器设计

一、实验目的

（1）学习应用移位相加原理设计 8 位乘法器。

（2）掌握用 VHDL 语言设计移位相加硬件乘法器的方法。

二、实验原理

该乘法器是由 8 位加法器构成的以时序方式设计的 8 位乘法器。原理是：乘法通过逐项移位相加来实现相乘。从被乘数的最低位开始，若为 1，则乘数左移后与上一次的和相加；若为 0，左移后全零相加，直至被乘数的最高位。start 信号的上跳沿及其高电平有两个功能，即 16 位寄存器清零和被乘数 A[7..0]向移位寄存器 SREG8B 加载；它的低电平则作为乘法使能信号。CLK 为乘法时钟信号。当被乘数被加载于 8 位右移寄存器 SREG8B 后，随着每一时钟节拍，最低位在前，由低位向高位逐位移出。当为 1 时，1 位乘法器 ANDRITH 打开，8 位乘数 B[7..0]在同一节拍进入 8 位加法器，与上次锁存在 16 位锁存器 REG16B 中的高 8 位进行相加，其和在下一个时钟节怕的上升沿被锁进此锁存器；而当被乘数的移出位为 0 时，与门全零输出。如此往复，直至 8 个时钟脉冲后，最后乘积完整出现在 REG16B 端口。在这里，1 位乘法器 ANDARITH 的功能类似于一个特殊的与门，即当 ABIN 为‘1’时，DOUT 直接输出 DIN；当 ABIN 为‘0’时，DOUT 输出全“00000000”。

三、实验内容

实验内容 1：根据给出的乘法器逻辑原理图及其各模块的 VHDL 描述，在 Quartus II 上完成全部设计，包括编辑、编译、综合和仿真操作等。以 87H 乘以 F5H 为例，进行仿真，对仿真波形作出详细解释，包括对 8 个工作时钟节拍中，每一节拍乘法操作的方式和结果，对照波形图给以详细说明。

实验内容 2：编程下载，进行实验验证。实验电路选择模式 1，8 位乘数用键 2、键 1 输入；8 位被乘数用键 4 和键 3 输入；16 位乘积可由 4 个数码管（数码管 8～5）显示；用键 8 输入 CLK，键 7 输入 start（start 由高到低是清 0，由低到高是允许乘法计算）。详细观察每一时钟节拍的运算结果，并与仿真结果进行比较。

实验内容 3：乘法时钟连续实验系统上的连续脉冲，如 clock0，设计一个此乘法器的控制模块，接收实验系统上的连续脉冲，如 clock0，当给定启动/清 0 信号后，能自动发出 CLK 信号驱动乘法运算，当 8 个脉冲后自动停止。

实验内容 4：设计一个纯组合电路的 8×8 等于 16 位的乘法器和一个 LPM 乘法器（选择不同的流水线方式），具体说明并比较这几种乘法器的逻辑资源占用情况和运行速度比较。

参考程序：

```
(1) LIBRARY IEEE;
USE IEEE.STD_LOGIC_1164.ALL;
ENTITY SREG8B IS                        --8 位右移寄存器
   PORT (  CLK : IN STD_LOGIC;   LOAD : IN STD_LOGIC;
           DIN : IN STD_LOGIC_VECTOR(7 DOWNTO 0);
            QB : OUT STD_LOGIC  );
END SREG8B;
ARCHITECTURE behav OF SREG8B IS
   SIGNAL REG8 : STD_LOGIC_VECTOR(7 DOWNTO 0);
BEGIN
   PROCESS (CLK, LOAD)
   BEGIN
      IF CLK'EVENT AND CLK = '1' THEN
         IF LOAD = '1' THEN          -- 装载新数据
            REG8 <= DIN;
           ELSE
                                     -- 数据右移
            REG8(6 DOWNTO 0) <= REG8(7 DOWNTO 1);
         END IF;
      END IF;
   END PROCESS;
```

```
   QB <= REG8(0);                         -- 输出最低位
END behav;
```

(2)
```
LIBRARY IEEE;
USE IEEE.STD_LOGIC_1164.ALL;
USE IEEE.STD_LOGIC_UNSIGNED.ALL;
ENTITY ADDER8B IS
     PORT (    CIN : IN STD_LOGIC;
                 A : IN STD_LOGIC_VECTOR(7 DOWNTO 0);
                 B : IN STD_LOGIC_VECTOR(7 DOWNTO 0);
                 S : OUT STD_LOGIC_VECTOR(7 DOWNTO 0);
              COUT : OUT STD_LOGIC  );
END ADDER8B;
ARCHITECTURE struc OF ADDER8B IS
COMPONENT ADDER4B
   PORT (  CIN  :  IN STD_LOGIC;
             A  :  IN STD_LOGIC_VECTOR(3 DOWNTO 0);
             B  :  IN STD_LOGIC_VECTOR(3 DOWNTO 0);
             S  : OUT STD_LOGIC_VECTOR(3 DOWNTO 0);
          COUT  : OUT STD_LOGIC   );
END COMPONENT;
   SIGNAL CARRY_OUT : STD_LOGIC;
BEGIN
   U1 : ADDER4B                           --例化（安装）1个4位二进制加法器U1
   PORT MAP (  CIN => CIN,                 A => A(3 DOWNTO 0),
               B => B(3 DOWNTO 0),        S => S(3 DOWNTO 0),
            COUT => CARRY_OUT    );
   U2 : ADDER4B                           -- 例化（安装）1个4位二进制加法器U2
   PORT MAP ( CIN => CARRY_OUT, A => A(7 DOWNTO 4),
     B => B(7 DOWNTO 4), S => S(7 DOWNTO 4),COUT => COUT );
END struc;
```

(3)
```
LIBRARY IEEE;
USE IEEE.STD_LOGIC_1164.ALL;
ENTITY ANDARITH IS                        -- 选通与门模块
   PORT ( ABIN : IN STD_LOGIC;
       DIN : IN STD_LOGIC_VECTOR(7 DOWNTO 0);
      DOUT : OUT STD_LOGIC_VECTOR(7 DOWNTO 0) );
END ANDARITH;
ARCHITECTURE behav OF ANDARITH IS
BEGIN
   PROCESS(ABIN, DIN)
   BEGIN
      FOR I IN 0 TO 7 LOOP                -- 循环，完成8位与1位运算
         DOUT(I) <= DIN(I) AND ABIN;
      END LOOP;
   END PROCESS;
END behav;
```

(4)
```
LIBRARY IEEE;
USE IEEE.STD_LOGIC_1164.ALL;
ENTITY REG16B IS                          -- 16位锁存器
```

```
    PORT (
        CLK : IN STD_LOGIC;
        CLR : IN STD_LOGIC;
        D : IN STD_LOGIC_VECTOR(8 DOWNTO 0);
        Q : OUT STD_LOGIC_VECTOR(15 DOWNTO 0)
    );
END REG16B;
ARCHITECTURE behav OF REG16B IS
    SIGNAL R16S : STD_LOGIC_VECTOR(15 DOWNTO 0);
BEGIN
    PROCESS(CLK, CLR)
    BEGIN
     IF CLR = '1' THEN                    -- 清零信号
     R16S <= "0000000000000000";     -- 时钟到来时，锁存输入值，并右移低 8 位
        ELSIF CLK'EVENT AND CLK = '1' THEN
            R16S(6 DOWNTO 0)  <= R16S(7 DOWNTO 1); -- 右移低 8 位
            R16S(15 DOWNTO 7) <= D;  -- 将输入锁到高 8 位
        END IF;
    END PROCESS;
    Q <= R16S;
END behav;
```

(5) LIBRARY IEEE;

```
USE IEEE.STD_LOGIC_1164.ALL;
USE IEEE.STD_LOGIC_UNSIGNED.ALL;
ENTITY ARICTL IS
    PORT (CLK, START : IN STD_LOGIC;
        CLKOUT,RSTALL : OUT STD_LOGIC );
END ARICTL;
ARCHITECTURE behav OF ARICTL IS
    SIGNAL CNT4B : STD_LOGIC_VECTOR(3 DOWNTO 0);
BEGIN
    PROCESS(CLK, START)
    BEGIN
        RSTALL <= START;
        IF START = '1' THEN  CNT4B <= "0000";
        ELSIF CLK'EVENT AND CLK ='1' THEN
         IF CNT4B < 8 THEN CNT4B <= CNT4B + 1; END IF;
        END IF;
    END PROCESS;
    PROCESS(CLK, CNT4B, START)
    BEGIN
        IF START = '0' THEN
            IF CNT4B < 8 THEN  CLKOUT <= CLK;
            ELSE CLKOUT <= '0';  END IF;
        ELSE  CLKOUT <= CLK; END IF;
    END PROCESS;
END behav;
```

(6) LIBRARY IEEE;

```
USE IEEE.STD_LOGIC_1164.ALL;
```

```
use ieee.std_logic_unsigned.all;
ENTITY MULTI8X8 IS                    --8位乘法器顶层设计
   PORT ( CLKK,START  : IN STD_LOGIC;
            A,  B : IN STD_LOGIC_VECTOR(7 DOWNTO 0);
             DOUT : OUT STD_LOGIC_VECTOR(15 DOWNTO 0) );
END MULTI8X8;
ARCHITECTURE struc OF MULTI8X8 IS
COMPONENT ARICTL
   PORT (  CLK, START : IN STD_LOGIC;
       CLKOUT, RSTALL : OUT STD_LOGIC  );
END COMPONENT;
COMPONENT ANDARITH
   PORT (  ABIN : IN STD_LOGIC;
            DIN : IN STD_LOGIC_VECTOR(7 DOWNTO 0);
           DOUT : OUT STD_LOGIC_VECTOR(7 DOWNTO 0)  );
END COMPONENT;
COMPONENT ADDER8B
   PORT (CIN : IN STD_LOGIC;
           A, B : IN STD_LOGIC_VECTOR(7 DOWNTO 0);
           S : OUT STD_LOGIC_VECTOR(7 DOWNTO 0);
         COUT : OUT STD_LOGIC );
END COMPONENT;
COMPONENT SREG8B
   PORT (  CLK, LOAD : IN STD_LOGIC;
           DIN : IN STD_LOGIC_VECTOR(7 DOWNTO 0);
            QB : OUT STD_LOGIC  );
END COMPONENT;
COMPONENT REG16B
   PORT (   CLK, CLR : IN STD_LOGIC;
        D : IN STD_LOGIC_VECTOR(8 DOWNTO 0);
        Q : OUT STD_LOGIC_VECTOR(15 DOWNTO 0)  );
END COMPONENT;
   SIGNAL GNDINT, INTCLK, RSTALL, NEWSTART, QB : STD_LOGIC;
   SIGNAL ANDSD : STD_LOGIC_VECTOR(7 DOWNTO 0);
    SIGNAL DTBIN : STD_LOGIC_VECTOR(8 DOWNTO 0);
   SIGNAL DTBOUT : STD_LOGIC_VECTOR(15 DOWNTO 0);
BEGIN
   DOUT <= DTBOUT;   GNDINT <= '0';
PROCESS(CLKK,START)
BEGIN
   IF START='1' THEN NEWSTART<='1';
   ELSIF CLKK='0' THEN NEWSTART<='0';  END IF;
END PROCESS;
U1 : ARICTL  PORT MAP(CLK=>CLKK,START=>NEWSTART, CLKOUT=>INTCLK, RSTALL=>RSTALL);
U2 : SREG8B  PORT MAP(CLK=>INTCLK, LOAD=>RSTALL, DIN=>B, QB=>QB  );
U3 : ANDARITH PORT MAP(ABIN => QB, DIN => A,DOUT => ANDSD);
U4 : ADDER8B  PORT MAP(CIN => GNDINT, A=>DTBOUT(15 DOWNTO 8), B=>ANDSD,
           S => DTBIN(7 DOWNTO 0), COUT => DTBIN(8) );
U5 : REG16B   PORT MAP(CLK=>INTCLK, CLR=>RSTALL, D=>DTBIN, Q=>DTBOUT );
  END struc;
```

四、实验要求

（1）用 VHDL 语言实现电路设计。

（2）设计仿真文件，进行软件验证。

（3）通过下载线下载到实验板上进行验证。

五、实验报告要求

（1）写出 VHDL 程序并加以详细注释。

（2）给出软件仿真结果及波形图。

（3）通过下载线下载到实验板上进行验证并给出硬件测试结果。

（4）写出学习总结。

实验 16　脉冲信号数字滤波器设计

一、实验目的

（1）掌握数字滤波器的工作原理。

（2）掌握用 VHDL 语言设计数字滤波器的方法。

二、实验原理

脉冲信号数字滤波器包括单路脉冲信号滤波与计数电路，其原理框图如图 6.28 所示。

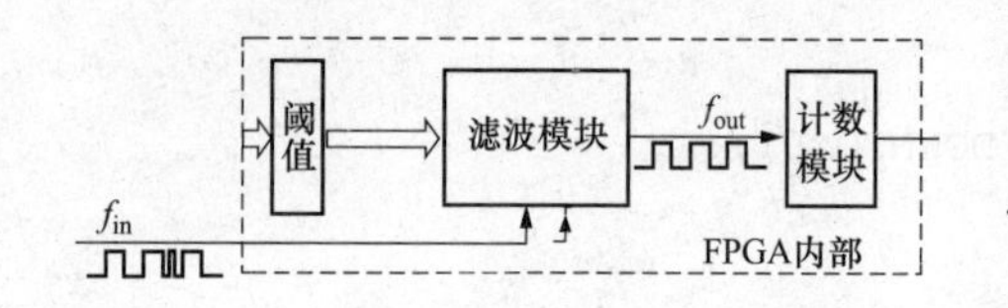

图 6.28　脉冲信号数字滤波器原理框图

滤波原理是将要滤除的干扰信号对应的最小脉宽转换成 5 位的数字量（jicun），每当输入信号 f_{in} 上升沿到来时将预设的脉冲最小宽度值（yuzhi）与通过 clk 测量到的脉冲宽度（jicun）进行比较。如果输入信号 f_{in} 高电平足够宽，在其下降沿到来前 f_{out} 输出高电平，说明输入信号是有效信号；如果输入信号 f_{in} 高电平宽度不够，在其下降沿到来后 f_{out} 输出低电平，说明输入信号是干扰信号。通过此方法实现对干扰信号的滤除，再通过一个计数器模块对滤波器的输出信号进行计数（fout_jsq）。

三、实验内容

根据实验原理，在 QuartusⅡ环境下利用 VHDL 语言设计一个脉冲信号数字滤波器，完成设计输入、仿真验证、硬件下载测试。参考代码如下：

主程序：

```
LIBRARY IEEE;
USE IEEE.STD_LOGIC_1164.ALL;
USE IEEE.STD_LOGIC_UNSIGNED.ALL;
USE IEEE.STD_LOGIC_ARITH.ALL;
entity lvbo is                                              //数字滤波器
    port  (clk,fin:in std_logic;
          yuzhi: in std_logic_vector(1 downto 0);
          fout:out std_logic;
          counte:  out std_logic_vector(4 downto 0);
          jicun: buffer std_logic_vector(4 downto 0));  //寄存器
end lvbo;
architecture con of lvbo is
```

```
signal count:std_logic_vector(4 downto 0);
begin
process(clk,fin,yuzhi)
begin
 if clk'event and clk='1' then
  if  fin='1' then
   count<=count+1;
   elsif  fin='0' then count<="00000";
 end if;
   if (count=31) then
   count<="00000";
end if;
jicun <= count;
counte<=count;
if (jicun<yuzhi) then                                  //寄存值与阈值比较
fout<=fin;
else fout<='0';
end if;
end if;
end process;
end con;
```

fout 计数器程序：

电路符号：

```
LIBRARY IEEE;
USE IEEE.STD_LOGIC_1164.ALL;
USE IEEE.STD_LOGIC_UNSIGNED.ALL;
USE IEEE.STD_LOGIC_ARITH.ALL;
--***************************************
entity fout_jsq is                                     //计数器
   port  (fout:in std_logic;
          jicun: buffer std_logic_vector(4 downto 0));
end fout_jsq;
architecture con of fout_jsq is
signal count:std_logic_vector(4 downto 0);
begin
process(fout)
begin
  if  fout='1' then
   count<=count+1;
 end if;
   if (count=31) then
   count<="00000";
end if;
jicun <= count;
end process;
end con;
```

脉冲信号数字滤波器的电路符号如图 6.29 所示。输入信号：计数脉冲 clk、脉冲信号 fin、设置阈值 yuzhi[1..0]；输出信号：计数输出 jicun[4..0]、滤波输出信号 fout、滤波计数输出

jsq[4..0]。

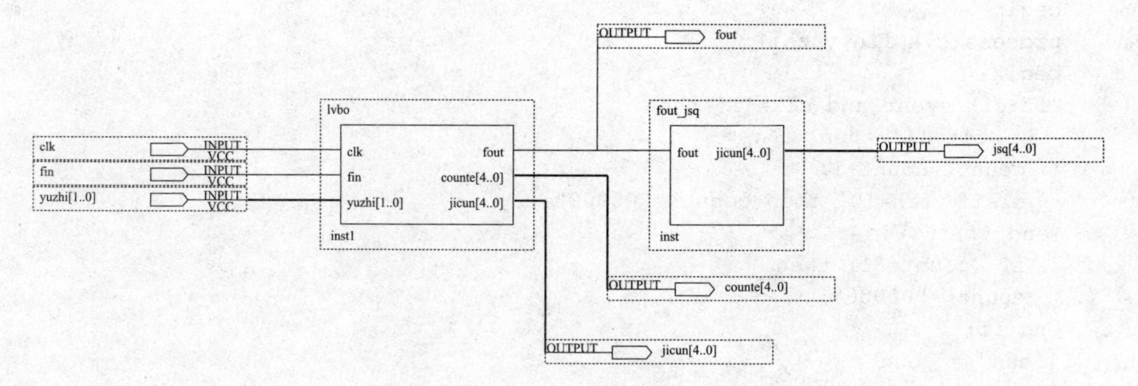

图 6.29 脉冲信号数字滤波器的电路符号

实验引脚锁定：

时钟脉冲 clk（引脚号 28），用键 1（引脚号 233）、键 2（引脚号 234）控制阈值 yuzhi[1..0]，fout 锁定 LED0 观察输出结果，jicun[4..0]、jsq[4..0]锁定 7 段显示数码管观察结果。

四、实验要求

（1）预习教材中的相关内容。

（2）用 VHDL 语言实现电路设计。

（3）设计仿真文件，进行软件验证。

（4）选择实验电路模式 5。

五、实验报告要求

（1）给出 VHDL 设计程序和相应注释。

（2）给出软件仿真结果及波形图。

（3）写出硬件测试和详细实验过程并给出硬件测试结果。

（4）给出程序分析报告、仿真波形图及其分析报告。

（5）写出学习总结。

实验 17 数字锁相环 PLL 应用实验

一、实验目的

学习 Cyclone 器件内嵌锁相环的使用。

二、实验仪器设备

（1）PC 机一台。

（2）Quartus Ⅱ 开发软件一套。

（3）EDA 实验开发系统一套。

三、实验内容

本实验的内容是学习嵌入式锁相环 PLL 的使用，以方便于以后的设计。具体包括：

（1）使用 Quartus Ⅱ 建立工程。

（2）建立 PLL 兆功能模块。

（3）建立顶层模块，调用 PLL 模块，使用频率计测量输出频率。

（4）下载硬件设计到目标 FPGA。

（5）观察频率计显示的频率，改变 PLL 的输出频率，重复步骤（4）和（5）。

四、实验步骤

（1）启动 Quartus II 建立一个空白工程，然后命名为 pll_test.qpf。

（2）建立 PLL 兆功能模块。

1）打开的 Quartus II 工程，从 Tool→Mega Wizard Plug-In Manager…打开如图 6.30 所示的添加宏单元的向导。

2）单击 Next 进入向导第 2 页，按图 6.31 所示选择和设置，注意标记部分。

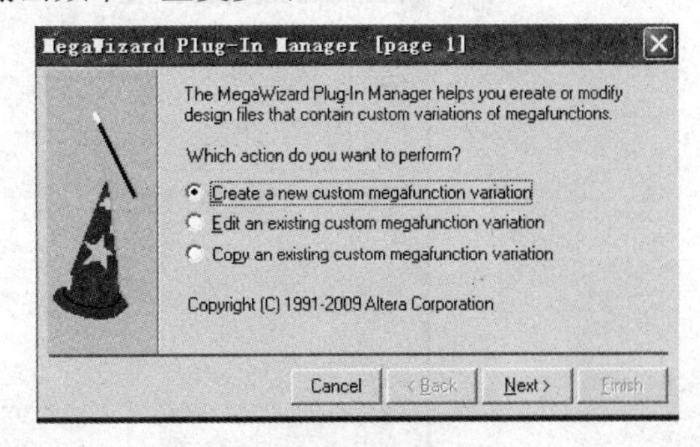

图 6.30　page1

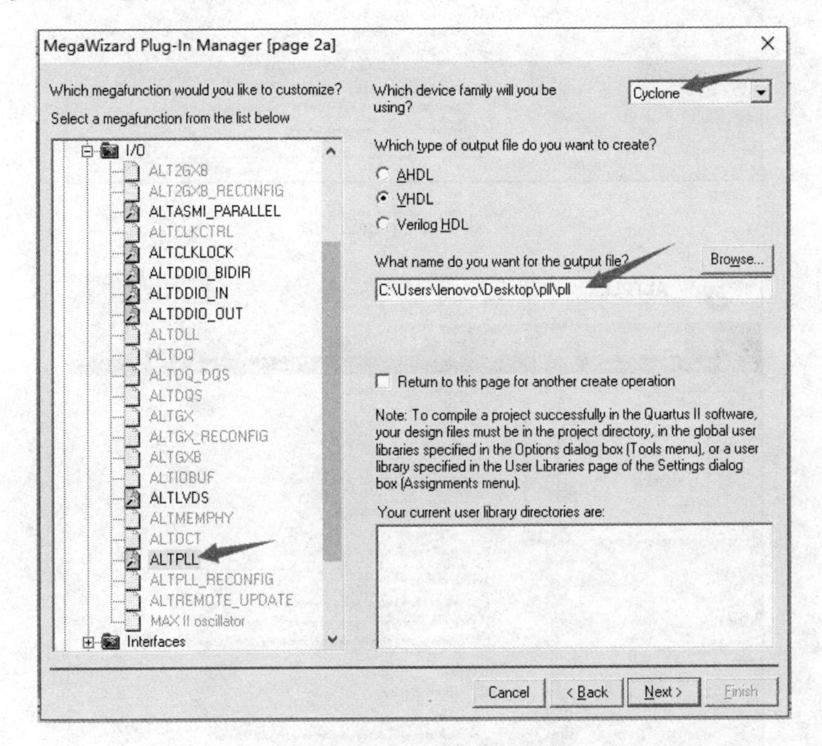

图 6.31　page2

3）单击 Next 进入向导第 3 页，按图 6.32 所示选择和设置，注意标记部分。由于电路板上的有源晶振频率为 48MHz，所以输入频率为 48MHz。注意，输入时钟频率不能低于 16MHz。

4）单击 Next 进入向导第 4 页，在图 6.33 所示窗口选择 PLL 的控制信号，如 PLL 使能控制“pllena”、异步复位“areset”、锁相输出“locked”等。为了简化实验，这里不选任何控制信号。

5）单击 Next 进入向导第 5 页，按照图 6.34 所示选择 c0 输出频率为 75MHz（c0 为片内输出频率），时钟相移和时钟占空比不改变。

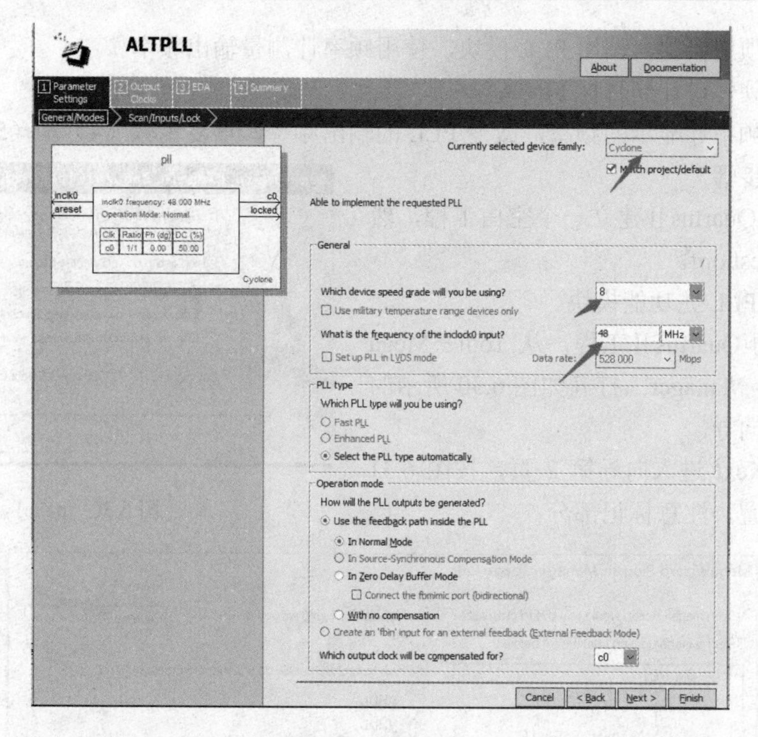

图 6.32　page3

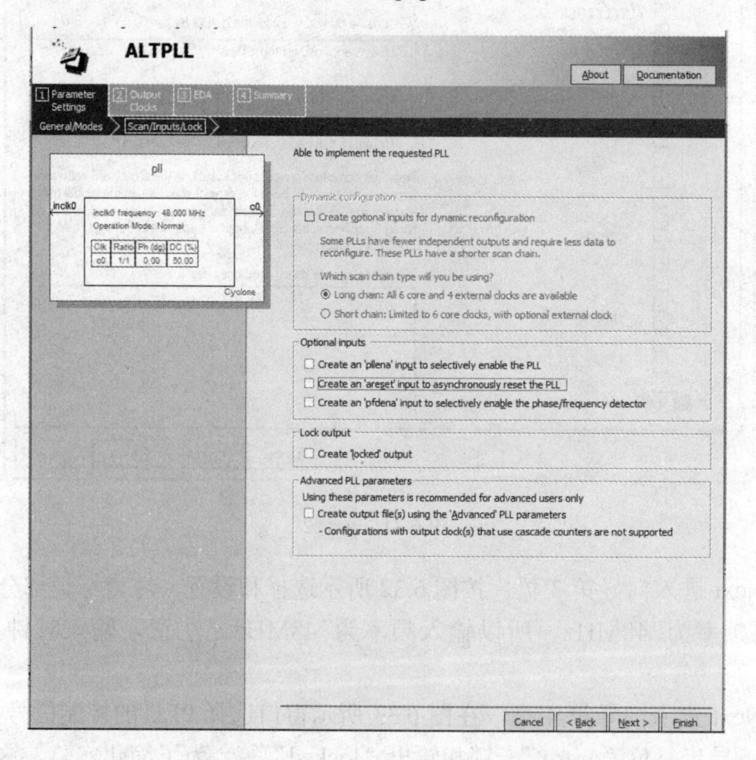

图 6.33　page4

6）单击 Next 进入向导第 6 页 c1 设置界面，将 c1 设置为输出 75MHz，之后单击 Next 进入向导第 7 页 e0 设置界面，这里不适用，所以直接按 Next 跳过进入向导第 9 页，如图 6.35

所示，选中要生成的文件，最后单击 Finish 完成 PLL 兆功能模块的定制。

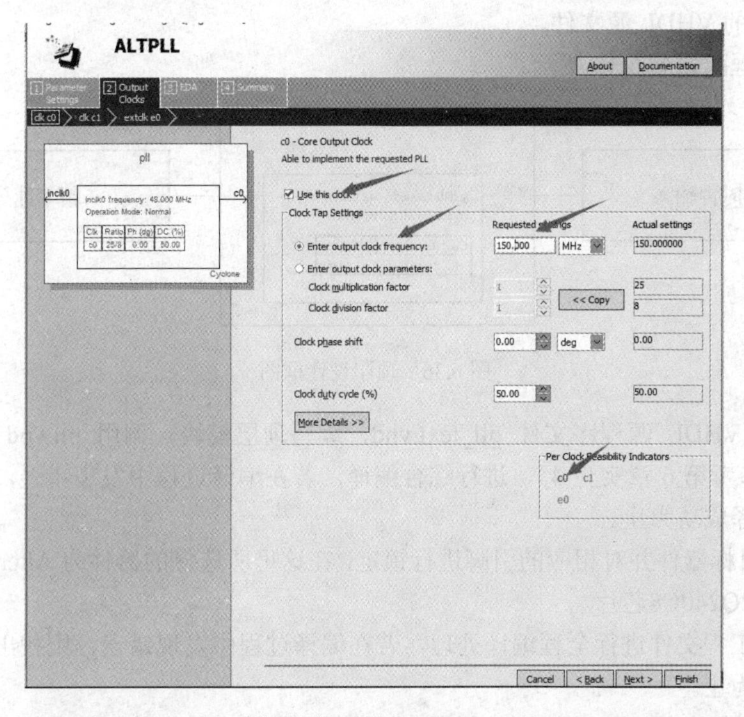

图 6.34　page5

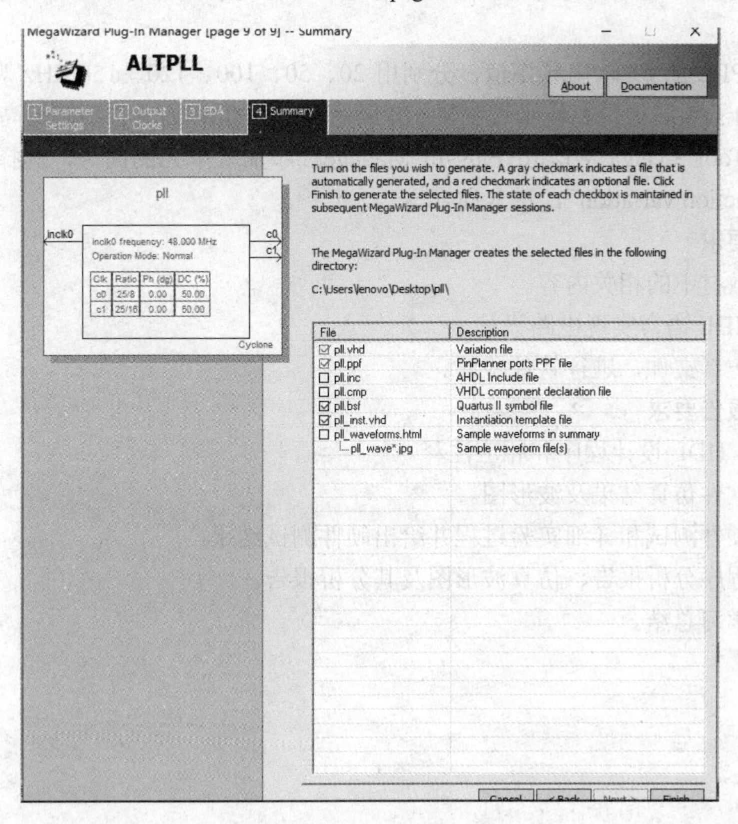

图 6.35　page9

在完成定制 PLL 后，在 QuartusⅡ工程文件夹中将产生一个含有 PLL 符号的 pll.bsf 符号文件和 pll.vhd 的 VHDL 源文件。

顶层设计框图如图 6.36 所示。

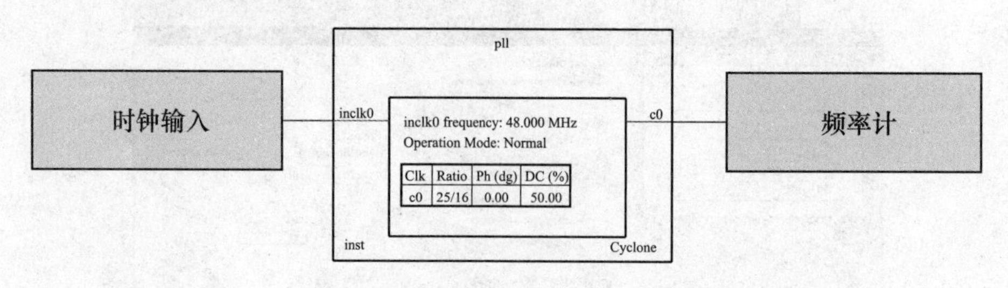

图 6.36 顶层设计框图

（3）新建 VHDL 源程序文件 pll_text.vhd，编写顶层模块，调用 pll.vhd 和频率计模块 freqtest.vhd（参考第 6 章实验 4），进行综合编译，若在编译过程中发现错误，则找出并更正错误，直至编译成功为止。

（4）选择目标器件并对相应的引脚进行锁定，在这里所选择的器件为 Altera 公司 Cyclone 系列的 EP1C12Q240C8芯片。

（5）对该工程文件进行全程编译处理，若在编译过程中发现错误，则找出并更正错误，直至编译成功为止。

（6）硬件连接，通过下载线下载程序。通过数码管观察测得的频率并与锁相环设计的频率值作比较。

（7）更改 PLL 的 c1 输出频率值，分别用 20、50、100、120、150MHz 观察数码管的显示值（注意，由于频率计是 8 位十进制显示，所示超过 100MHz 时看不到最高位）。兆功能模块的编辑可从 Tool→Mega Wizard Plug-In Manager...添加宏单元的向导，选择“Edit existing custom megafunction variation”，进入向导。

五、实验要求

（1）预习教材中的相关内容。

（2）用 VHDL 语言实现电路设计。

（3）设计仿真文件，进行软件验证。

六、实验报告要求

（1）给出 VHDL 设计程序和相应注释。

（2）给出软件仿真结果及波形图。

（3）写出硬件测试和详细实验过程并给出硬件测试结果。

（4）给出程序分析报告、仿真波形图及其分析报告。

（5）写出学习总结。

第 7 章　数字系统设计课程设计实验

实验 1　数字钟的仿真与设计

一、实验目的

（1）进一步掌握 Quartus II 的基本使用，包括设计的输入、编译和仿真。

（2）掌握 Quartus II 下使用 VHDL 设计数字钟的方法。

二、实验仪器设备

（1）PC 机一台。

（2）Quartus II 开发软件一套。

（3）EDA 实验开发系统一套。

三、实验原理

设计要求：设计一个数字钟，要求用数码管分别显示时、分、秒的计数，同时可以进行时间设置，并且要求闪烁。

设计原理：计数器在正常工作下是对 1Hz 的频率计数，在调整时间状态下是对需要调整的时间模块进行计数；控制按键用来选择是正常计数还是调整时间并决定调整时、分、秒；当置数键按下时，表示相应的调整块要加 1，如果对小时调整，显示时间的 LED 数码管将闪烁且当置数键按下时，相应的小时显示要加 1。显示时间的 LED 数码管均用动态扫描显示来实现。数字钟原理图如图 7.1 所示。

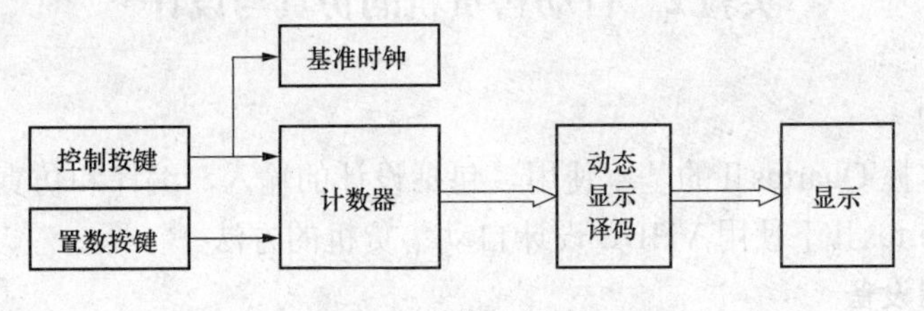

图 7.1　数字钟原理图

四、实验步骤

数字钟设计的 VHDL 源程序：

```
library ieee;
use ieee.std_logic_1164.all;
use ieee.std_logic_unsigned.all;
entity clock is
port(clk : in std_logic;
    clr: in std_logic;
    en : in std_logic;
  mode : in std_logic;
   inc : in std_logic;
   seg7:out  std_logic_vector(6 downto 0);
```

```
scan:out std_logic_vector(5 downto 0));
end clock;
```

具体源程序见附录B部分实验参考程序。

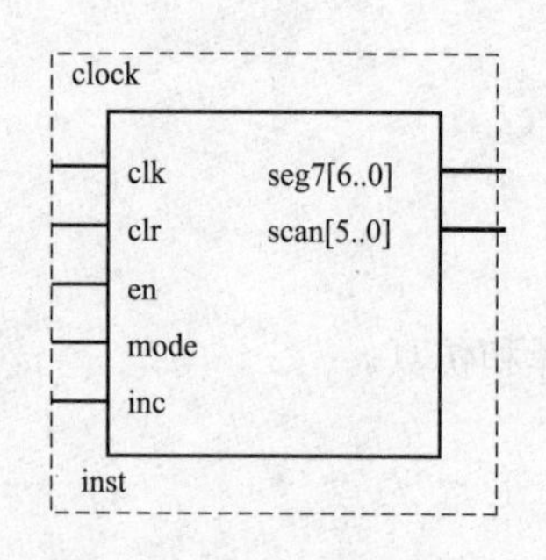

图 7.2 数字钟的电路符号

数字钟的电路符号如图 7.2 所示。输入信号：基准时钟 clk（20MHz）、清零端 clr、暂停信号 en、置数信号 inc、控制信号 mode；输出信号：数码管地址选择信号 scan[5..0]、7 段显示控制信号 seg7[6..0]。

五、实验要求

（1）分析数字钟的功能及工作原理，画出结构框图。

（2）用 VHDL 语言实现各个电路模块的设计，在 Quartus II 环境下完成编译、综合和仿真。

（3）完成顶层原理图设计、综合及仿真分析。

（4）通过下载线下载到实验板上进行硬件验证，分析设计结果。

（5）选择实验电路模式 5。

六、实验报告要求

（1）画出原理图。

（2）给出软件仿真结果及波形图。

（3）写出硬件测试和详细实验过程并给出硬件测试结果。

（4）给出程序分析报告、仿真波形图及其分析报告。

（5）写出学习总结。

实验 2　自动售货机的仿真与设计

一、实验目的

（1）进一步掌握 Quartus II 的基本使用，包括设计的输入、编译和仿真。

（2）掌握 Quartus II 下使用 VHDL 设计自动售货机的方法。

二、实验仪器设备

（1）PC 机一台。

（2）Quartus II 开发软件一套。

（3）EDA 实验开发系统一套。

三、实验原理

设计要求：设计一个自动售货机控制系统。该系统能完成对货物信息的存储、进程控制、硬币处理、余额计算、显示等功能。可以管理 4 种货物，每种货物的数量和单价在初始化时输入，在存储器中存储。用户可以用硬币购买，用按键进行选择；售货时能够根据用户输入的货币，判断钱币是否够用，钱币足够则根据顾客要求自动售货，钱币不够则给出提示并退出；能够自动计算出应找钱币余额、库存数量并显示。

设计原理：首先售货员把自动售货机的每种商品的数量和单价通过“set”键和“sel”键置入 RAM 里，然后顾客通过“sel”键对所需要购买的商品进行选择，选定以后通过“get”

键进行购买，再按“finish”键取回找币，同时结束此次交易。

按“get”键时，如果投的钱数等于或大于所购买的商品单价，则自动售货机会给出所购买的商品；如果钱数不够，自动售货机不做响应，继续等待顾客的下次操作。

顾客的下次操作可以继续投币，直到钱数达到所要的商品单价进行购买；也可以是直接按“finish”键退币。

自动售货机的程序逻辑框图如图 7.3 所示。

FPGA
时钟
分频
按键
数据
投币
控制器
RAM
译码
显示

图 7.3　自动售货机的程序逻辑框图

四、实验步骤

自动售货机的 VHDL 源程序：

```
library ieee;
use ieee.std_logic_1164.all;
use ieee.std_logic_arith.all;
use ieee.std_logic_unsigned.all;
entity shop is
port(clk : in std_logic;
    set,get,sal,finish: in std_logic;
    coin1,coin2: in std_logic;
     price,quantity: in std_logic_vector(3 downto 0);
     item0,act: out std_logic_vector(3 downto 0);
     seg7: out std_logic_vector(6 downto 0);
     scan : out std_logic_vector(2 downto 0);
    act10,act5:out  std_logic);
end shop;
.................................
```

具体源程序见附录 B 部分实验参考程序。

自动售货机的电路符号如图 7.4 所示。输入信号：时钟 clk（20MHz）、设置键 set、购买键 get、种类选择键 sel、完成交易键 finish、5 角钱币 coin0、1 元钱币 coin1、单价数据输入 price[3..0]、数量数据输入 quantity[3..0]；输出信号：商品种类信号 item[3..0]、购买商品开关信号 act[3..0]、数码管地址选择信号 scan[2..0]、7 段显示控制信号 seg7[6..0]、5 角硬币找回 act5、1 元硬币找回 act10。

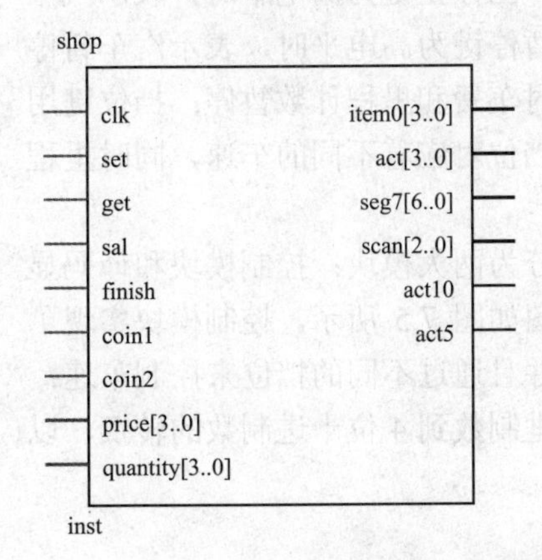

图 7.4　自动售货机的电路符号

五、实验要求

（1）系统方案设计、总体框图设计、电路模块划分。

（2）用 VHDL 语言实现各电路设计及系统顶层设计。

（3）设计仿真文件，进行分电路和总体电路的软件仿真验证。

（4）通过下载线下载到实验板上进行硬件测试验证。

六、实验报告要求

（1）画出原理图。

（2）给出软件仿真结果及波形图。

（3）写出硬件测试和详细实验过程并给出硬件测试结果。

（4）给出程序分析报告、仿真波形图及其分析报告。

（5）写出学习总结。

实验3 出租车计费器的仿真与设计

一、实验目的

（1）进一步掌握QuartusⅡ的基本使用，包括设计的输入、编译和仿真。

（2）掌握QuartusⅡ下使用VHDL设计出租车计费器的方法。

二、实验仪器设备

（1）PC机一台。

（2）QuartusⅡ开发软件一套。

（3）EDA实验开发系统一套。

三、实验原理

设计要求：设计一个出租车计费器，能按里程收费，具体要求如下。

（1）实现计费功能，计费标准为：按行驶里程计费，起步价为6.00元，并在车行驶3km后按1.2元/km计费，当计费器达到或超过20元时，每千米加收50%的车费，车停止和暂停不计费。

（2）现场模拟汽车的启动、停止、暂停和换挡等状态。

（3）设计数码管动态扫描电路，将车费和里程显示出来，各有两位小数。

设计原理：设该出租车有启动键、停止键、暂停键和挡位键。启动键为脉冲触发信号，当其为一个脉冲时，表示汽车已启动，并根据车速的选择和基本车速发出响应频率的脉冲（计费脉冲）来实现车费和里程的计数，同时车费显示起步价；当停止键为高电平时，表示汽车熄火，同时停止发出脉冲，此时车费和里程计数清零；当暂停键为高电平时，表示汽车暂停并停止发出脉冲，此时车费和里程计数暂停；挡位键用来改变车速，不同的挡位对应着不同的车速，同时里程计数器的速度也不同。

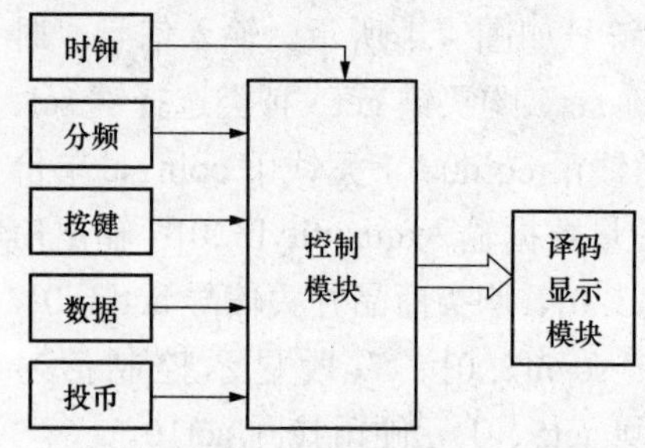

图7.5 出租车计费器系统结构框图

出租车计费器可分为两大模块：控制模块和译码显示模块，系统结构框图如图7.5所示。控制模块实现了计费和里程的计数，并且通过不同的挡位来控制车速；译码显示模块实现十进制数到4位十进制数的转换，以及车费和里程的显示。

四、实验步骤

出租车计费器的VHDL源程序：

```
library ieee;
use ieee.std_logic_1164.all;
use ieee.std_logic_unsigned.all;
entity taxi is
port( clk : in std_logic;
    start: in std_logic;
```

```
     stop : in std_logic;
    pause : in std_logic;
  speedup : in std_logic_vector(1 downto 0);
     money:out integer range 0 to 8000;
  distance:out integer range 0 to 8000);
end taxi;
........................................
```

具体源程序见附录 B 部分实验参考程序。

出租车计费器的电路符号如图 7.6 所示。输入信号：计费时钟脉冲 clk、译码高频时钟 clk20mhz、汽车启动键 start、汽车停止键、汽车暂停键 pause、挡位 speedup[1..0]；输出信号：数码管地址选择信号 scan[7..0]、7 段显示控制信号 seg7[6..0]、小数点 dp。

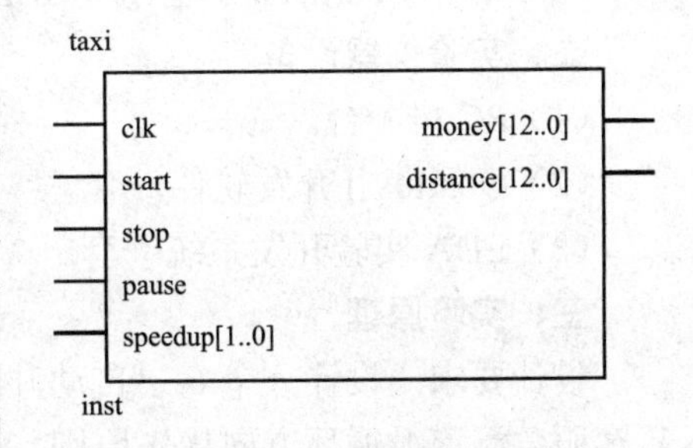

图 7.6　出租车计费器的电路符号

采用混合编辑法，设计不同的模块，先在原理图编辑器中连接各个模块作为顶层设计，电路如图 7.7 所示，其中 taxi 为控制模块，decoder 为译码显示模块。

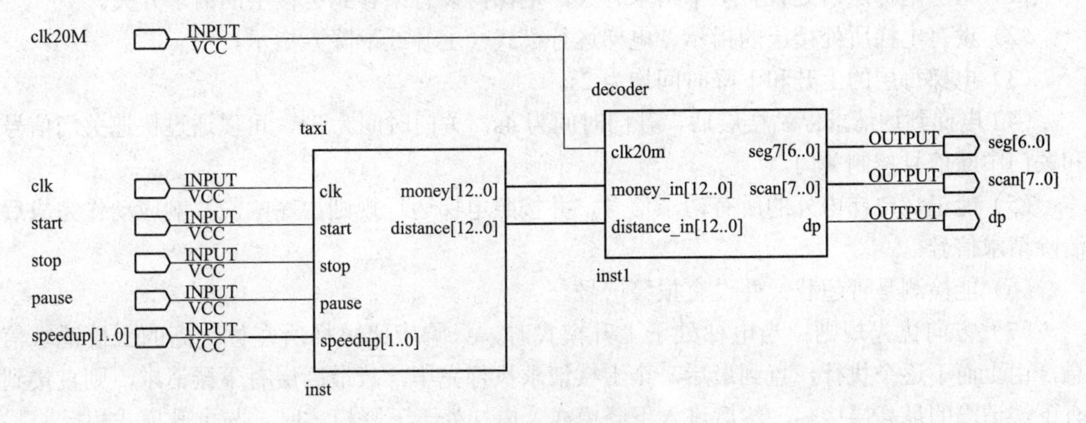

图 7.7　出租车计费器电路

五、实验要求

（1）系统方案设计、总体框图设计、电路模块划分。

（2）用 VHDL 语言实现各电路设计及系统顶层设计。

（3）设计仿真文件，进行分电路和总体电路的软件仿真验证。

（4）通过下载线下载到实验板上进行硬件测试验证。

六、实验报告要求

（1）画出原理图。

（2）给出软件仿真结果及波形图。

（3）写出硬件测试和详细实验过程并给出硬件测试结果。

（4）给出程序分析报告、仿真波形图及其分析报告。

（5）写出学习总结。

实验4　电梯控制器的仿真与设计

一、实验目的

（1）进一步掌握 QuartusⅡ的基本使用，包括设计的输入、编译和仿真。

（2）掌握 QuartusⅡ下使用 VHDL 设计电梯控制器的方法。

二、实验仪器设备

（1）PC 机一台。

（2）QuartusⅡ开发软件一套。

（3）EDA 实验开发系统一套。

三、实验原理

设计要求：设计一个 6 层自动升降电梯的控制电路，该控制器可控制电梯完成 6 层楼的载客服务，遵循循环方向优先原则，同时指示电梯运行情况和电梯内外请求信息。具体要求如下：

（1）每层电梯入口处设有上下请求开关，电梯内设有乘客到达楼层的请求开关。

（2）设有电梯所处楼层的指示、电梯运行模式（上升或下降）指示。

（3）电梯每层的上升和下降时间均为 2s。

（4）电梯到达请求停站楼层后，开门时间为 4s，关门时间为 3s，可以通过快速关门信号和关门中断信号控制关门。

（5）能记忆电梯内外的所有请求信号，并按照电梯运行规则次序响应，响应动作完成后清除请求信号。

（6）能检测是否超载，并设有报警信号。

（7）方向优先规则：当电梯处于上升模式时，只响应比电梯所在位置高的上楼请求信息，由上而下逐个执行，直到最后一个上楼请求执行完毕，故最高层有下楼请求，则直接到有下楼请求的最高层接客，然后进入下降模式。电梯处于下降模式时，与上升模式相反。

设计原理：电梯控制器通过乘客在电梯内外的请求信号来控制电梯的上升或下降，而楼层信号由电梯本身的装置来触发，从而确定电梯处在哪个楼层。乘客在电梯中选择所要达到的楼层，通过主控制器的处理，电梯开始运行，状态显示器显示电梯的运行状态，电梯所在楼层数通过 LED 数码管显示。其系统结构框图如图 7.8 所示。

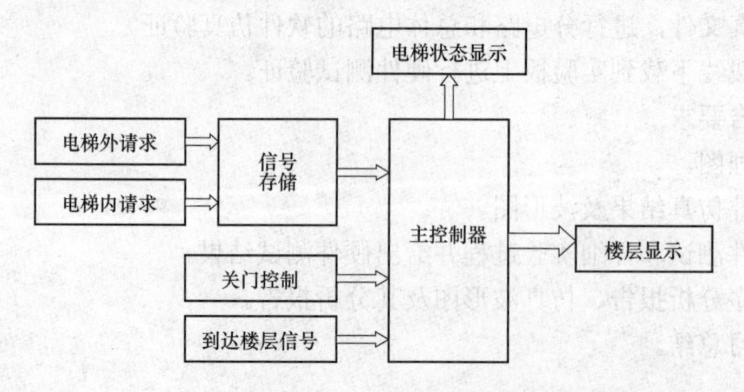

图 7.8　电梯控制器系统结构框图

电梯门的状态分为开门、关门和正在关门 3 种状态，并通过开门信号、上升预操作、下降预操作来控制。这里可设为“00”表示门已关闭；“10”表示门已开启；“01”表示正在关门。

四、实验步骤

电梯控制器的 VHDL 源程序：

```
library ieee;
use ieee.std_logic_1164.all;
use ieee.std_logic_arith.all;
use ieee.std_logic_unsigned.all;
port( clk : in std_logic;
    full: in std_logic;
    stop : in std_logic;
    close : in std_logic;
    clr : in std_logic;
......................................
```

具体源程序见附录 B 部分实验参考程序。

电梯控制器的电路符号如图 7.9 所示。输入信号：系统时钟 clk（为 1Hz），超载信号 full，关门中断信号 stop，快速关门信号 close，清除报警信号 clr，电梯外请求上升信号 up1、up2、up3、up4、up5，电梯外请求下降信号 down2、down3、down4、down5、down6，电梯内请求信号 k1、k2、k3、k4、k5、k6，到达楼层信号 g1、g2、g3、g4、g5、g6；输出信号：电梯门控制信号 door[1..0]，楼层显示信号 led[6..0]，电梯上升控制信号 up，电梯下降控制信号 down，电梯状态显示信号 ud，超载报警信号 alarm。

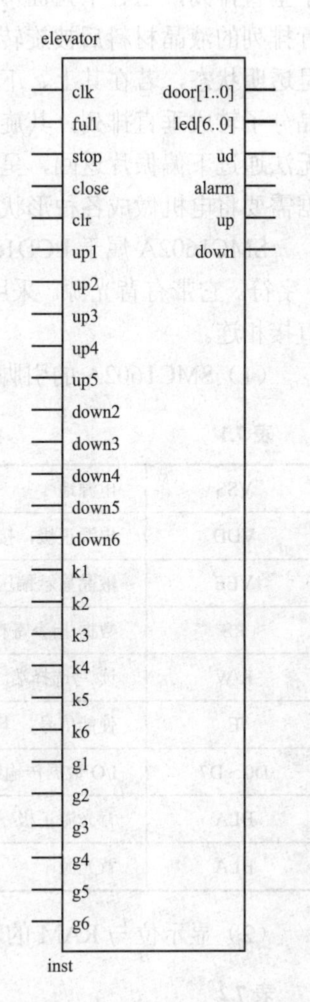

图 7.9　电梯控制器的电路符号

五、实验要求

（1）系统方案设计、总体框图设计、电路模块划分。

（2）用 VHDL 语言实现各电路设计及系统顶层设计。

（3）设计仿真文件，进行分电路和总体电路的软件仿真验证。

（4）通过下载线下载到实验板上进行硬件测试验证。

六、实验报告要求

（1）画出原理图。

（2）给出软件仿真结果及波形图。

（3）写出硬件测试和详细实验过程并给出硬件测试结果。

（4）给出程序分析报告、仿真波形图及其分析报告。

（5）写出学习总结。

实验 5　LCD 字符显示的仿真与设计

一、实验目的

（1）进一步掌握 QuartusⅡ的基本使用，包括设计的输入、编译和仿真。

（2）掌握 QuartusⅡ下使用 VHDL 设计 LCD 字符显示的方法。

二、实验仪器设备

（1）PC 机一台。

（2）QuartusⅡ开发软件一套。

（3）EDA 实验开发系统一套。

三、实验原理

LCD 液晶显示原理：LCD 本身不发光，是通过借助外界光线照射液晶材料而实现显示的被动显示器件。向列型液晶材料被封装在上（正）、下（背）两片导电玻璃电极之间。液晶分子垂直排列，上、下扭曲 90°。外部入射光线通过上偏振片后形成偏振光，该偏振光通过平行排列的液晶材料后被旋转 90°，再通过与上偏振片垂直的下偏振片，被反射板反射过来，呈透明状态，若在其上、下电极上加上一定的电压，在电场的作用下迫使加在电极部分的液晶分子转成垂直排列，其旋光作用也随之消失，致使从上偏振片入射的偏振光不被旋转，光无法通过下偏振片返回，呈黑色。当去掉电压后，液晶分子又恢复其扭转结构，因此可以根据需要将电机做成各种形状，用以显示各种文字、数字、图形。

SMC1602A 属于 LCD1602 显示器，它可以显示两行字符，每行 16 个，显示容量为 16×2 字符。它带有背光源。采用时分割驱动的形式，通过并行接口，可与 CPLD/FPGA 的 I/O 口直接相连。

（1）SMC1602A 的引脚及其功能见表 7.1。

表 7.1　SMC1602A 的引脚及其功能

VSS	电源地
VDD	电源正极，接 5V 电源
VEE	液晶显示偏压信号
RS	数据/指令寄存器选择端。高电平时选择数据寄存器，低电平时选择指令寄存器
R/W	读/写选择端。高电平时为读操作，低电平时为写操作
E	使能信号，下降沿触发。
D0～D7	I/O 数据传输线
BLA	背光源正极
BLA	背光源

（2）显示位与 RAM 的对应关系见表 7.2。

表 7.2　显示位与 RAM 的对应关系

显示位序号		1	2	3	4	5	6	…	40
RAM 地址（HEX）	第一行	00	01	02	03	04	05	…	27
	第二行	40	41	42	43	44	06	…	67

（3）指令操作包括清屏、回车、输入模式控制、显示开关控制、移位控制、显示模式控制等。各指令功能见表 7.3～表 7.5。

表 7.3　　指 令 系 统

指令名称	控制信号		指令代码	功　能
	RS	RW	D7 D6 D5 D4 D3 D2 D1 D0	
清屏	0	0	0 0 0 0 0 0 0 1	显示清屏：1. 数据指针清零，2. 所有显示清除
回车	0	0	0 0 0 0 0 0 1 0	显示回车，数据指针清零
输入模式控制	0	0	0 0 0 0 0 1 N S	设置光标，显示画面移动方向
显示开关控制	0	0	0 0 0 0 D/L D C B	设置显示、光标、闪烁开关
移位控制	0	0	0 0 0 1 S/C R/L × ×	使光标或显示画面移位
显示模式控制	0	0	0 0 1 D/L N F × ×	设置数据总线位数，点阵方式
CGRAM 地址设置		0	0 1 ACG	
DDRAM 地址指针设置	0	0	1 ADD	
忙状态检查	0	1	BF AC	
读数据	1	1	数　据	从 RAM 中读取数据
写数据	1	0	数　据	对 RAM 进行写数据
数据指针设置	0	0	80H+地址码（0～27H，40～47H）	设置数据地址指针

表 7.4　　移位控制指令的设置

D7～D4	D3	D2	D1	D0	指令设置含义
	S/C	R/L			
0001	0	0	×	×	光标左移，AC 自动减 1
0001	0	1	×	×	光标移位，光标和显示一起右移
0001	1	0	×	×	显示移位，光标左移，AC 自动加 1
0001	1	1	×	×	光标和显示一起右移

表 7.5　　显示模式控制指令的设置

D7～D6	D4	D3	D2	D1	D0	指令设置含义
	D/L	N	F			
001	1	1	1	×	×	DL=1 选择 8 位数据总线；N=1 两行显示；F=1 为 5×10 点阵
001	1	1	0	×	×	DL=1 选择 8 位数据总线；N=1 两行显示；F=1 为 5×7 点阵
001	1	0	1	×	×	DL=1 选择 8 位数据总线；N=0 一行显示；F=1 为 5×10 点阵
001	1	0	0	×	×	DL=1 选择 8 位数据总线；N=0 一行显示；F=1 为 5×7 点阵
001	0	1	1	×	×	DL=0 选择 4 位数据总线；N=1 两行显示；F=1 为 5×10 点阵
001	0	0	1	×	×	DL=0 选择 4 位数据总线；N=0 一行显示；F=1 为 5×10 点阵
001	0	0	0	×	×	DL=0 选择 4 位数据总线；N=0 一行显示；F=1 为 5×7 点阵

LCD1602 的硬件接口电路如图 7.10 所示。

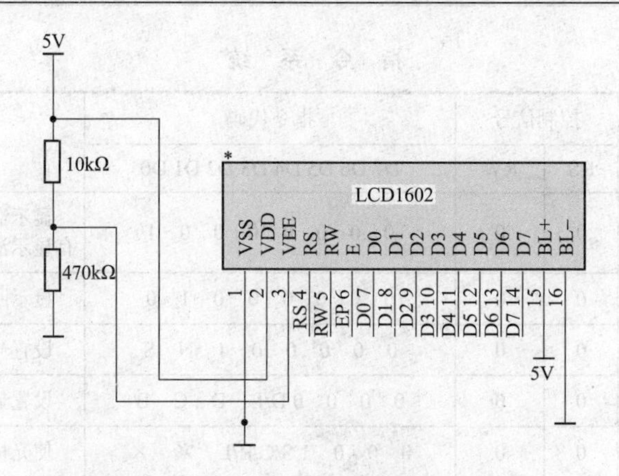

图 7.10　LCD1602 的硬件接口电路

使用 VHDL 实现 LCD 液晶显示控制时，由于系统外界时钟频率为 50MHz，与 LCD 内部的工作时序频率不一致，需要对 50MHz 信号进行分频，LCD1602 的显示控制可由专门的显示驱动模块完成，其显示内容可由专门的 RAM 显示模块实现，因此 LCD1602 的显示控制应由 3 个基本模块组成。其系统结构框图如图 7.11 所示。

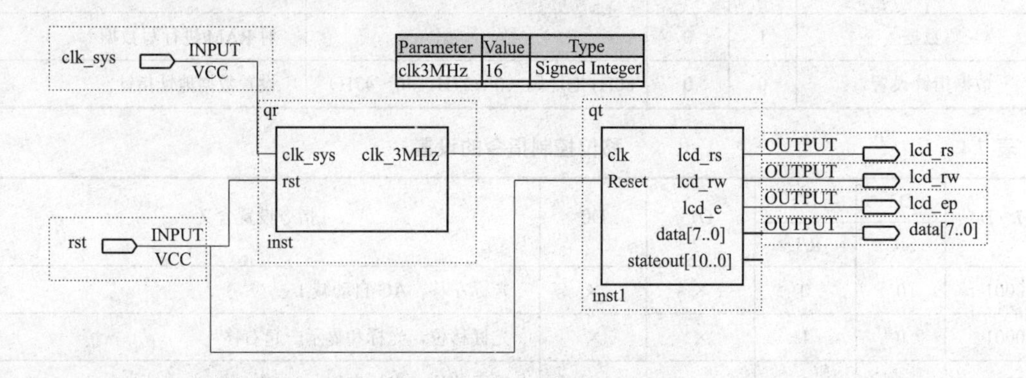

图 7.11　顶层系统结构框图

四、实验步骤

LCD 字符显示的 VHDL 源程序：

```
ibrary ieee;
use ieee.std_logic_1164.all;
use ieee.std_logic_arith.all;
use ieee.std_logic_unsigned.all;
entity qr is
generic(clk3MHZ:integer:=16);
port(clk_sys:in std_logic;
rst:in std_logic;
……
```

具体源程序见附录 B 部分实验参考程序。

五、实验要求

（1）用 VHDL 语言实现电路设计。

（2）设计仿真文件，进行软件验证。

（3）通过下载线下载到实验板上进行验证。

（4）选择实验电路模式 5。

六、实验报告要求

（1）画出原理图。

（2）给出软件仿真结果及波形图。

（3）写出硬件测试和详细实验过程并给出硬件测试结果。

（4）给出程序分析报告、仿真波形图及其分析报告。

（5）写出学习总结。

实验 6　FPGA 串行通用异步收发器设计

一、实验目的

（1）掌握 Quartus Ⅱ 9.0 等 EDA 工具软件的基本使用。

（2）熟悉 VHDL 硬件描述语言编程及其调试方法。

（3）学习用 FPGA 实现接口电路设计。

二、实验仪器设备

（1）PC 机一台。

（2）Quartus Ⅱ 开发软件一套。

（3）EDA 实验开发系统一套。

三、实验内容

本实验的内容是设计通用异步收发器（UART）。利用 Quartus Ⅱ 完成设计、仿真工作，然后通过实验箱串口和 PC 机联机进行硬件测试和分析，最后通过 KEY1-KEY2 输入要发送的数据并显示于数码管 1、2，按 KEY3 发送数据到 PC 机，通过串口调试软件显示由 FPGA 发送的数据；由 PC 机发送到 FPGA 的数据显示数码管 7、8。数据的输入、显示等操作由测试模块完成。本文主要介绍 UART 模块的设计，本实验以 48MHz 晶振产生的频率为例，以波特率为 9600、8 位数据、1 位停止位的格式进行数据传输。

四、实验原理

本实验目标是利用 FPGA 逻辑资源，编程设计实现一个串行通用异步收发器。实验环境为 EDA 实验箱。电路设计采用 VHDL 硬件描述语言编程实现，开发软件为 QuartusII 9.0。

UART 简介：UART（Universal Asynchronous Receiver Transmitter 通用异步收发器）是一种应用广泛的短距离串行传输接口。常用于短距离、低速、低成本的通信中。8250、8251、NS16450 等芯片都是常见的 UART 器件。

基本的 UART 通信只需要两条信号线（RXD、TXD）就可以完成数据的相互通信，接收与发送是全双工形式。TXD 是 UART 发送端，为输出；RXD 是 UART 接收端，为输入。

UART 的基本特点是：

（1）在信号线上共有两种状态，可分别用逻辑 1（高电平）和逻辑 0（低电平）来区分。在发送器空闲时，数据线应该保持在逻辑高电平状态。

（2）起始位：发送器是通过发送起始位而开始一个字符传送，起始位使数据线处于逻辑 0 状态，提示接收器数据传输即将开始。

（3）数据位：起始位之后就是传送数据位。数据位一般为 8 位一个字节的数据（也有 6、7 位的情况），低位（LSB）在前，高位（MSB）在后。

（4）校验位：可以认为是一个特殊的数据位。校验位一般用来判断接收的数据位有无错误，一般是奇偶校验。在使用中，该位常常取消。

（5）停止位：停止位在最后，用以标志一个字符传送的结束，它对应于逻辑 1 状态。

（6）位时间：每个位的时间宽度。起始位、数据位、校验位的位宽度是一致的，停止位有 0.5、1、1.5 位格式，一般为 1 位。

（7）帧：从起始位开始到停止位结束的时间间隔称为一帧。

（8）波特率：UART 的传送速率，用于说明数据传送的快慢。在串行通信中，数据是按位进行传送的，因此传送速率用每秒钟传送数据位的数目来表示，称为波特率。如波特率 9600=9600bit/s（位/秒）。

UART 的数据帧格式见表 7.6。

表 7.6　UART 的数据帧格式

START	D0	D1	D2	D3	D4	D5	D6	D7	P	STOP
起始位	数据位								校验位	停止位

串行数据发送的结构如图 7.12 所示，由基准时钟模块产生一个 104μs 的时间，当要发送数据时，串行数据发送控制器把数据总线上的内容加上开始位和结束位，然后进行移位发送。

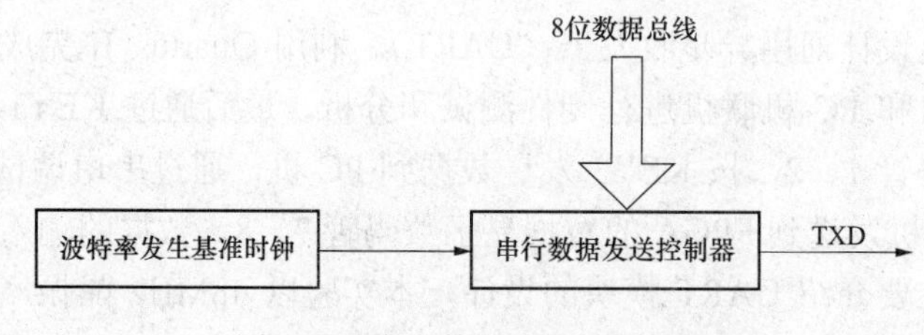

图 7.12　串行数据发送的结构图

当使用 48MHz 的振荡频率时，要求波特率为 9600 的计数周期为 5000，也就是说波特率基准的位时钟可以通过对 48MHz 的晶振进行 5000 次分频得到。

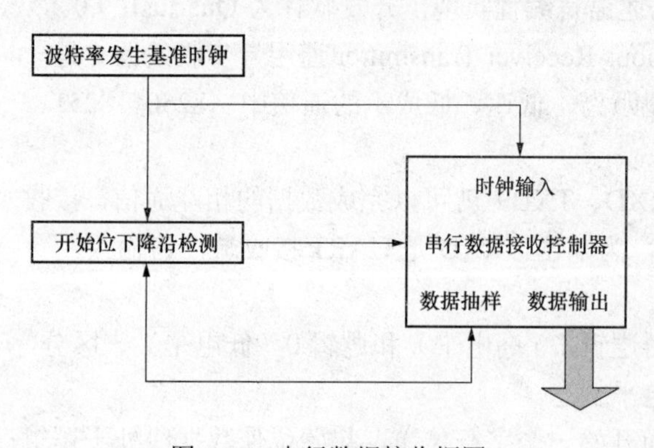

图 7.13　串行数据接收框图

串口数据接收框图如图 7.13 所示。由基准时钟产生一个 16 倍波特率的频率，这样就把一个位的数据分为 16 份了，当检测到开始位的下降沿时，就开始进行数据采样。采样的数据为一个位的第 6、7、8 三个状态，然后三个里面取两个以上相同的值作为采样的结果，这样可以避免干扰。当开始位的采样结果不是 0 的时候就判定为接收为错，把串行数据接收控制器的位计数器复位。当接收完 10 位数据后就进行数据的输出，并把串行数据接收控制器的位计数器复位，等待下一数据的到来。

产生的基准时钟频率为 9600×16=153600（Hz）。当使用 48MHz 振荡频率时，要求 153600Hz 的计数周期为 312.5，也就是说波特率基准的位时钟可以通过对 48MHz 的晶振进行 312.5 次分频得到，鉴于小数分频操作起来比较麻烦，所以这里进行取整，取 312 次分频，当然这样就存在一定的误差，不过只要不超过最大允许误差（约±5%）就可以了。

五、实验步骤

（1）启动 Quartus II 建立一个空白工程，然后命名为 uart.qpf。

（2）新建 VHDL 源程序文件 rec.vhd 和 send.vhd，写出程序代码并保存，进行综合编译，若在编译过程中发现错误，则找出并更正错误，直至编译成功为止。

（3）建立波形仿真文件并进行仿真验证。

（4）建立 uart_test.bsf、uart_test.vhd 源文件。

（5）新建图形设计文件进行硬件测试，命名为 uart.bdf 并保存。其顶层设计原理图如图 7.14 所示。

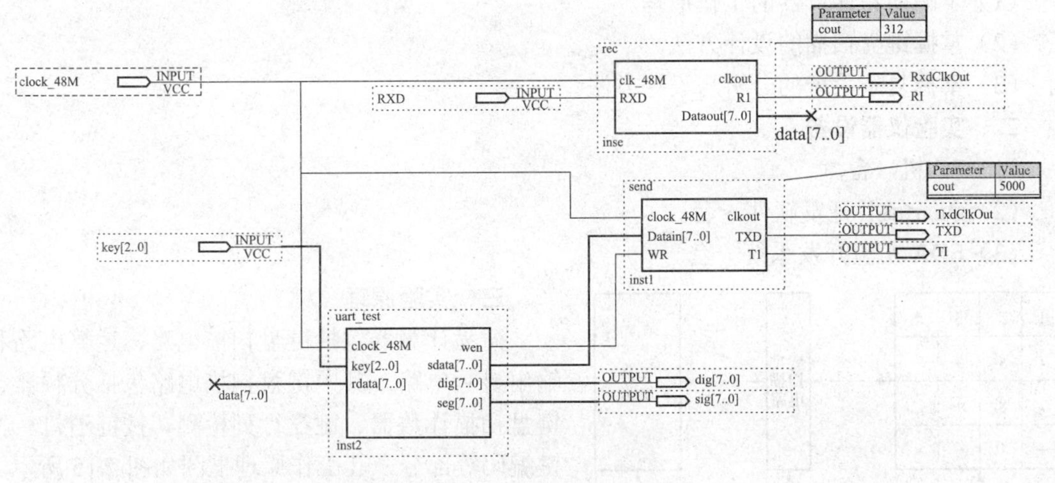

图 7.14　顶层设计原理图

（6）选择目标器件并对相应的引脚进行锁定，在这里所选择的器件为 Altera 公司 Cyclone 系列的 EP1C12Q240C8芯片。

（7）将 uart.bdf 设置为顶层实体。对该工程文件进行全程编译处理，若在编译过程中发现错误，则找出并更正错误，直至编译成功为止。

（8）硬件连接，通过下载线下载程序。用串口线将实验箱上的 UART 串口和 PC 机的串口（COM1）连接起来。

（9）打开串口调试软件，设置使用串口 COM1，波特率 9600μs，8 位数据位和 1 位停位，在发送窗口输出两个字符，设置为 16 进制格式，按“发送”按钮，观察数码管 7/8 的状态。在实验系统上按 KEY1/KEY2，输出两位 16 进制数，按 KEY3 发送，观察串口调试软件的接收窗口。

六、实验要求

（1）预习教材中的串口通信相关内容。

（2）用 VHDL 语言实现电路设计。

（3）设计仿真文件，进行软件验证。

（4）通过下载线下载到实验板上进行验证。

七、实验报告要求

（1）画出原理图。

（2）给出软件仿真结果及波形图。

（3）写出硬件测试和详细实验过程并给出硬件测试结果。

（4）给出程序分析报告、仿真波形图及其分析报告。

（5）写出学习总结。

实验 7 简易计算器设计

一、实验目的

（1）了解简易计算器的工作原理。

（2）掌握键盘扫描的设计方法。

（3）掌握复杂系统的分析与设计方法。

二、实验仪器设备

（1）PC 机一台。

（2）Quartus Ⅱ开发软件一套。

（3）EDA 实验开发系统一套。

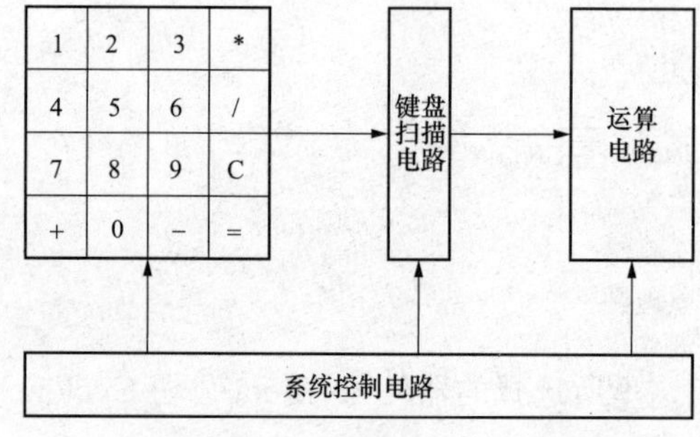

图 7.15 简易计算器工作原理框图

三、实验原理

简易计算器包括键盘扫描电路、运算电路和输出显示电路。其中键盘扫描电路包括分频器、键盘扫描计数器、键盘行列检测、按键消抖、按键编码等部分，其工作原理框图如图 7.15 所示。

四、设计要求

设计并实现一个简易计算器，该计算器主要完成加、减、乘、除运算功能，另外，还具有数据输入、运算符输入和输出显示功能。

五、实验步骤

（1）设计一个 4×4 的键盘扫描程序。

（2）设计一个实现 4 位十进制数加、减、乘、除运算的运算电路。

（3）设计一个实现 4 位以内十进制数加、减、乘、除运算的计算器，并具有数据输入、运算符输入和结果输出的功能。

六、实验要求

（1）系统方案设计、总体框图设计、电路模块划分。

（2）用 VHDL 语言实现各电路设计及系统顶层设计。

（3）设计仿真文件，进行分电路和总体电路的软件仿真验证。

（4）通过下载线下载到实验板上进行硬件测试验证。

七、实验报告要求

（1）画出原理图。

（2）给出软件仿真结果及波形图。

（3）写出硬件测试和详细实验过程并给出硬件测试结果。

（4）给出程序分析报告、仿真波形图及其分析报告。

（5）写出学习总结。

八、实验思考与扩展

（1）如何提高按键响应速度？

（2）在本实验基础上，增加按键能发声设计。

实验 8　基于 FPGA 的四路抢答器电路设计

一、实验目的

（1）了解抢答器的工作原理。

（2）掌握复杂系统的分析与设计方法。

（3）理解异步复位和同步复位的实现方法的不用。

二、实验仪器设备

（1）PC 机一台。

（2）QuartusⅡ开发软件一套。

（3）EDA 实验开发系统一套。

三、实验原理

整个系统分为三个主要模块：抢答鉴别模块 QDJB、抢答计时模块 JSQ、抢答计分模块 JFQ。对于需显示的信息，接译码器，进行显示译码。

根据系统要求，系统的输入信号有各组的抢答器按钮 A、B、C、D，系统清零信号 CLR，系统时钟信号 CLK，计分复位端 RST，加分按钮端 ADD，计时使能端 EN；系统的输出信号有四个组抢答成功与否的指示灯控制信号输出口 LEDA、LEDB、LEDC、LEDD，四个组抢答时的计时数码显示控制信号若干，抢答成功组别显示的控制信号若干，各组计分动态显示的控制信号若干。

四、实验内容

本实验设计了一个可容纳四组参赛者的数字智力抢答器，每组有一个对应的按钮，编号分别为 A、B、C、D。在主持人的主持下，参赛者通过抢先按下抢答按钮获得答题资格。当某一组按下按钮并获得答题资格后，LED 显示出该组编号，并有抢答成功显示，同时锁定其他组的抢答器，使其他组抢答无效。

如果在主持人未按下开始按钮前，已有人按下抢答按钮，属于违规，并显示违规组的编号，同时蜂鸣器发音提示，其他按钮无效。

获得回答资格后，若该组回答的问题正确，则加 1 分，否则减 1 分。抢答器设有复位开关，由主持人控制。

五、实验步骤

（1）启动 QuartusⅡ，在编程界面中建立项目，编写好 VHDL 实验程序。

（2）对项目进行编译，然后执行命令 Assignment pins 分配引脚，再次编译项目生成可执行文件（*.sof）。

（3）连接好硬件，将.sof 文件下载到 FPGA 目标芯片中。

（4）拨动拨码开关，按照实验内容的相关说明，观察并验证 LED 数码管显示的结果。

六、实验要求

（1）系统方案设计、总体框图设计、电路模块划分。

（2）用 VHDL 语言实现各电路设计及系统顶层设计。

（3）设计仿真文件，进行分电路和总体电路的软件仿真验证。

（4）通过下载线下载到实验板上进行硬件测试验证。

七、实验报告要求

（1）画出原理图。

（2）给出软件仿真结果及波形图。

（3）写出硬件测试和详细实验过程并给出硬件测试结果。

（4）给出程序分析报告、仿真波形图及其分析报告。

（5）写出学习总结。

实验 9　基于 FPGA 的数字电压表设计

一、实验目的

（1）了解 ADC0809 的控制原理。

（2）学会用 FPGA 控制 ADC0809 实现 A/D 转换。

（3）掌握复杂系统的分析与设计方法。

二、实验仪器设备

（1）PC 机一台。

（2）Quartus II 开发软件一套。

（3）EDA 实验开发系统一套。

三、实验原理

1. ADC0809 的内部逻辑结构

ADC0809 的内部逻辑结构如图 7.16 所示，它主要由三部分组成。第一部分：模拟输入选择部分，包括一个 8 路模拟开关、一个地址锁存译码电路。输入的 3 位通道地址信号由锁存器锁存，经译码电路后控制模拟开关选择相应的模拟输入。第二部分：转换器部分，主要包括比较器、8 位 A/D 转换器、逐次逼近 4 寄存器 SAR、电阻网络以及控制逻辑电路等。第三部分：输出部分，包括一个 8 位三态输出缓冲器，可直接与 CPU 数据总线接口。

2. ADC0809 引脚功能

ADC0809 采用 DIP 封装形式，如图 7.17 所示，各引脚功能如下：

IN0～IN7：模拟量输入通道。

ALE：地址锁存允许输入线，高电平有效。当 ALE 线为高电平时，A、B 和 C 三条地址线上地址信号得以锁存，经译码器控制八路模拟开关通路工作，上升沿有效。

START：转换启动信号。START 上升沿时，复位 ADC0809；START 下降沿时，启动芯片，开始进行 A/D 转换；在 A/D 转换期间，START 应保持低电平。

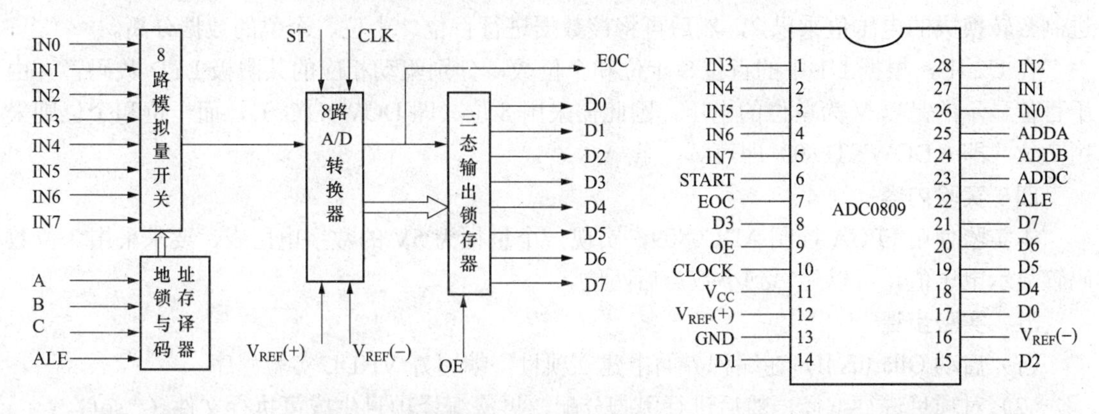

图 7.16　ADC0809 的内部逻辑结构　　　　图 7.17　ADC0809 DIP 封装

ADD A、ADD B、ADD C：通道地址选择线。ADD A 为低地址，ADD C 为高地址。

CLK：时钟信号。ADC0809 的内部没有时钟电路，所需时钟信号由外界提供，因此有时钟信号引脚。最高允许值为 640kHz。

EOC：转换结束信号，是芯片的输出信号。转换开始后，EOC 信号变低；转换结束时，EOC 返回高电平。这个信号可以作为 A/D 转换的状态信号来查询，也可以直接用作中断请求信号。

D7～D0：数据输出线，为三态缓冲输出形式，D0 为最低位，D7 为最高位。

OE：输出允许信号，用于控制三态输出锁存器向单片机输出转换得到的数据。OE=0，输出数据线呈高阻；OE=1，输出转换得到的数据。

V_{CC}：5V 电源。

V_{REF}：参考电源参考电压用来与输入的模拟信号进行比较，作为逐次逼近的基准。其典型值为 5V［V_{REF}（+）=+5V，V_{REF}（−）=−5V］。

3. 使用 FPGA 控制 ADC0809

设计一个量程为 5V 的数字电压表时，首先通过 FPGA 的相关端子控制 ADC0809，将外部输入电压转换成 8 位数字量，再将 8 位数字量返回到 FPGA 中进行相关处理，最后将处理好的数据通过 LED 数码管显示相应的电压值即可，由于在此系统中只需对 1 路模拟电压进行测量，因此可将 ADDC、ADDB、ADDA 这 3 根地址选择先进行接地。

在 FPGA 中需设计相应的控制电路。这些控制电路主要由 A/D 转换模块和转换成数字电压值模块构成。

（1）A/D 转换控制模块。A/D 转换控制模块可用 3 个进程（U1、U2 和 U3）来描述。U1 用来将系统时钟脉冲分频，使其输出的脉冲作为 ADC0809 所需的 CLOCK 信号。U2 控制 ADC0809 进行 A/D 转换。要实现这些控制功能，可用有限状态机（ST0～ST6）来描述。U3 用于控制 FPGA 输出 ADC0809 转换后的数字信号。

（2）转换成数字电压值模块。转换成数字电压值模块可用两个进程（U1 和 U2）来描述。其中，U1 用于数字电压值的转换；U2 用于 LED 数码管驱动的控制。

在 U1 中，由于 ADC0809 芯片的 V_{REF}（+）和 5V 相连，且该芯片为 8 位 A/D 转换，其最大输出数字量为 255，这样 ADC0809 的最小输出单位为 5V/255≈0.02V，所以可采用 3 位

LED 数码管显示比较合适，可以显示小数点后两位。要得到输出单位为 0.01V，需将 8 位二进制数转换成的电压值乘以 2，然后再将该数据进行百位、十位、个位的数据分离。

在 U2 中，根据 U1 中的百位、十位和个位数，分别驱动相应的共阴极 LED 数码管。由于百位显示的是以 V 为单位的电压，因此需采用 8 位（即 DOWNTO 0），而十位和个位则采用 7 位（即 6 DOWNTO 0）即可。

四、实验内容

本实验使用 FPGA 控制 ADC0809，实现一个量程为 5V 的数字电压表，要求采用 3 位数码管显示电压值，可以显示到小数点后两位。

五、实验步骤

（1）启动 Quartus II，在编程界面中建立项目，编写好 VHDL 实验程序。

（2）对项目进行编译，然后进行引脚分配，再次编译项目生成可执行文件（*.sof）。

（3）连接好硬件，将.sof 文件下载到 FPGA 目标芯片中。

（4）调节可变电阻，观察和检验 LED 数码管显示的电压值。

六、实验要求

（1）系统方案设计、总体框图设计、电路模块划分。

（2）用 VHDL 语言实现各电路设计及系统顶层设计。

（3）设计仿真文件，进行分电路和总体电路的软件仿真验证。

（4）通过下载线下载到实验板上进行硬件测试验证。

七、实验报告要求

（1）画出原理图。

（2）给出软件仿真结果及波形图。

（3）写出硬件测试和详细实验过程并给出硬件测试结果。

（4）给出程序分析报告、仿真波形图及其分析报告。

（5）写出学习总结。

第8章 GW48 EDA/SOPC 实验开发系统概要说明

8.1 GW48 教学实验系统原理与使用介绍

8.1.1 GW48 系统使用注意事项

（1）闲置不用 GW48 系统时，必须关闭电源！

（2）在实验中，当选中某种模式后，要按一下右侧的复位键，以使系统进入该结构模式工作。注意此复位键仅对实验系统的监控模块复位，而对目标器件 FPGA 没有影响，FPGA 本身没有复位的概念，上电后即工作，在没有配置前，FPGA 的 I/O 口是随机的，故可以从数码管上看到随机闪动，配置后的 I/O 口才会有确定的输出电平。

（3）换目标芯片时要特别注意，不要插反或插错，也不要带电插拔，确信插对后才能开电源。其他接口都可带电插拔。请特别注意，尽可能不要随意插拔适配板及实验系统上的其他芯片。

（4）使用实验系统前，查阅系统的默认设置 ppt 文件：EDA 技术与 VHDL 书实验课件说明_必读.ppt。

8.1.2 GW48 系统主板结构与使用方法

下面将详述 GW48 系列 SOPC/EDA 实验开发系统（GW48-PK2/CK）结构与使用方法，对于这两种型号的不同之处将给予单独指出。该系统的实验电路结构是可控的，即可通过控制接口键，使之改变连接方式以适应不同的实验需要。因而，从物理结构上看，实验板的电路结构是固定的，但其内部的信息流在主控器的控制下，电路结构将发生变化——重配置。这种“多任务重配置”设计方案的目的有 3 个：①适应更多的实验与开发项目；②适应更多的 PLD 公司的器件；③适应更多的不同封装的 FPGA 和 CPLD 器件。系统板面主要部件及其使用方法说明如图 8.1 和表 8.1 所示。

表 8.1　在线编程各引脚与不同 PLD 公司器件编程下载接口说明

PLD 公司	LATTICE	ALTERA/ATMEL		XILINX		VANTIS
编程座引脚	IspLSI	CPLD	FPCA	CPLD	FPCA	CPLD
TCK（1）	SCLK	TCX	DCLK	TCX	CCLK	TCX
TDO（3）	MCDE	TDO	CONF_DONE	TDO	DONE	TMS
TMS（5）	ISFEN	TMS	nCONFIG	TMS	/PROGRAM	ENABLE
nSTA（7）	SDO		nSTATUS			TDO
TDI（9）	SDI	TDI	DATAO	TDI	DIN	TDI
SEL0	GND	VCC*	VCC*	GND	GND	VCC*
SEL1	GND	VCC*	VCC*	VCC*	VCC*	GND

（1）“模式选择键”：按该键能使实验板产生 12 种不同的实验电路结构。这些结构如 8.2

节实验电路结构图所示。例如选择了“No.3”图，须按动系统板上此键，直至数码管“模式指示”数码管显示“3”，于是系统即进入了 No.3 图所示的实验电路结构。

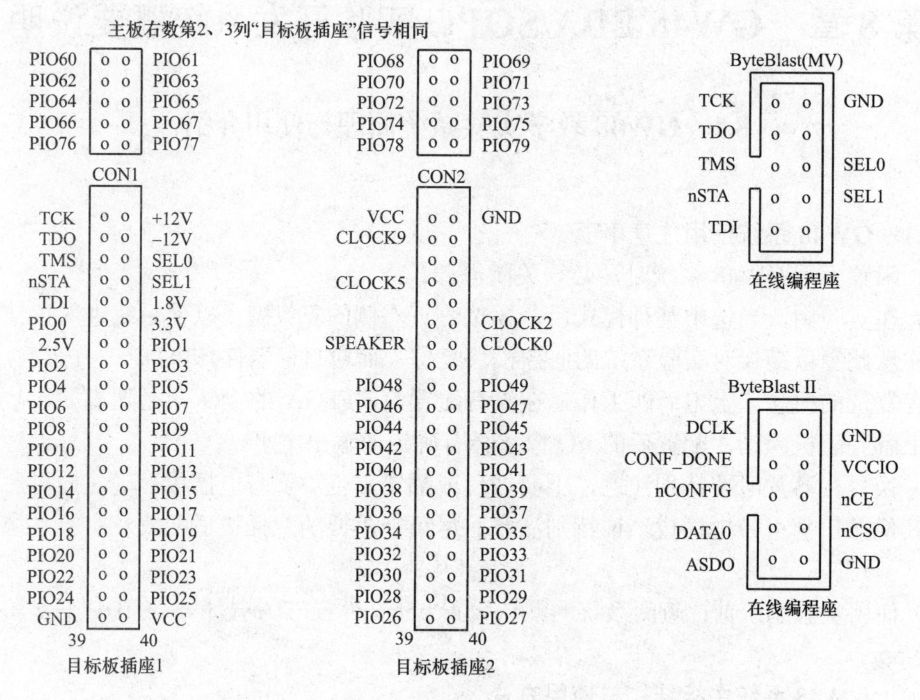

图 8.1 GW48 EDA 系统电子设计二次开发信号图

（2）适配板：这是一块插于主系统板上的目标芯片适配座。对于不同的目标芯片可配不同的适配座。可用的目标芯片包括目前世界上最大的六家 FPGA/CPLD 厂商几乎所有 CPLD、FPGA 和所有 ispPAC 等模拟 EDA 器件。表 8.1 中已列出多种芯片对系统板引脚的对应关系，以利于在实验时经常查用。

（3）ByteBlasterMV 编程配置口：如果要进行独立电子系统开发、应用系统开发、电子设计竞赛等开发实践活动，首先应该将系统板上的目标芯片适配座拔下（对于 Cyclone 器件不用拔），用配置的 10 芯编程线将“ByteBlasterMV”口和独立系统上适配板上的 10 芯口相接，进行在系统编程（如 GWDVP-B 板），进行调试测试。“ByteBlasterMV”口能对不同公司、不同封装的 CPLD/FPGA 进行编程下载，也能对 isp 单片机 89S51 等进行编程。编程的目标芯片和引脚连线可参考图 8.1，从而进行二次开发。

（4）ByteBlasterⅡ编程配置口：该口主要用于对 Cyclone 系列 AS 模式专用配置器件 EPCS4 和 EPCS1 等编程。

（5）混合工作电压源：系统不必通过切换即可为 CPLD/FPGA 目标器件提供 5、3.3、2.5、1.8、1.5V 工作电源，此电源位置可参考图 8.1。

（6）JP5 编程模式选择跳线（仅 GW48-PK2 型含此）：如果要对 Cyclone 的配置芯片进行编程，应该将跳线接于“ByBtⅡ”端，再将标有“ByteBlasterⅡ”编程配置口同适配板上 EPCS4/1 的 AS 模式下载口用 10 芯线连接起来，通过 QuartusⅡ进行编程。当短路“Others”端时，可对其他所有器件编程，端口信号参考图 8.1。

（7）JP6/JVCC/VS2 编程电压选择跳线：跳线 JVCC（GW48-PK2 型标为“JP6”）是对编

程下载口的选择跳线。对 5V 器件，如 10K10、10K20、7128S、1032、95108、89S51 单片机等，必须选“5.0V”；而对低于或等于 3.3V 的低压器件，如 1K30、1K100、10K30E、20K300、Cyclone、7128B 等一律选择“3.3V”一端。

（8）并行下载口：此接口通过下载线与微机的打印机口相连。来自 PC 机的下载控制信号和 CPLD/FPGA 的目标码将通过此口，完成对目标芯片的编程下载。计算机的并行口通信模式最好设置成“EPP”模式。

（9）键 1～8：为实验信号控制键，此 8 个键受“多任务重配置”电路控制，它在每一张电路图中的功能及其与主系统的连接方式随模式选择键的选定的模式而变，使用中需参照 8.2 节中的电路图。

（10）键 9～14（GW48—PK2 型含此键）：此 6 个键不受“多任务重配置”电路控制，由于键信号速度慢，所以其键信号输入口是全开放的，各端口定义在插座“JP8”处，可通过手动接插线的方式来使用，键输出默认高电平。

注意，键 1～8 是由“多任务重配置”电路结构控制的，所以键的输出信号没有抖动问题，不需要在目标芯片的电路设计中加入消抖动电路，这样，能简化设计，迅速入门。但设计者如果希望完成键的消抖动电路设计练习，必须使用键 9～14 来实现。

（11）数码管 1～8/发光管 D1～D16 ：受“多任务重配置”电路控制，跳“CLOSE”端，8 数码管为动态扫描模式，它们的连线形式也需参照 8.2 节的电路图。

（12）时钟频率选择：位于主系统的右侧，通过短路帽的不同接插方式，使目标芯片获得不同的时钟频率信号。

对于“CLOCK0”，同时只能插一个短路帽，以便选择输向“CLOCK0”的一种频率：信号频率范围：0.5Hz～50MHz。由于 CLOCK0 可选的频率比较多，所以比较适合于目标芯片对信号频率或周期测量等设计项目的信号输入端。右侧座分三个频率源组，它们分别对应三组时钟输入端：CLOCK2、CLOCK5、CLOCK9。例如，将三个短路帽分别插于对应座的 2Hz、1024Hz 和 12MHz，则 CLOCK2、CLOCK5、CLOCK9 分别获得上述三个信号频率。需要特别注意的是，每一组频率源及其对应时钟输入端，分别只能插一个短路帽。也就是说最多只能提供 4 个时钟频率输入 FPGA：CLOCK0、CLOCK2、CLOCK5、CLOCK9。

（13）扬声器：与目标芯片的“SPEAKER”端相接，通过此口可以进行奏乐或了解信号的频率，它与目标器件的具体引脚号，可查阅表 8.1。

（14）PS/2 接口：通过此接口，可以将 PC 机的键盘和/或鼠标与 GW48 系统的目标芯片相连，从而完成 PS/2 通信与控制方面的接口实验，GW48-GK/PK2 含另一 PS/2 接口，引脚连接情况参见实验电路结构图 No.5（图 8.8）。

（15）VGA 视频接口：通过它可完成目标芯片对 VGA 显示器的控制。详细连接方式参考图 8.8（对 GW48-PK2 主系统）或图 8.14（GW48-CK 主系统）。

（16）单片机接口器件：它与目标板的连接方式也已标于主系统板上，连接方式可参见图 8.12。

1）对于 GW48-PK2 系统，实验板右侧有一开关，若向“TO_ FPGA”拨，将 RS232 通信口直接与 FPGA 相接；若向“TO_MCU”拨，则与 89S51 单片机的 P30 和 P31 端口相接。于是通过此开关可以进行不同的通信实验，详细连接方式可参见图 8.12。平时此开关应该向“TO_MCU”拨，这样可不影响 FPGA 的工作。

2）GW48-EK 系统上的用户单片机 89C51 的各引脚是独立的（时钟已接 12MHz），没有和其他任何电路相连，实验时必须使用连接线连接，例如，若希望 89C51 通过实验板右侧的 RS232 口与 PC 机进行串行通信，必须将此单片机旁的 40 针座（此座上每一脚恰好与 89C51 的对应脚相接）上的 P30、P31 分别与右侧的 TX30、RX30 相接。

（17）RS-232 串行通信接口：此接口电路是为 FPGA 与 PC 通信和 SOPC 调试准备的，或使 PC 机、单片机、FPGA/CPLD 三者实现双向通信。对于 GW48-EK 系统，其通信端口是与中间的双排插座上的 TX30、RX31 相连的。

详细连接方式参考图 8.13（对 GW48-GK/PK2 主系统）或图 8.14（对 GW48-CK 主系统）。

（18）"AOUT" D/A 转换：利用此电路模块（实验板左下侧），可以完成 FPGA/CPLD 目标芯片与 D/A 转换器的接口实验或相应的开发。它们之间的连接方式可参阅图 8.8（实验电路结构 No.5），D/A 的模拟信号的输出接口是"AOUT"，示波器可挂接左下角的两个连接端。当使能拨码开关 8："滤波 1"时，D/A 的模拟输出将获得不同程度的滤波效果 。

注意，进行 D/A 接口实验时，需打开系统上侧的±12V 电源开关（实验结束后关上此电源）。

（19）"AIN0"/"AIN1"：外界模拟信号可以分别通过系统板左下侧的两个输入端"AIN0"和"AIN1"进入 A/D 转换器 ADC0809 的输入通道 IN0 和 IN1，ADC0809 与目标芯片直接相连。通过适当设计，目标芯片可以完成对 ADC0809 的工作方式确定、输入端口选择、数据采集与处理等所有控制工作，并可通过系统板提供的译码显示电路，将测得的结果显示出来。此项实验首先需参阅 8.2 节的"实验电路结构图 No.5"有关 0809 与目标芯片的接口方式，同时了解系统板上的接插方法以及有关 0809 工作时序和引脚信号功能方面的资料。

注意：不用 0809 时，需将左下角的拨码开关的"A/D 使能"和"转换结束"打为禁止：向上拨，以避免与其他电路冲突。

1）左下角拨码开关的"A/D 使能"和"转换结束"拨为使能：向下拨，即将 ENABLE（9）与 PIO35 相接；若向上拨则禁止，即则使 ENABLE（9）←0，表示禁止 0809 工作，使它的所有输出端为高阻态。

2）左下角拨码开关的"转换结束"使能，则使 EOC（7）←PIO36，由此可使 FPGA 对 ADC0809 的转换状态进行测控。

（20）VR1/"AIN1"：VR1 电位器，通过它可以产生 0～5V 幅度可调的电压。其输入口是 0809 的 IN1（与外接口 AIN1 相连，但当 AIN1 插入外输入插头时，VR1 将与 IN1 自动断开）。若利用 VR1 产生被测电压，则需使 0809 的第 25 脚置高电平，即选择 IN1 通道，参考"实验电路结构图 No.5"。

（21）AIN0 的特殊用法：系统板上设置了一个比较器电路，主要以 LM311 组成。若与 D/A 电路相结合，可以将目标器件设计成逐次比较型 A/D 变换器的控制器件参考"实验电路结构图 No.5"。

（22）系统复位键：此键是系统板上负责监控的微处理器的复位控制键，同时也与接口单片机和 LCD 控制单片机的复位端相连。因此兼作单片机的复位键。

（23）下载控制开关（仅 GW48-GK/PK 型含此开关）：在系统板的左侧的开关。当需要对实验板上的目标芯片下载时必须将开关向上打（即"DLOAD"）；而当向下打（LOCK）时，将关闭下载口，这时可以将下载并行线拔下而作它用（这时已经下载进 FPGA 的文件不会由于下载口线的电平变动而丢失)；例如拔下的 25 芯下载线可以与其他适配板上的并行接口相接，以完成类似逻辑分析仪方面的并行通信实验。

（24）跳线座 SPS ：短接“T_F”可以使用“在系统频率计”。频率输入端在主板右侧标有“频率计”处。模式选择为“A”。短接“PIO48”时，信号 PIO48 可用，如实验电路结构图 No.1 中的 PIO48。平时应该短路“PIO48”。

（25）目标芯片万能适配座 CON1/2：在目标板的下方有两条 80 个插针插座（GW48-CK 系统)，其连接信号如图 8.1 所示，此图为用户对此实验开发系统做二次开发提供了条件。

对于 GW48-GK/PK2/EK 系统，此适配座在原来的基础上增加了 20 个插针，功能大为增强。增加的 20 插针信号与目标芯片的连接方式可参考图 8.8、图 8.13 和表 8.3。GW48-EK 系统中此 20 的个插针信号全开放。

（26）左下拨码开关（仅 GK/PK2/EK 型含此开关)：拨码开关的详细用法可参考实验电路结构图 No.5（图 8.8)。

（27）上拨码开关（仅 GK/PK2 型含此开关)：是用来控制数码管作扫描显示用的。当要将 8 个数码管从原来的重配置可控状态下向扫描显示方式转换时，可以将此拨码开关全部向下拨，然后将左下侧的拨码开关的“DS8 使能”向上拨。这时，由这 8 个数码管构成的扫描显示电路可参考图 8.13。

（28）ispPAC 下载板：对于 GW48-GK 系统，其右上角有一块 ispPAC 模拟 EDA 器件下载板，可用于模拟 EDA 实验中对 ispPAC10/20/80 等器件编程下载。

（29）8X8 数码点阵（仅 GW48-GK 型含此)：在右上角的模拟 EDA 器件下载板上还附有一块数码点阵显示块，是通用共阳方式，需要 16 根接插线和两根电源线连接。

（30）±12V 电源开关：在实验板左上角。有指示灯。电源提供对象：①与 082、311 及 DAC0832 等相关的实验；②模拟信号发生源；③GW48-DSP/DSP+适配板上的 D/A 及参考电源。此电源输出口可参见图 8.8。平时，此电源必须关闭。

（31）智能逻辑笔（仅 GK/PK2 型含此)：逻辑信号由实验板左侧的“LOGIC PEN INPUT”输入。测试结果如下：

1）“高电平”：判定为大于 3V 的电压，亮第 1 个发光管。

2）“低电平”：判定为小于 1V 的电压，亮第 2 个发光管。

3）“高阻态”：判定为输入阻抗大于 100kΩ的输出信号，亮第 3 个发光管。注意，此功能具有智能化。

4）“中电平”：判定为小于 3V、大于 1V 的电压，亮第 4 个发光管。

5）“脉冲信号”：判定为存在脉冲信号时，亮所有的发光管（注意，使用逻辑笔时，clock0/clock9 上不要接 50MHz，以免干扰)。

（32）模拟信号发生源（GK/PK2 型含此)：信号源主要用于 DSP/SOPC 实验及 A/D 高速采样用信号源。使用方法如下：

1）打开±12V 电源；

2）用一插线将右下角的某一频率信号（如 65536Hz）连向单片机上方插座“JP18”的 INPUT 端。

3）这时在“JP17”的 OUTPUT 端及信号挂钩“WAVE OUT”端同时输出模拟信号，可用示波器显示输出模拟信号（这时输出的频率也是 65536Hz)。

4）实验系统右侧的电位器上方的 3 针座控制输出是否加入滤波：向左端短路加滤波电容，向右短路断开滤波电容。

5）此电位器是调谐输出幅度的，应该将输出幅度控制在 0～5V 内。

（33）JP13 选择 VGA 输出（仅 GW48-GK/PK2 含此）：将“ENBL”短路，使 VGA 输出显示使能；将“HIBT”短路，使 VGA 输出显示禁止，这时可以将来自外部的 VGA 显示信号通过 JP12 座由 VGA 口输出。此功能留给 SOPC 开发。

（34）FPGA 与 LCD 连接方式（仅 PK2 型含此）：由图 8.14 的实验电路结构图 COM 可知，默认情况下，FPGA 是通过 89C51 单片机控制 LCD 液晶显示的，但若 FPGA 中有 Nios 嵌入式系统，则能使 FPGA 直接控制 LCD 显示。方法是拔去此单片机（在右下侧），用连线将座 JP22/JP21（LCD 显示器引脚信号）各信号分别与座 JP19/JP20（FPGA 引脚信号）相连接即可。针对目标器件的型号，查表锁定引脚后，参考\gwdvpb\H128X64 液晶显示使用说明.doc 即可。

（35）JP23 使用说明（仅 GW48-GK/PK2 型含此）：单排座 JP23 有 3 个信号端，分别来自此单片机的 I/O 口。

（36）使用举例：若模式键选中了“实验电路结构图 No.1”，这时的 GW48 系统板所具有的接口方式变为 FPGA/CPLD 端口 PI/O31～28（即 PI/O31、PI/O30、PI/O29、PI/O28）、PI/O27～24、PI/O23～20 和 PI/O19～16，4 组 4 位二进制 I/O 端口分别通过一个全译码型 7 段译码器输向系统板的 7 段数码管。这样，如果有数据从上述任一组四位输出，就能在数码管上显示出相应的数值，其数值对应范围见表 8.2。

表 8.2　数值对应范围

FPGA/CPLD 输出	0000	0001	0010	…	1100	1101	1110	1111
数码管显示	0	1	2	…	C	D	E	F

端口 I/O32～I/O39 分别与 8 个发光二极管 D8～D1 相连，可作输出显示，高电平亮；还可分别通过键 8 和键 7，发出高低电平输出信号进入端口 I/O49 和 I/O48；键控输出的高低电平由键前方的发光二极管 D16 和 D15 显示，高电平输出为亮。此外，可通过按动键 4～1，分别向 FPGA/CPLD 的 PIO0～PIO15 输入 4 位 16 进制码。每按一次键将递增 1，其序列为 1，2，…，9，A，…，F。注意，对于不同的目标芯片，其引脚的 I/O 标号数一般是同 GW48 系统接口电路的“PIO”标号是一致的（这就是引脚标准化），但具体引脚号是不同的，而在逻辑设计中引脚的锁定数必须是该芯片的具体的引脚号。具体对应情况需要参考 8.3 节的引脚对照表。

8.2 实验电路结构图

8.2.1 实验电路信号资源符号图说明

结合图 8.2，以下对实验电路结构图中出现的信号资源符号功能做出一些说明。

（1）图 8.2（a）是 16 进制 7 段全译码器，它有 7 位输出，分别接 7 段数码管的 7 个显示输入端 a、b、c、d、e、f、g；它的输入端为 D、C、B、A，D 为最高位，A 为最低位。例如，若所标输入的口线为 PIO19～PIO16，表示 PIO19 接 D、PIO18 接 C、PIO17 接 B、PIO16 接 A。

（2）图 8.2（b）是高低电平发生器，每按键一次，输出电平由高到低或由低到高变化一次，且输出为高电平时，所按键对应的发光管变亮，反之不亮。

（3）图 8.2（c）是 16 进制码（8421 码）发生器，由对应的键控制输出 4 位 2 进制构成的 1 位 16 进制码，数的范围是 0000～1111，即^H0 至^HF。每按键一次，输出递增 1，输出进入目标芯片的 4 位 2 进制数将显示在该键对应的数码管上。

（4）直接与 7 段数码管相连的连接方式的设置是为了便于对 7 段显示译码器的设计学习。以图 No.2 为例，如图所标“PIO46～PIO40 接 g、f、e、d、c、b、a”表示 PIO46、PIO45、…、PIO40 分别与数码管的 7 段输入 g、f、e、d、c、b、a 相接。

（5）图 8.2（d）是单次脉冲发生器。每按一次键，输出一个脉冲，与此键对应的发光管也会闪亮一次，时间为 20ms。

（6）图 8.2（e）是琴键式信号发生器，当按下键时，输出为高电平，对应的发光管发亮；当松开键时，输出为高电平，此键的功能可用于手动控制脉冲的宽度。具有琴键式信号发生器的实验结构图是 No.3。

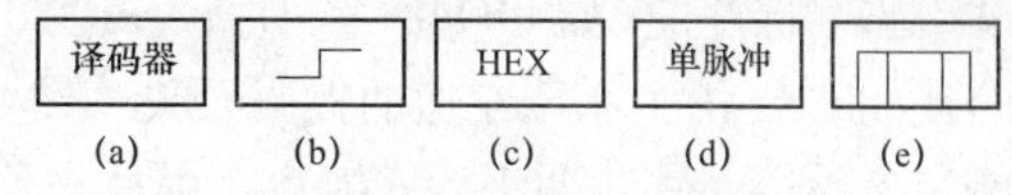

图 8.2　实验电路信号资源符号图

8.2.2　各实验电路结构图特点与适用范围简述

（1）结构图 No.0。目标芯片的 PIO16～PIO47 共 8 组 4 位 2 进制码输出，经外部的 7 段译码器可显示于实验系统上的 8 个数码管。键 1 和键 2 可分别输出 2 个四位 2 进制码。一方面这四位码输入目标芯片的 PIO11～PIO8 和 PIO15～PIO12；另一方面，可以观察发光管 D1～D8 来了解输入的数值。例如，当键 1 控制输入 PIO11～PIO8 的数为^HA 时，则发光管 D4 和 D2 亮，D3 和 D1 灭。电路的键 8～3 分别控制一个高低电平信号发生器向目标芯片的 PIO7～PIO2 输入高电平或低电平，扬声器接在“SPEAKER”上，具体接在哪一引脚要看目标芯片的类型，这需要查表 8.3。如目标芯片为 FLEX10K10，则扬声器接在“3”引脚上。目标芯片的时钟输入未在图上标出，也需查阅表 8.3。例如，目标芯片为 XC95108，则输入此芯片的时钟信号有 CLOCK0～CLOCK9，共 4 个可选的输入端，对应的引脚为 65～80。具体的输入频率，可参考主板频率选择模块。此电路可用于设计频率计、周期计、计数器等。

（2）结构图 No.1。适用于作加法器、减法器、比较器或乘法器等。例如，加法器设计，可利用键 4 和键 3 输入 8 位加数；键 2 和键 1 输入 8 位被加数，输入的加数和被加数将显示于键对应的数码管 4～1，相加的和显示于数码管 6 和 5；可令键 8 控制此加法器的最低位进位。

（3）结构图 No.2。可用于作 VGA 视频接口逻辑设计，或使用数码管 8～5 共 4 个数码管作 7 段显示译码方面的实验；而数码管 4～1 共 4 个数码管可作译码后显示，键 1 和键 2 可输入高低电平。直接与 7 段数码管相连的连接方式的设置是为了便于对 7 段显示译码器的设计学习。

（4）结构图 No.3。特点是有 8 个琴键式键控发生器，可用于设计八音琴等电路系统，也可以产生时间长度可控的单次脉冲。该电路结构同结构图 No.0 一样，有 8 个译码输出显示的数码管，以显示目标芯片的 32 位输出信号，且 8 个发光管也能显示目标器件的 8 位输出信号。

（5）结构图 No.4。适合于设计移位寄存器、环形计数器等。电路特点是，当在所设计的逻辑中有串行 2 进制数从 PIO10 输出时，若利用键 7 作为串行输出时钟信号，则 PIO10 的串行输出数码可以在发光管 D8～D1 上逐位显示出来，这能很直观地看到串出的数值。

（6）结构图 No.5。此电路结构有较强的功能，主要用于目标器件与外界电路的接口设计实验。主要含以下 9 大模块：

1）普通内部逻辑设计模块。在左下角。此模块与以上几个电路使用方法相同，例如同结构图 No.3 的唯一区别是 8 个键控信号不再是琴键式电平输出，而是高低电平方式向目标芯片输入。此电路结构可完成许多常规的实验项目。

2）RAM/ROM 接口。在左上角，此接口对应于主板上，有 1 个 32 脚的 DIP 座，在上面可以插 RAM，也可插 ROM（仅 GW48-GK/PK 系统包含此接口）。例如，RAM：628128；ROM：27C020、27C040、29C040 等。此 32 脚座的各引脚与目标器件的连接方式示于图上，是用标准引脚名标注的，如 PIO48（第 1 脚）、PIO10（第 2 脚）、OE 控制为 PIO62 等。注意，RAM/ROM 的使能 CS1 由主系统左边的拨码开关“1”控制。对于不同的 RAM 或 ROM，其各引脚的功能定义不尽一致，即不一定兼容，因此在使用前应该查阅相关的资料，但在结构图的上方也列出了部分引脚情况，以供参考。

3）VGA 视频接口。

4）两个 PS/2 键盘接口。注意，对于 GW48-CK 系统，只有 1 个，连接方式是下方的 PS/2 口。

5）A/D 转换接口。

6）D/A 转换接口。

7）LM311 接口。

8）单片机接口。

9）RS232 通信接口。

注意，结构图 No.5 中并不是所有电路模块都可以同时使用，这是因为各模块与目标器件的 I/O 接口有重合。

1）当使用 RAM/ROM 时，数码管 3～8 共 6 个数码管不能同时使用，这时，如果有必要使用更多的显示，必须使用以下介绍的扫描显示电路。但 RAM/ROM 可以与 D/A 转换同时使用，尽管他们的数据口（PIO24～PIO31）是重合的。这时如果希望将 RAM/ROM 中的数据输入 D/A 中，可设定目标器件的 PIO24～PIO31 端口为高阻态；而如果希望用目标器件 FPGA 直接控制 D/A 器件，可通过拨码开关禁止 RAM/ROM 数据口。

RAM/ROM 能与 VGA 同时使用，但不能与 PS/2 同时使用，这时可以使用以下介绍的 PS/2 接口。

2）A/D 不能与 RAM/ROM 同时使用，由于它们有部分端口重合，若使用 RAM/ROM，必须禁止 ADC0809，而当使用 ADC0809 时，应该禁止 RAM/ROM。如果希望 A/D 和 RAM/ROM 同时使用以实现诸如高速采样方面的功能，必须使用含有高速 A/D 器件的适配板，如 GWAK30+等型号的适配板。RAM/ROM 不能与 311 同时使用，因为在端口 PIO37 上两者重合。

（7）结构图 No.6。此电路与 No.2 相似，但增加了两个 4 位 2 进制数发生器，数值分别输入目标芯片的 PIO7～PIO4 和 PIO3～PIO0。例如，当按键 2 时，输入 PIO7～PIO4 的数值将显示于对应的数码管 2，以便了解输入的数值。

（8）结构图 No.7。此电路适合于设计时钟、定时器、秒表等。因为可利用键 8 和键 5 分别控制时钟的清零和设置时间的使能；利用键 7、键 5 和键 1 进行时、分、秒的设置。

（9）结构图 No.8。此电路适用于作并进/串出或串进/并出等工作方式的寄存器、序列检测器、密码锁等逻辑设计。它的特点是利用键 2、键 1 能序置 8 位 2 进制数，而键 6 能发出串行输入脉冲，每按键一次，即发一个单脉冲，则此 8 位序置数的高位在前，向 PIO10 串行输入一位，同时能从 D8～D1 的发光管上看到串形左移的数据，十分形象直观。

（10）结构图 No.9。若欲验证交通灯控制等类似的逻辑电路，可选此电路结构。

（11）当系统上的“模式指示”数码管显示“A”时，系统将变成一台频率计，数码管 8 将显示“F”，“数码 6”至“数码 1”显示频率值，最低位单位是 Hz。测频输入端为系统板右下侧的插座。

（12）实验电路结构图 COM。图 8.14 所示电路仅 GW48-GK/PK2 拥有，即以上所述的所有电路结构，包括“实验电路结构 No.0”至“实验电路结构 No.B”共 11 套，电路结构模式为 GW48-GK/PK2 两种系统共同拥有（兼容），把它们称为通用电路结构，即在原来的 11 套电路结构模式中的每一套结构图中增加图 8.14 所示的“实验电路结构图 COM”。例如，在 GW48-PK2 系统中，当“模式键”选择“5”时，电路结构除将进入图 8.8 所示的实验电路结构图 No.5 外，还应该加入“实验电路结构图 COM”。这样，在每一电路模式中就能比原来实现更多的实验项目。

“实验电路结构图 COM”中各标准信号（PIOX）对应的器件的引脚名，必须查表 8.3。

8.2 实验电路结构图

实验电路结构如图 8.3～图 8.15 所示。

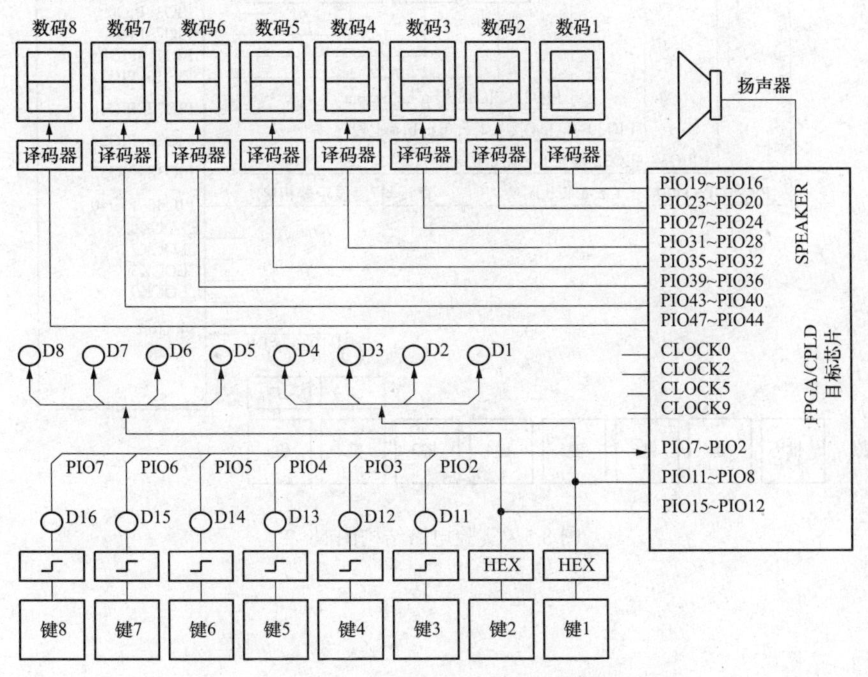

图 8.3 实验电路结构图 No.0

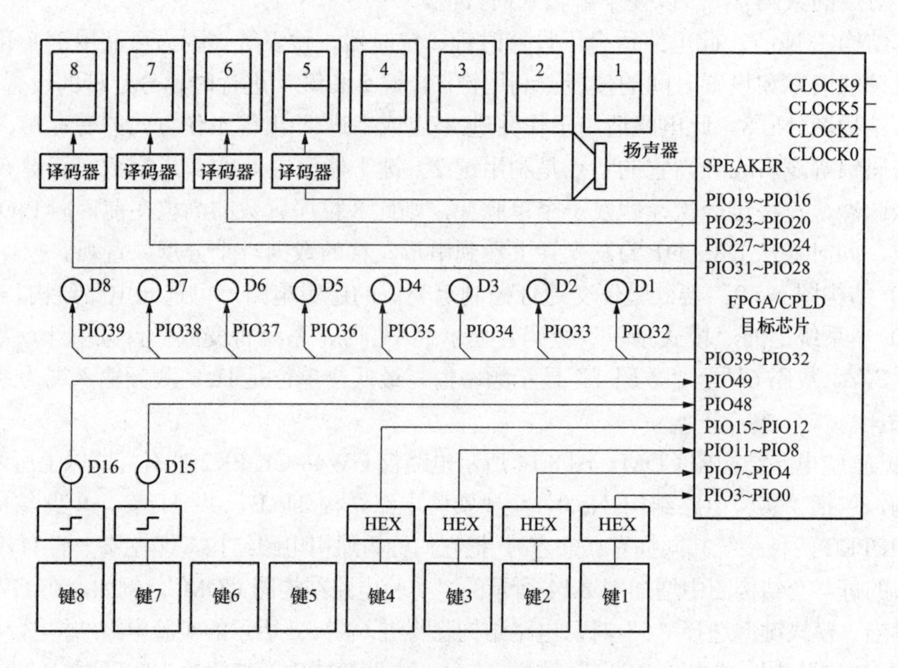

图 8.4 实验电路结构图 No.1

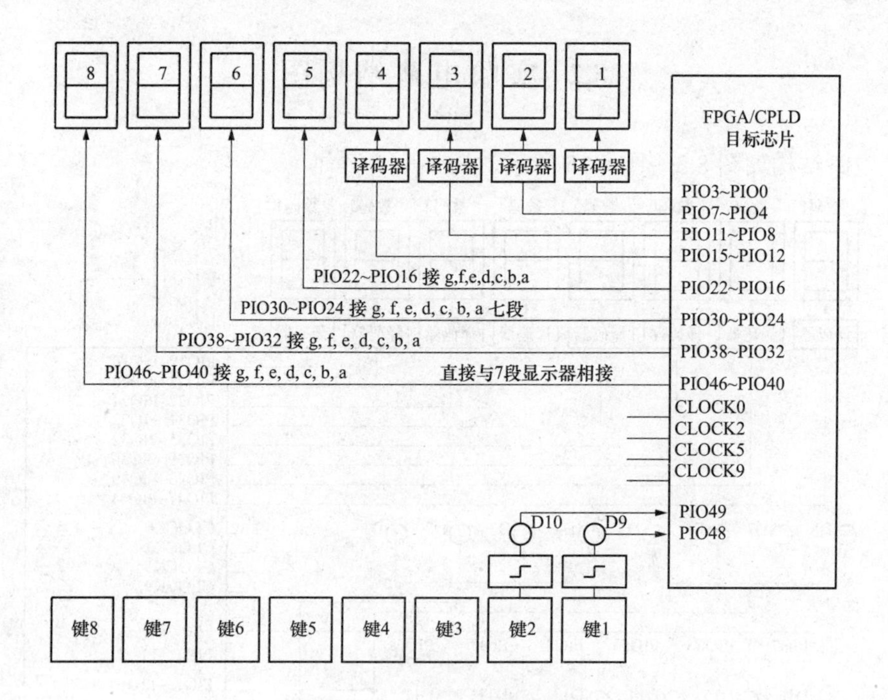

图 8.5 实验电路结构图 No.2

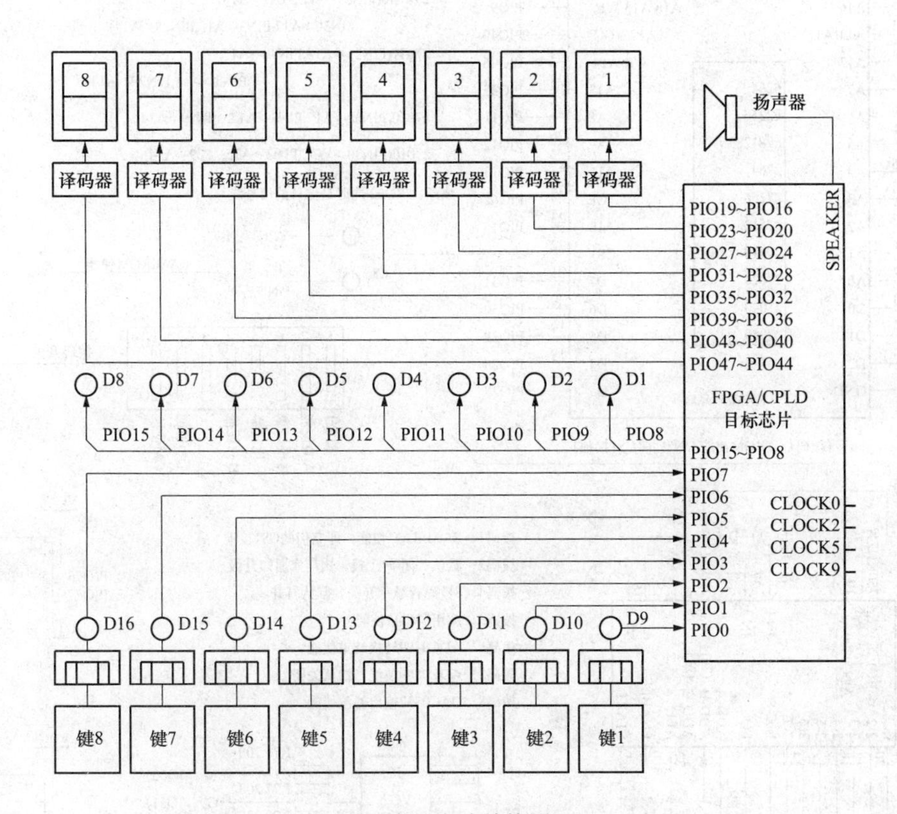

图 8.6　实验电路结构图 No.3

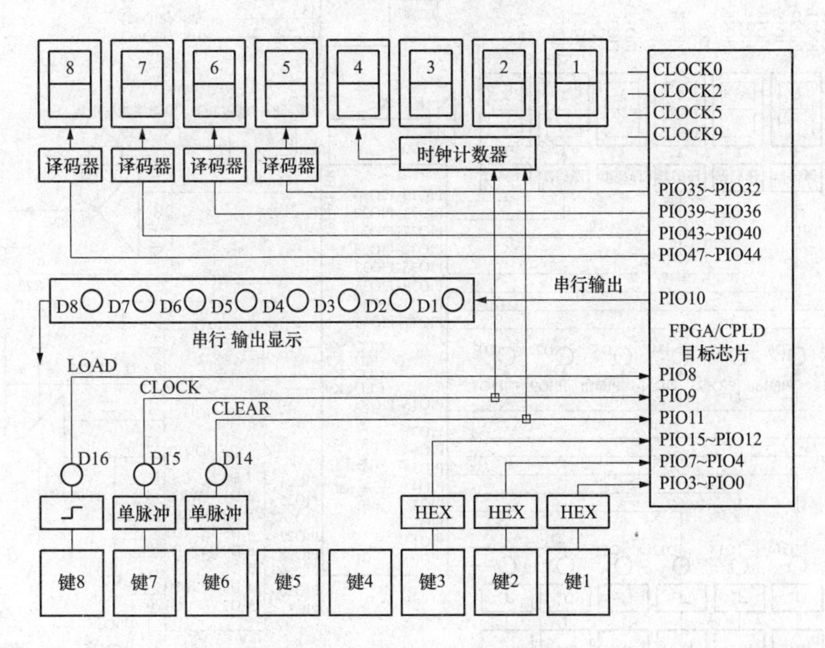

图 8.7　实验电路结构图 No.4

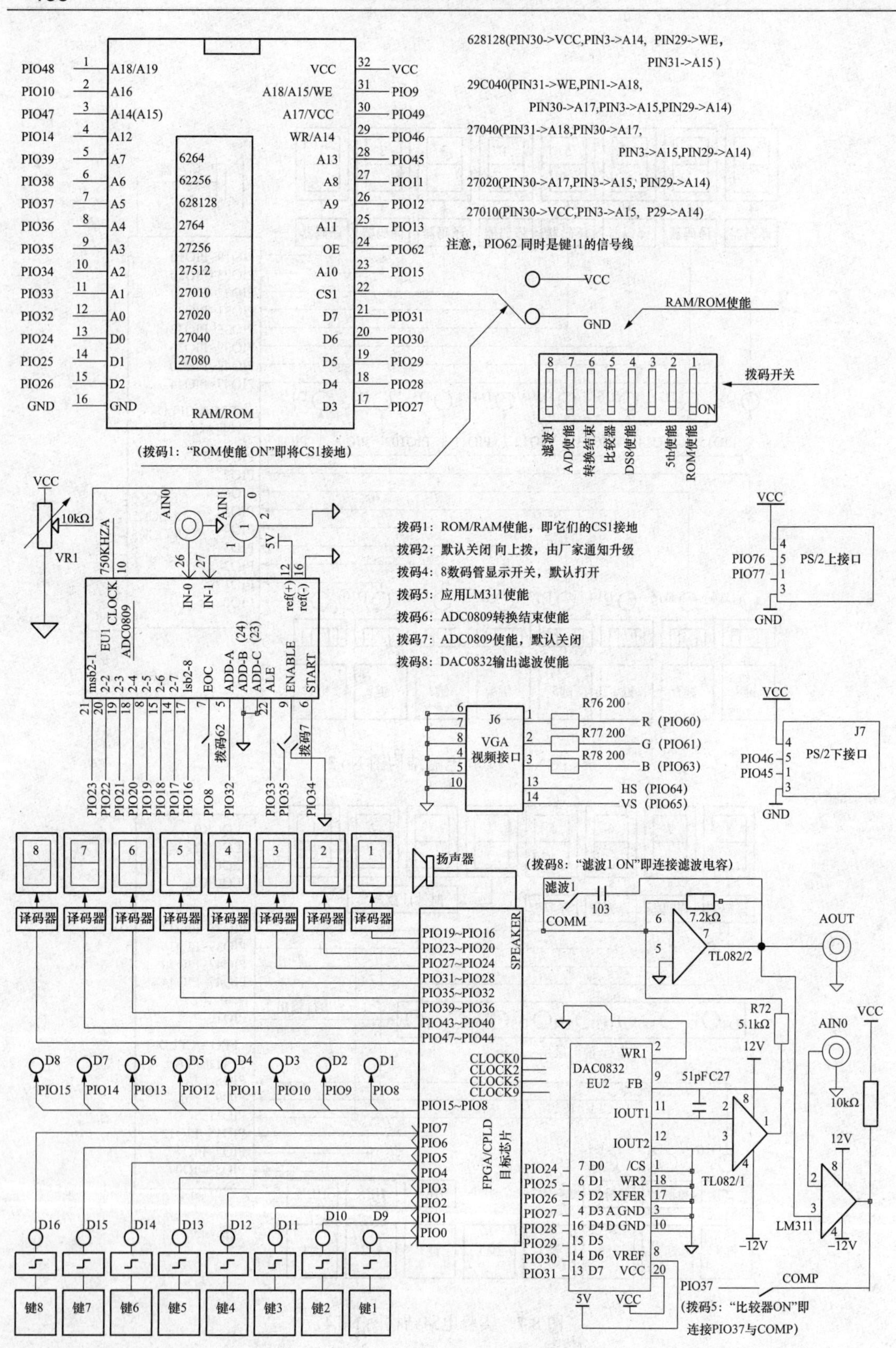

图 8.8 实验电路结构图 No.5

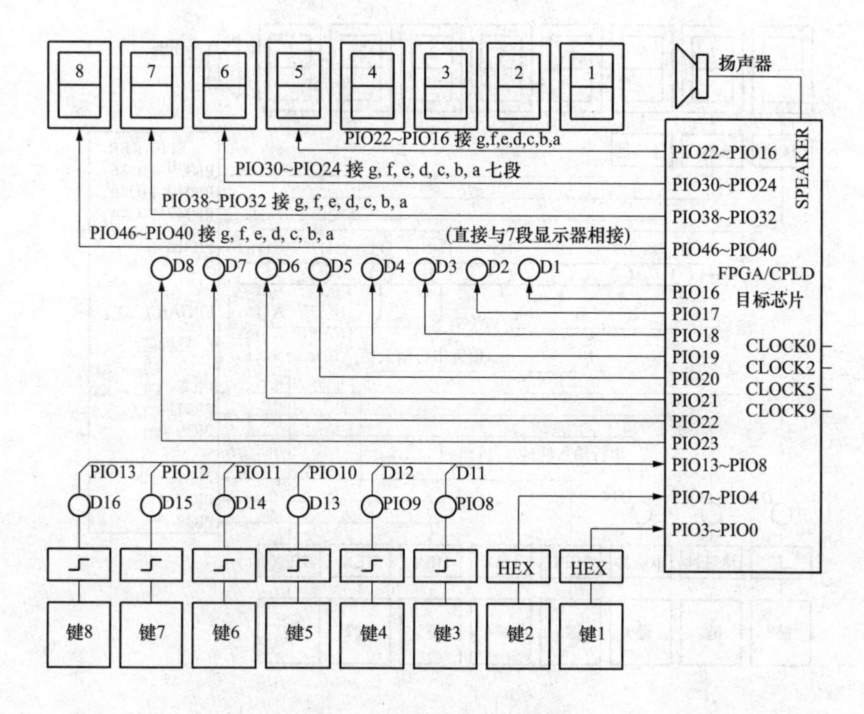

图 8.9　实验电路结构图 No.6

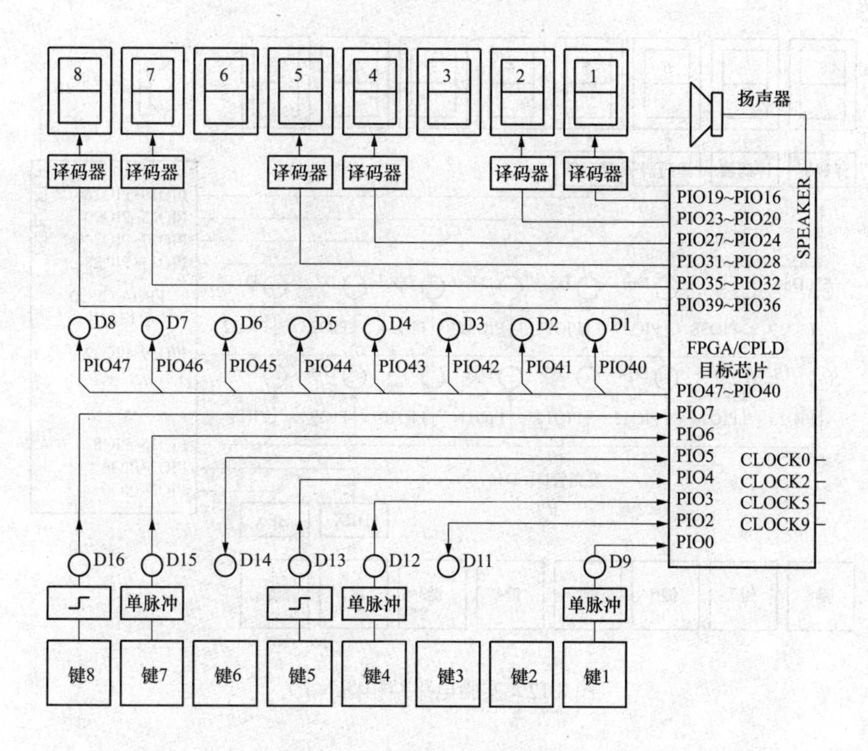

图 8.10　实验电路结构图 No.7

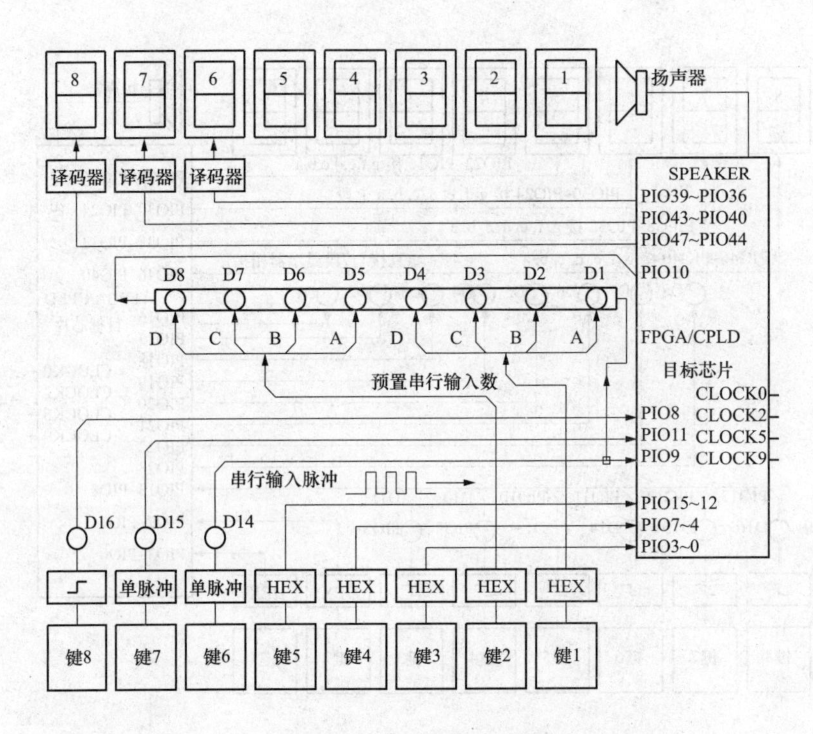

图 8.11 实验电路结构图 No.8

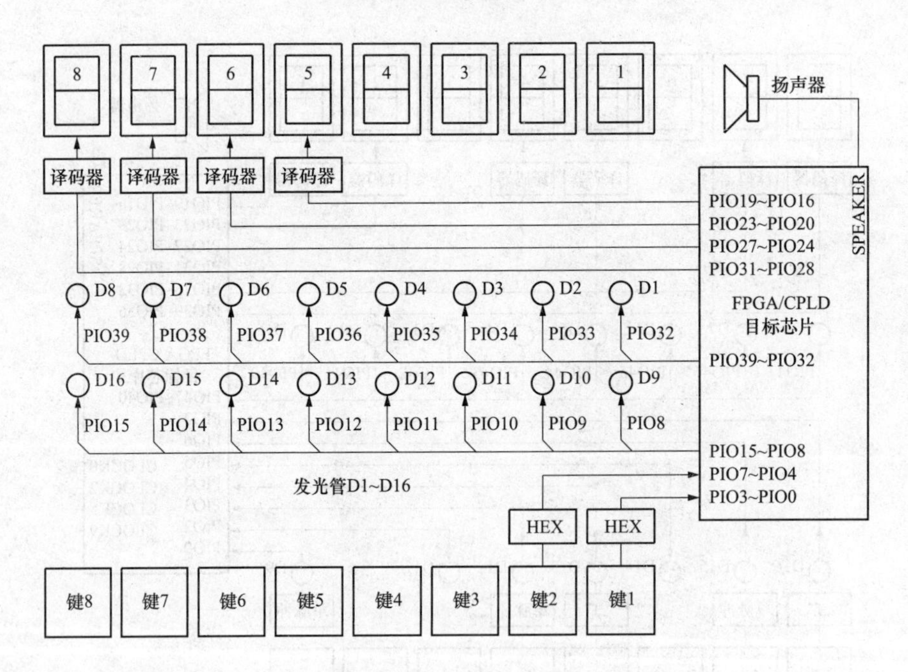

图 8.12 实验电路结构图 No.9

8段			8个位
PIO49	a	S1	PIO41
PIO48	b	S2	PIO40
PIO47	c	S3	PIO39
PIO46	d	S4	PIO38
PIO45	e	S5	PIO37
PIO44	f	S6	PIO36
PIO43	g	S7	PIO35
PIO42	p	S8	PIO34

8数码管

GW48-PK2 上扫描显示模式时的连接方式：8数码管扫描式显示，输入信号高电平有效。

图 8.13　GW48-PK2 系统板扫描显示模式时 8 个数码管 I/O 连接图

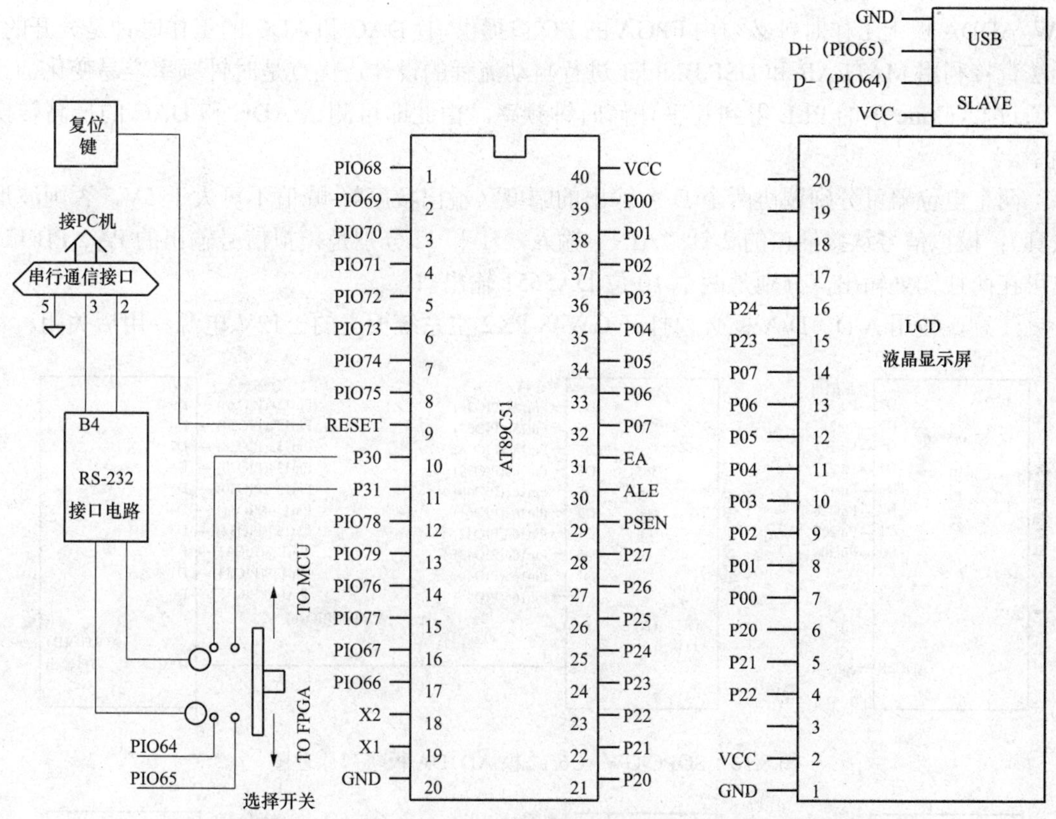

GW48-PK2 上液晶与单片机以及 FPGA 的 I/O 口的连接方式，Cyclone 和 20K 系列器件通用。

图 8.14　实验电路结构图 COM

1	2		1	2
P228	P208		clk0	PIO46
P227	P207		PIO45	PIO44
P214	P194		PIO43	PIO42
P213	P193		PIO41	PIO40
P179	P156		NC	PIO39
P178	NC		GND	PIO38
P11	P175		PIO37	PIO36
P23	P143		PIO35	PIO34
P5	P144		PIO33	PIO32
VCCIO	P177		PIO31	PIO30
VCC	-12V		PIO29	PIO28
GND	+12V		PIO27	PIO26
23	24		23	24

EP1C6/12目标板插座

图 8.15　GW_ADDA 板插座引脚

8.3 超高速 A/D、D/A 板 GW_ADDA 说明

GW_ADDA 板含 2 片 10 位超高速 DAC（转换速率最高 150MHz）和 1 片 8 位 ADC（转换速率最高 50MHz），另 2 片 3dB 带宽大于 260MHz 的高速运放组成变换电路。它主要用于基于 SOPC 的 DSP 设计、电子设计竞赛和科研开发等。

图 18.16～图 8.18 所示是它们的电路图及与 FPGA 的引脚连接图。

GW_ADDA 板上所有的 A/D 和 D/A 全部处于使能状态，除了数据线外，任一器件的控制信号线只有时钟线，这有利于高速控制和直接利用 MATLAB/DSP Builder 工具的设计。GW_ADDA 板上工作时钟必须由 FPGA 的 I/O 口提供，且 DAC 和 ADC 的工作时钟是分开的。无法直接利用 MATLAB 和 DSP Builder 进行自动流程的设计，优点是时钟频率容易变化，且可通过 Cyclone 中的 PLL 得到几乎任何时钟频率。由此即可测试 ADC 和 DAC 的最高转换频率。

两个电位器可分别调协两个 D/A 输出的幅度（输出幅度峰-峰值不可大于 5V，否则波形失真）；模拟信号从接插口的 2 针“AIN”输入，J1 和 J2 分别是模拟信号输出的 PA、PB 口，也可在两挂钩处输出，分别是两个 10 位 DA5651 输出口。

注意，使用 A/D、D/A 板必须打开 GW48-PK2 主系统板上的±12V 电源，用后关闭。

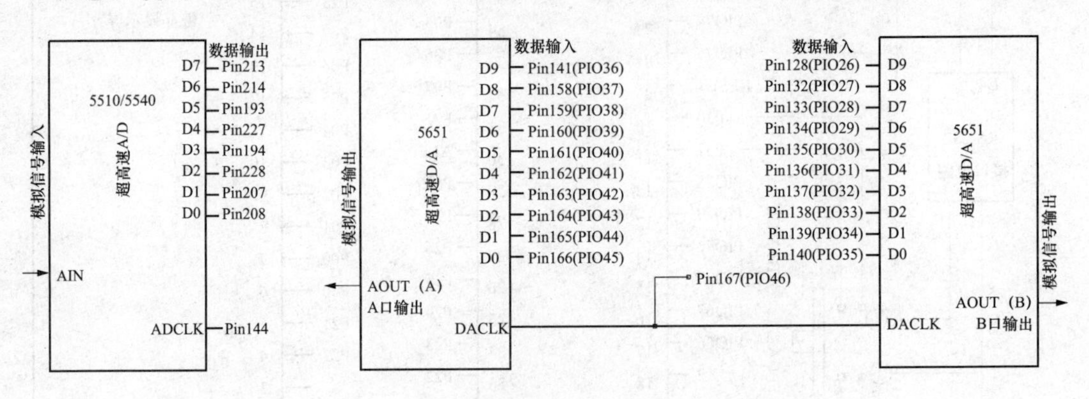

图 8.16 SOPC GWAC6/12 板 AD_DA 板接口原理图

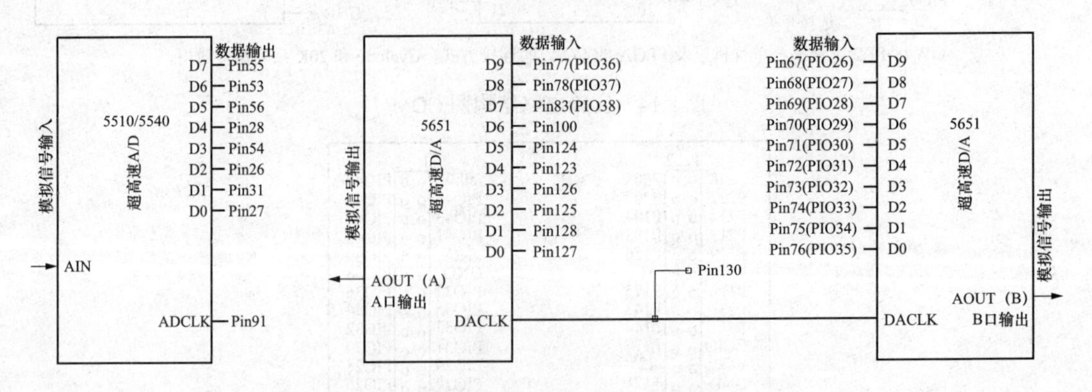

图 8.17 EDA GWAC3 板 AD_DA 板接口原理图

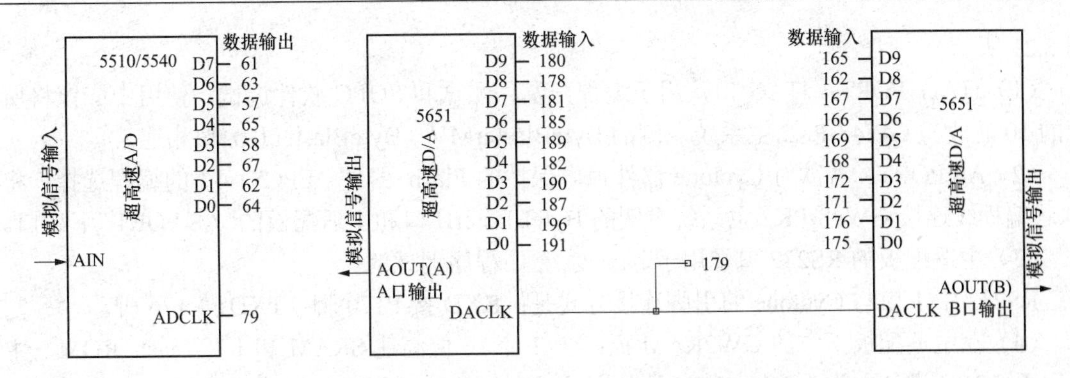

图 8.18　EDA GWxC400 板 AD_DA 板接口原理图

8.4　步进电机和直流电机使用说明

图 8.19 和图 8.20 所示是实验系统上的两个电机的引脚图，是以标准引脚方式标注的，具体引脚要查表 8.3。例如步进电机的 Ap 相接 PIO65，对于 SOPC 板的 EP1C6 查表，对应引脚为 219。

直流电机的 MA1 和 MA2 相为 PWM 输入控制端，cont 为光电输出给 FPGA 的转速脉冲，接 PIO66。

注意，不作电机实验时要通过 3 个跳线座，禁止它们，例如 JM0 是步进电机的开关跳线。

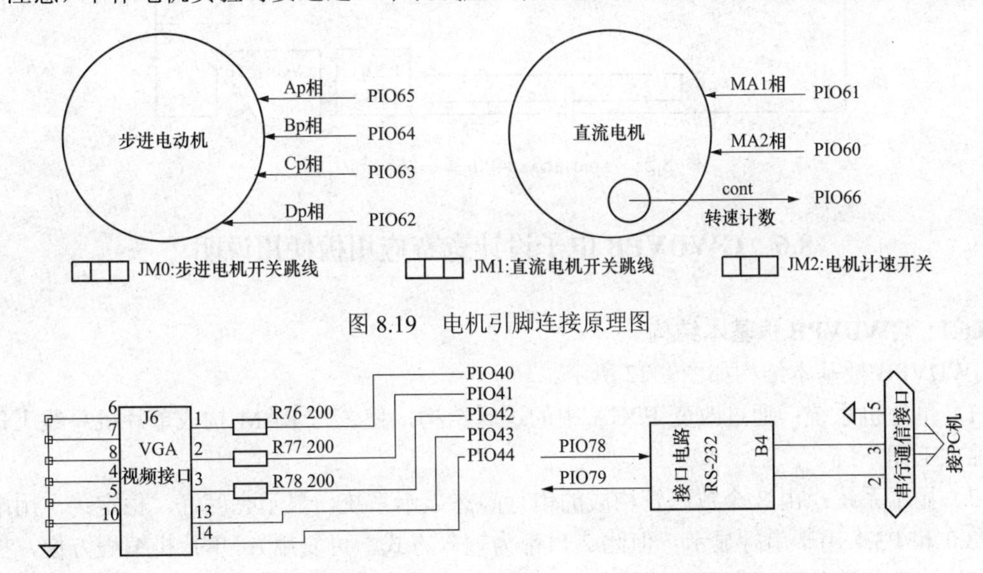

图 8.19　电机引脚连接原理图

图 8.20　GW48-CK 系统的 VGA 和 RS232 引脚连接图

8.5　SOPC 适配板使用说明

GW48-SOPC 系统上的主适配板主要针对 Cyclone（EP1C6/12）系列器件。该适配板主要由大规模 FPGA、A/D、D/A、RAM、FLASH、运放、高频时钟、不同模式配置块组成，如

图 8.21 所示。

（1）JTAG PORT：JTAG 口，用于编程开发、测试和 SOPC 软件调试，使用中应该将所配的 10 芯线与 GW48-PK2 主系统左侧的 ByteBlasterMV（ByteBlasterⅡ）口相连。

（2）AS PORT：若欲对 Cyclone 器件掉电保护的 Flash 器件“EPCS1/4”的编程选择，将 10 芯编程线连接 GW48-PK2 主系统右侧的 ByteBlasterII 口和主适配板的“AS PORT”下载口。

（3）主适配板的 RS232 口是用于 Nios 系统 C 程序调试的。

RS232 中 1 口与 Cyclone 的引脚连接方式是：RXD 接 P170 脚；TXD 接 176 脚。

（4）在主适配板下方的 GW2RAM 板：含 2 片 16 位高速 SRAM 和 1 片 Flash ROM，主要用于 SOPC 设计，作为 Nios CPU 的外围接口存储器，是用于进行 SOPC Nios 嵌入式系统实验开发用的。

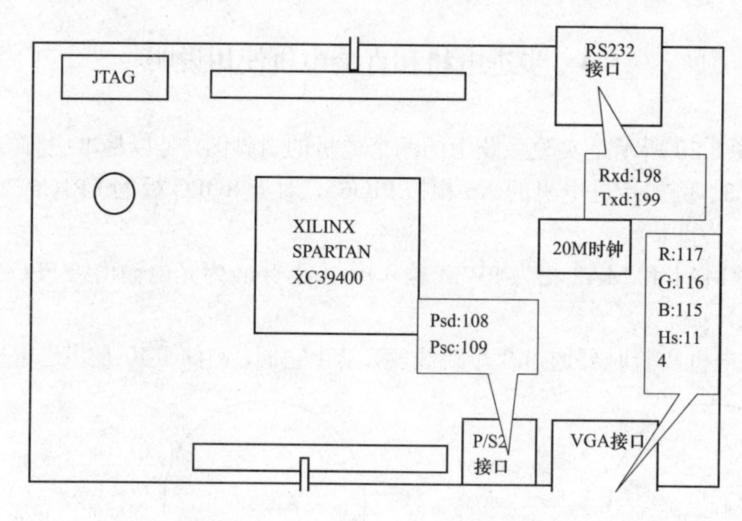

图 8.21 spartan3xc400 基本结构与引脚

8.6 GWDVPB 电子设计竞赛应用板使用说明

8.6.1 GWDVPB 板基本结构

GWDVPB 板基本结构如图 8.22 所示。

（1）单片机系统：通过改变 FPGA 中的逻辑结构，使之与 RAM 构成单片机总线工作系统和独立工作系统。

（2）显示系统：由 8 个数码管构成的串行静态显示系统，显示亮度好，稳定；占用端口少（P3.0 和 P3.1 用于串行显示，但此 2 口都为输入方式，可复用）；单片机编程方便，控制简单，增加数码管的更改也十分简单。

（3）ROM/RAM 座：GWDVPB 板上的 FPGA 和 RAM/ROM 可构成不同的工作方式，如单片机最小系统方式、DMA 方式、硬件高速计算方式、波形发生数据存储器等；又由于此座是与系统中的 FPGA 直接相接的，所以可根据需要插不同型号和容量的存储器，如 27C512、28C64、6264、62256 等。它与 FPGA 的连接方式如图 8.23 所示。

（4）通用 FPGA 接插系统：这是 GWDVP 板最具特点的结构，它由双排座构成，它将 GWDVP 系统构成了一个有机整体，其上可插含有不同型号、不同公司、不同逻辑容量和不同封装 FPGA/CPLD 的目标板，如 1032、7128S、10K10、10K20、EP1K30、1K100、95108、EP1C3 等。FPGA 接插结构、引脚锁定查表方法，以及在系统下载方法等都与 GW48 系列 EDA 系统完全兼容。会用 GW48 系统即会使用 GWDVPB。对 GWDVP 上的 FPGA 下载，可通过 GW48 系统上的下载口，用 10 芯下载线进行在系统下载，而不必拔下 GWDVP 上的目标芯片。

GWDVPB 上的钟信号源由 50MHz 有源时钟源提供，它们确保了 FPGA/CPLD 优秀的高速性能的有效发挥。

（5）A/D 和 D/A 系统：A/D 和 D/A 转换系统必须由用户外接，连接端口可以是单片机的 P1 和 P3 口，也可以直接与板上的 FPGA/CPLD 的 I/O 口相接，以提高速度，如插 GW-ADDA 板等。具体引脚可查阅表 8.3。

（6）串行 EEPROM。

（7）键控系统：8 个键，可按逐次查询方式编程控制。给 8 芯插座上插 16 键的插口，按阵列扫描方式编程控制。

（8）二板合一结构：GWDVPB 板是由主板与显示板两块合成的，优势是：①除作为竞赛培训电路板外，便于直接用在电子设计竞赛中（分离式结构容易被接受）；②显示板电源容易独立提供，减少对主系统的干扰。

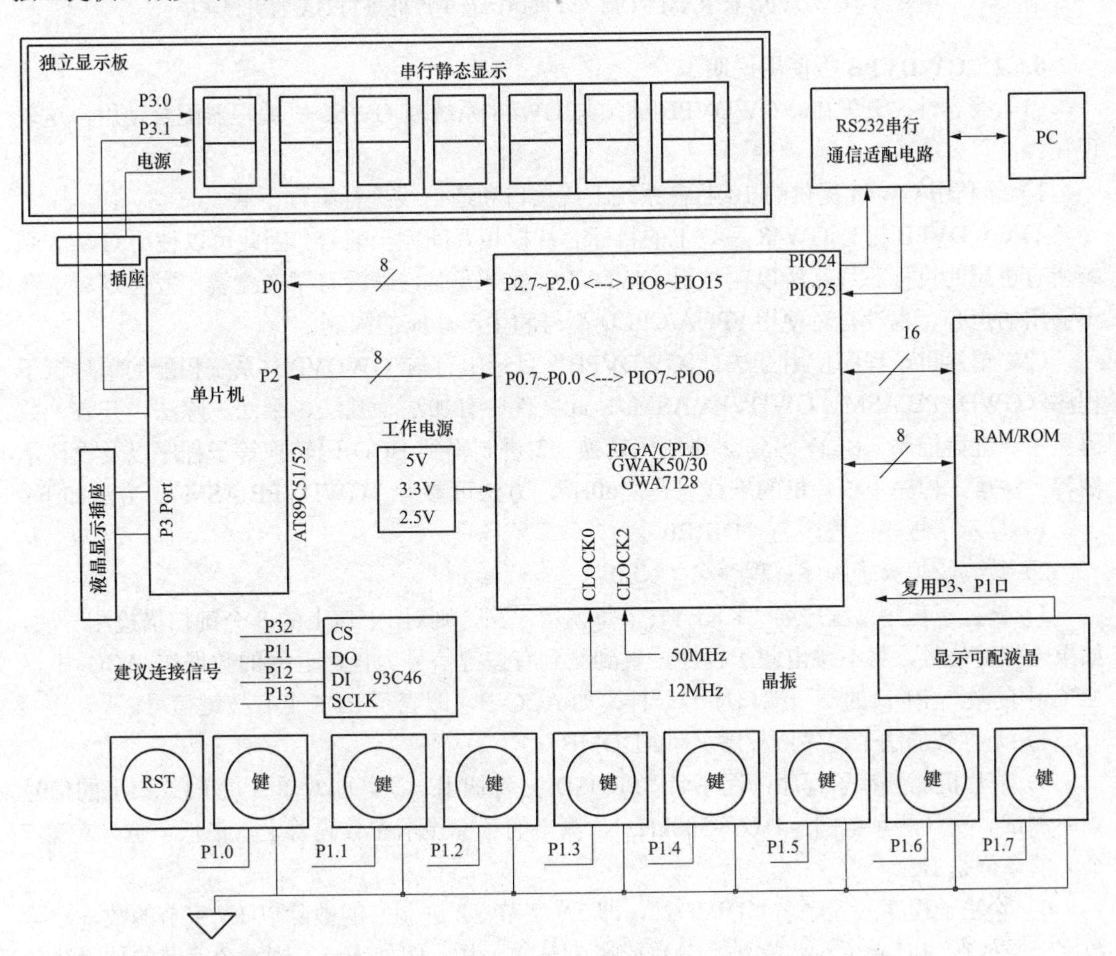

图 8.22 GWDVPB 板基本结构

（9）液晶显示：如使用液晶，在主板的左下角有一双排插座，可以插液晶显示器。

（10）3.3、2.5V 电压源：为混合电压的 FPGA 使用。5V 电压源外部提供。

（11）板的下放有一 3 针跳线，往左短路，禁止使用 ROM/RAM，反之允许使用。

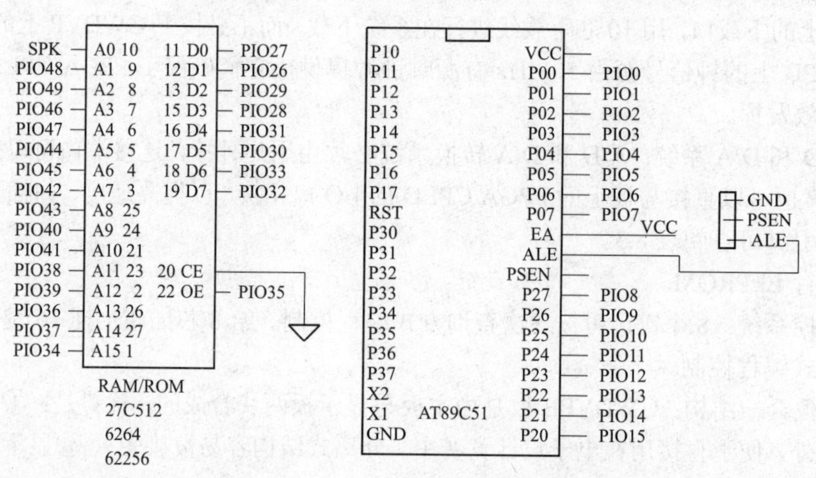

图 8.23 GWDVPB 板 RAM/ROM 与 FPGA，及单片机与 FPGA 的引脚连接

8.6.2 GWDVPB 板使用说明

（1）兼容性。开发中，GWDVPB 板须与 GW48 系统或 GW6C++编程器配合使用，这表现在：

1）须利用 GW48 提供的 10 芯在系统下载接口和通信线进行编程下载。

2）GWDVPB 板与 GW48 系统上的目标芯片板相互间完全兼容，因此可以使用 GW48 系统所有可配的目标芯片，所以在利用 GWDVPB 板开发时，就没有了在竞赛中发生逻辑资源不够用的担心，也没有对使用 FPGA/CPLD 型号和生产厂家的限制。

（2）单片机子程序使用方法。“GWDVPB”目录中有与 GWDVPB 系统相配的单片机子程序（GWDVPB.ASM，GWDVPA.ASM），此文件中有加法、减法、乘法、除法、开方、数码显示、键盘控制、BCD 码到 2 进制码转换、2 进制码到 BCD 码转换等子程序以及设计示例等。注意，程序中单片机的堆栈设在“60H”，方法可参考“GWDVPB.ASM”。方法如下：

1）显示子程序：程序名“DIRR0”。

2）数码管熄灭子程序：程序名“NL0”。

3）键盘子程序：程序名“KKEYI”，每调用一次，则对 P1 口上的 8 个键扫描检测一次，如果无按键信号，将不跳出此子程序，直到测到有按键信号为止，返回的数据在 ACC 中，ACC 中的数与 P1 口的某一端口序号一样，如 ACC=3，即表示 P1.3 上有按键信号。

4）无符号加法子程序：程序名“ADDMB”。

5）单片机测频率子程序：程序名“PROSD”，每调用一次，即对单片机 P3.5 口上的信号频率测试一次（测频范围：1Hz～500kHz），测出的频率显示在数码管上，最低一位（左第 7 个）的单位是 Hz。

6）除法子程序：程序名“DIVD1”，即 2*N* 字节（2 进制）的数除以 1*N* 字节的数，被除数字节数放在 30H 单元中；除数字节数放在 31H 单元中。例如 *N*=3，则 6 个字节的被除数分别放在（4AH，4BH，4CH，4DH，4EH，4FH）单元中，3 字节除数放在（5DH，5EH，5FH）

单元中，计算后的商放在（4DH，4EH，4FH）单元中，高位都放在左面。

7）*N* 字节乘 *M* 字节乘法子程序：程序名“MULNM”。

8）2 进制码至 BCD 码转换子程序：程序名“HEXBCD2”。

9）快速乘法子程序：程序名“MULT3”。

10）*N* 字节压缩 BCD 码至 *M* 字节 2 进制码转换子程序：程序名“BCDHEX1”。

11）带符号原码加法子程序：程序名“ADDS1”。

12）开方子程序：程序名“SQR1”

13）串行 EEPROM93C46 读数子程序：程序名“SEPRD”。16 位读数方式，先将数据地址（00H～3FH）放在 22H 单元中，再调用子程序“LCALL SEPRD”，读出的数放在 21H 和 20H 单元中，高位在前。注意，使用 93C46 要根据板上的信号标注进行连线。

14）串行 EEPROM93C46 写数子程序：写数顺序，先调用写允许子程序“LCALL EABLE”，再将 8 位地址数 XXH、待写入的高 8 位字节和低 8 位字节分别放在 22H、21H 和 20H 单元中，然后调用写子程序“LCALL SEPWR”，最后调用写禁止子程序“LCALL DISLE”。

15）时钟 50MHz 接 CLOCK2，时钟 12MHz 接 CLOCK0。

16）显示：显示系统由 7 个 74LS164 构成串行静态显示电路，此显示系统的数据口接单片机的 P3.0，CLOCK 接 P3.1；显示子程序名为“DIRR0”，7 个数码管的显示缓冲寄存器依次为 16H、15H、14H、13H、12H、11H、10H，小数点的缓冲寄存器是 0AH，其中某一位为 1 时，对应的数码管的小数点发亮。

8.7　GW48CK/PK2/PK3/PK4 系统万能接插口与结构图信号/与芯片引脚对照表

GW48CK/PK2/PK3/PK4 系统万能接插口与结构图信号/与芯片引脚对照表见表 8.3。

表 8.3　GW48CK/PK2/PK3/PK4 系统万能接插口与结构图信号/与芯片引脚对照表

结构图上的信号名	GWAC6 EP1C6/12Q240 Cyclone	GWAC3 EP1C3TC144 Cyclone	GWA2C5 EP2C5TC144 CycloneII	GWA2C8 EP2C8QC208 CycloneII	GW2C35 EP2C35FBGA484C8 CycloneII	WAK30/50 EP1K30/50TQC144 ACEX
	引脚号	引脚号	引脚号	引脚号	引脚号	引脚号
PIO0	233	1	143	8	AB15	8
PIO1	234	2	144	10	AB14	9
PIO2	235	3	3	11	AB13	10
PIO3	236	4	4	12	AB12	12
PIO4	237	5	7	13	AA20	13
PIO5	238	6	8	14	AA19	17
PIO6	239	7	9	15	AA18	18
PIO7	240	10	24	30	L19	19
PIO8	1	11	25	31	J14	20
PIO9	2	32	26	33	H15	21
PIO10	3	33	27	34	H14	22

续表

结构图上的信号名	GWAC6 EP1C6/12Q240 Cyclone	GWAC3 EP1C3TC144 Cyclone	GWA2C5 EP2C5TC144 CycloneII	GWA2C8 EP2C8QC208 CycloneII	GW2C35 EP2C35FBGA484C8 CycloneII	WAK30/50 EP1K30/50TQC144 ACEX
	引脚号	引脚号	引脚号	引脚号	引脚号	引脚号
PIO11	4	34	28	35	G16	23
PIO12	6	35	30	37	F15	26
PIO13	7	36	31	39	F14	27
PIO14	8	37	32	40	F13	28
PIO15	12	38	40	41	L18	29
PIO16	13	39	41	43	L17	30
PIO17	14	40	42	44	K22	31
PIO18	15	41	43	45	K21	32
PIO19	16	42	44	46	K18	33
PIO20	17	47	45	47	K17	36
PIO21	18	48	47	48	J22	37
PIO22	19	49	48	56	J21	38
PIO23	20	50	51	57	J20	39
PIO24	21	51	52	58	J19	41
PIO25	41	52	53	59	J18	42
PIO26	128	67	67	92	E11	65
PIO27	132	68	69	94	E9	67
PIO28	133	69	70	95	E8	68
PIO29	134	70	71	96	E7	69
PIO30	135	71	72	97	D11	70
PIO31	136	72	73	99	D9	72
PIO32	137	73	74	101	D8	73
PIO33	138	74	75	102	D7	78
PIO34	139	75	76	103	C9	79
PIO35	140	76	79	104	H7	80
PIO36	141	77	80	105	Y7	81
PIO37	158	78	81	106	Y13	82
PIO38	159	83	86	107	U20	83
PIO39	160	84	87	108	K20	86
PIO40	161	85	92	110	C13	87
PIO41	162	96	93	112	C7	88
PIO42	163	97	94	113	H3	89
PIO43	164	98	96	114	U3	90
PIO44	165	99	97	115	P3	91
PIO45	166	103	99	116	F4	92

续表

结构图上的信号名	GWAC6 EP1C6/12Q240 Cyclone	GWAC3 EP1C3TC144 Cyclone	GWA2C5 EP2C5TC144 CycloneII	GWA2C8 EP2C8QC208 CycloneII	GW2C35 EP2C35FBGA484C8 CycloneII	WAK30/50 EP1K30/50TQC144 ACEX
	引脚号	引脚号	引脚号	引脚号	引脚号	引脚号
PIO46	167	105	100	117	C10	95
PIO47	168	106	101	118	C16	96
PIO48	169	107	103	127	G20	97
PIO49	173	108	104	128	R20	98
PIO60	226	131	129	201	AB16	137
PIO61	225	132	132	203	AB17	138
PIO62	224	133	133	205	AB18	140
PIO63	223	134	134	206	AB19	141
PIO64	222	139	135	207	AB20	142
PIO65	219	140	136	208	AB7	143
PIO66	218	141	137	3	AB8	144
PIO67	217	142	139	4	AB11	7
PIO68	180	122	126	145	A10	119
PIO69	181	121	125	144	A9	118
PIO70	182	120	122	143	A8	117
PIO71	183	119	121	142	A7	116
PIO72	184	114	120	141	A6	114
PIO73	185	113	119	139	A5	113
PIO74	186	112	118	138	A4	112
PIO75	187	111	115	137	A3	111
PIO76	216	143	141	5	AB9	11
PIO77	215	144	142	6	AB10	14
PIO78	188	110	114	135	B5	110
PIO79	195	109	113	134	Y10	109
SPEAKER	174	129	112	133	Y16	99
CLOCK0	28	93	91(CLK4)	23	L1	126
CLOCK2	153	17	89(CLK6)	132	M1	54
CLOCK5	152	16	17(CLK0)	131	M22	56
CLOCK9	29	92	90(CLK5)	130	B12	124

附录A 实验常见问题及解答

1．第一次打开安装完毕的 QuartusⅡ或者 Max+plusⅡ时出现提示“Current license file support does not include the ‘Graphic Editor’application or feature”。

答：表明没有正确安装授权。

2．在 QuartusII 或者 Max+plusⅡ中，当对所建立的原理图进行编译或查错时提示“Error: Project has no output or bidirectional pins in the tip-level design file”。

答：表明在所设计的原理图当中，没有添加输入/输出端口。

3．在 Max+plusⅡ中，对所建立的文件执行存盘操作时，提示类似“pathname’f:\lgl\cs\新建文件夹\csl.gdf’does not exist or containts an contains an illegal character”。

答：表明在存储路径里出现了非法字符，这里为中文“新建文件夹”。

4．在 Max+plusⅡ中，对所建立的文件执行存盘操作时，提示类似“can’t make directory c:\”。

答：提示不能将文件存于根目录下。

5．在使用 QuartusⅡ自带的仿真工具时，选择好“功能仿真”模式后，直接单击仿真,会报错。

答：需要生成一个“功能仿真的网表文件”，方法是选择 Processing 菜单，单击 Generate Functional Simulation Netlist 命令。软件运行完成后，单击确定，然后再单击仿真。

6．在使用 QuartusⅡ自带的仿真工具时，编辑输入、输出引脚时，在对话框中无仿真所需的引脚节点出现。

答：打开 Node Finder 对话框。Filter 选择 pins:all，然后再单击 List 按钮，列出电路所有的端子。

7．在 QuartusⅡ中，生成符号文件后怎么调用？

答：需要新建空白原理图文件，然后在 project 文件夹里能找到先前生成的符号文件，然后采用与其他模块一样的方式调用。

8．在 QuartusⅡ中，在同一工程下建有多个工程文件时，编译时没有跳转到想要编译的文件进行编译。

答：需要先在工程导航栏中对想要编译的文件进行置顶操作，然后再进行编译操作。

9．在 Max+plusⅡ中，对所建立的 Verilog HDL 文本文件执行 Save& Check 操作时，提示类似“VHDL syntal error”或“TDF syntal error”。

答：出现这种错误的原因是存盘时，文件的扩展名制定错误。

10．在 Max+plusⅡ中，对所建立的文件进行仿真时，发现无法打开 Enter Nodes form SNF（即为灰色）。

答：表明没有对设计文件执行编译操作。

11．在 Max+plusⅡ中，对所建立的文件进行仿真时，发现仿真结果正确，而时序仿真出现明显输出与输入不符合所设计逻辑关系的情况。

答：这种情况极有可能是由于仿真所设置的网格尺寸过小，而实际从输入到输出的延时已经大于这个时间。

12．在 QuartusⅡ里编辑的文件进行下载编程时，找不到可下载的文件。

答：有可能因为下载软件不支持 QuartusⅡ。

13. 在 Max+plusⅡ或 QuartusⅡ里对项目进行时序编辑时，提示“Project doesn’t fit . Do you wish to override some exitsting setting ang/or assignments?”。

答：原因是器件选取的不合适。有可能是器件资源不满足所设计电路的要求。

14. 在 QuartusⅡ里，对所设计的文件进行编译时，提示“Top-level design entity ‘halfadder’is undefined”。

答：指明顶层设计文件没有找到。应将顶层设计文件名称改为与项目名称一致。

15. 在 QuartusⅡ里，对所建立的文件进行仿真时，提示“Run Generate Functional Simulation Netlist to generate functional simulation netlist for top-level entity ‘halfadder’before running the simulator”。

答：指明在对项目‘halfadder’进行功能仿真前没有进行产生功能仿真网表命令。可在设置了功能仿真后，先运行产生功能仿真网表命令。具体做法是：单击 simhlator Tool，设置了功能仿真后，单击 Generate Functional Simulation Netlist，再单击开始仿真 Start,从 Open 处查看仿真结果。

16．打开 QuartusⅡ文件时，所有功能菜单为灰色不能操作。

答：可能原因是打开的是文件，没有打开项目。可先打开工程，再打开项目。

17．在 Max+plusⅡ或 QuartusⅡ里，当打开多个项目进行编译或仿真操作时，结果不是对当前项目的操作。

答：表明当前项目的工程没有打开。

18．在 Max+plusII 或 QuartusⅡ里，对所设计的文件进行编译时，警告类似“Following 9 pins have nothing,GND,VCC driving datain port-changes to this connectivity may change fitting results”。

答：这里表明第 9 脚空或接地或接上了电源。有时候定义了输出端口，但输出端直接赋“0”，便会被接地，赋“1”接电源。如果设计中这些端口就是这样用的，那么可以忽略此警告。

19．在 Max+plusII 或 QuartusⅡ里，对设计文件进行编译时，提示类似“can’t analyze file-fileE：//quartusii/*/*.v is missing”。

答：原因是试图编译一个不存在的文件，该文件可能被改名或者删除了。

20．在对用 Verilog HDL 语言编写的源程序进行编译时，警告“Verilog HDL assignment warning at<location>:truncated with size <number> to match size of targer<number>”。

答：原因是在 HDL 设计中对目标的位数进行了设定，如：reg[4:0]a；而默认 32 位，将位数载订到合适的大小。如果编译结果正确，无需加以改正，如果不想看到这个警告，可以改变设定的位数。

21．在 Max+plusII 或 QuartusⅡ里对所设计的文件进行波形仿真时，提示“Warning: Can’t find signal in verctor source file for input pin |whole|clk 10m”。

答：原因是所建立的波形仿真文件（verctor source file）中并没有把所有的输入信号（input pin）加进去，而对于每一个输入都需要有激励源。

22．在 Max+plusII 或 QuartusⅡ里对所设计的原理图文件进行编译时，警告“Warning:Using design file lpm_fifo0.v,which is not specified as designed as a design file for the current project,but contains ddefinitions definitions for 1 design units and 1 entities in project Info:Found entity 1:lpm_fifo0”。

答：原因是模块不是在本项目生成的，而是直接复制了别的项目的原理图和源程序而生成的。

23. 在对于 Verilog HDL 语言编写的源程序进行编译时，警告“Warning（10268）：Verilog HDL information at lcd7106.v（63）：Always Construct contains both blocking and non –blocking assignments ”。

答：警告在一个 always 模块中同时有阻塞和非阻塞的赋值。

24. 在 QuartusII 里对设计文件进行时序分析，提示“Timing characteristics of device<name> are preliminary”。

答：原因是目前版本的 QuartusII 只对该器件提供初步的时许特征分析。

25. 运行下载软件 dnld10.exe（或 dnld102.exe）后，在 directories 里找不到所设计文件的下载文件。

答：表明没有对所设计文件执行编译操作。

26. 运行下载软件 dnld10.exe(或 dnld102.exe)后，提示“COM3 Not Available!”。

答：表明下载连接端口没有设置正确。

27. 在运行下载软件 dnld10.exe（或 dnld102.exe）时，执行 Config 操作后，最终没有出现“OK”的消息窗口。

答：可能原因是：

（1）没有打开试验箱电源。

（2）下载电缆与主机或实验箱没有正确连接，或没有连接上。

（3）端口设置不正确。

（4）下载软件或设备本身故障。

附录B 部分实验参考程序

第4章实验1参考程序

3-8译码器的VHDL源程序：

```
Library ieee;
Use ieee.std_logic_1164.all;
Entity decoder3_8 is
Port( a:in std_logic_vector(2 downto 0);
    g1,g2,g3:in std_logic;
    y:out std_logic_vector(7 downto 0));
End;
Architecture one of decoder3_8 is
Begin
Process(a,g1,g2,g3)
Begin
    If g1='0' then y<="11111111";
    Elsif g2='1' or g3='1' then Y<="11111111";
    Else
    Case a is
      When "000" =>y<="11111110";
      When "001" =>y<="11111101";
      When "010" =>y<="11111011";
      When "011" =>y<="11110111";
      When "100" =>y<="11101111";
      When "101" =>y<="11011111";
      When "110" =>y<="10111111";
      When "111" =>y<="01111111";
      When others =>y<="11111111";
    End case;
    End if;
End process;
End;
```

第4章实验2参考程序

两位全加器的VHDL源程序：

```
Library ieee;
Use ieee.std_logic_1164.all;
Use ieee.std_logic_unsigned.all;
Entity add2 is
Port( a:in std_logic_vector(1 downto 0);
    b:in std_logic_vector(1 downto 0);
    Ci:in std_logic;
    s:out std_logic_vector(1 downto 0)
    Co:out std_logic);
End;
```

```
Architecture one of add2 is
Signal temp:std_logic_vector(1 downto 0);
Begin
Temp<=('0'&a)+b+ci;
S<=temp(1 downto 0);
Co<=temp(2);
End;
```

第4章实验3参考程序

4选1多路选择器的VHDL源程序：

```
Library ieee;
Use ieee.std_logic_1164.all;
Entity mux4 is
Port( d0,d1,d2,d3:in std_logic;
    g:in std_logic;
    a:in std_logic_vector(1 downto 0);
    y:out std_logic);
End;
Architecture one of mux4 is
Begin
Process(a,g,d0,d1,d2,d3)
Begin
  If g='0' then y<='0';
  Else
  Case a is
     When "00"=>y<=d0;
     When "01"=>y<=d1;
     When "10"=>y<=d2;
     When "11"=>y<=d3;
     When others=>y<='0';
  End case;
  End if;
End process;
End;
```

第4章实验5参考程序

8个LED灯进行花样显示的VHDL源程序：

```
Library ieee;
Use ieee.std_logic_1164.all;
Use ieee.std_logic_unsigned.all;
Entity led is
Port(clk:in std_logic;
    rst:in std_logic;
    q:out std_logic_vector(7 downto 0));
End;
Architecture one of led is
Type states is(s0,s1,s2,s3)
Signal present:states;
```

```
Signal q1:std_logic_vector(7 downto 0);
Signal count:std_logic_vector(3 downto 0);
Begin
Process(clk,rst)
Begin
If rst='1' then
    Present<=s0;
    Q1<=(others=>'0');
Elsif clk'event and clk='1' then
    Case present is
    When s0=>if q1="00000000" then
          Q1<="10000000";
         Else
             If count="0111" then
                Count<=(others=>'0');
                Q1<="00000001";
                Present<=s1;
             Else q1<=q1(0)&q1(7 downto 0);
                 Count<=count+1;
                 Present<=s0;
             End if;
          Emd if;
    When s1=>  If count="0111" then
                 Count<=(others=>'0');
                 Q1<="10000001";
                 Present<=s2;
             Else q1<=q1(7)&q1(6 downto 0);
                 Count<=count+1;
                 Present<=s1;
             End if;
    When s2=>  If count="0011" then
                 Count<=(others=>'0');
                 Q1<="00011000";
                 Present<=s3;
             Else q1(7 downto 4)<=q1(4)&q1(7 downto 5);
                Count<=count+1;
                Present<=s2;
             End if;
    When s3=>  If count="0011" then
                 Count<=(others=>'0');
                 Q1<="10000000";
                 Present<=s0;
             Else q1(7 downto 4)<=q1(6 downto 0)&q1(7);
                 q1(3 downto 0)<=q1(0)&q1(3 downto 1);
                 Count<=count+1;
                 Present<=s3;
             End if;
    End case;
End if;
End process;
  Q<=q1;
```

```
End;
```

第 5 章实验 5 参考程序

可逆计数器的 VHDL 源程序：

```
Library ieee;
Use ieee.std_logic_1164.all;
Use ieee.std_logic_unsigned.all;
Entity kn_cnt16 is
Port(clk:in std_logic;
    clr:in std_logic;
    s:in std_logic;
    en:in std_logic;
    updn:in std_logic;
    co:out std_logic;
    d:in std_logic_vector(3 downto 0)
    q:buffer std_logic_vector(3 downto 0));
End;
Architecture one of kn_cnt16 is
Begin
Process(clk,clr)
Begin
If clr='1' then
    q<="0000";
    Co<='0';
Elsif clk'event and clk='1' then
   If s='1' then q<=d;
   Elsif en='1' then
      If updn='1' then
           If q="1111" then q<="0000";co<='1';
           Else q<=q+1;co<='0';
           End if;
      Elsif updn='0' then
           If q="0000" then q<="1111";co<='1';
           Else q<=q-1;co<='0';
           End if;
      End if;
   End if;
End if;
End process;
End;
```

第 7 章实验 1 参考程序

数字钟设计的 VHDL 源程序：

```
library ieee;
use ieee.std_logic_1164.all;
use ieee.std_logic_unsigned.all;
entity clock is
port(clk : in std_logic;
```

```
      clr: in std_logic;
      en : in std_logic;
    mode : in std_logic;
     inc : in std_logic;
     seg7:out  std_logic_vector(6 downto 0);
     scan:out std_logic_vector(5 downto 0));
     end clock;
     architecture one of clock is
     signal state:std_logic_vector(1 downto 0);
     signal qhh,qhl,qmh,qml,qsh,qsl:std_logic_vector(3 downto 0);
     signal data:std_logic_vector(3 downto 0);
     signal cnt:integer range 0 to 5;
     signal clk1khz,clk1hz,clk2hz:std_logic;
     signal blink:std_logic_vector(2 downto 0);
     signal inc_reg:std_logic;
     signal sec,min:integer range 0 to 59;
     signal hour:integer range 0 to 23;
     begin
     process(clk)
     variable count :integer range 0 to 9999;
     begin
     if clk'event and clk='1' then
 if count=9999 then clk1khz<=not clk1khz;count:=0;
 else count:=count+1;
 end if;
 end if;
 end process;

 process(clk1khz)
 variable count :integer range 0 to 499;
     begin
     if clk1khz'event and clk1khz='1' then
 if count=499 then clk1hz<=not clk1hz;count:=0;
 else count:=count+1;
 end if;
 end if;
 end process;

 process(clk1khz)
 variable count :integer range 0 to 249;
     begin
     if clk1khz'event and clk1khz='1' then
 if count=249 then clk2hz<=not clk2hz;count:=0;
 else count:=count+1;
 end if;
 end if;
 end process;

 process(clr,mode)
 begin
 if clr='1' then
```

```
state<="00";
elsif mode'event and mode='1' then
state<=state+1;
end if;
end process;

process(clk1hz,clr,en,state,hour,min,sec)
begin
if en='1' then
hour<=hour;
min<=min;
sec<=sec;
elsif clr='1' then
hour<=0;
min<=0;
sec<=0;
elsif clk1hz'event and clk1hz='1' then
case state is
when "00" => if sec=59 then sec<=0;
          if min=59 then min<=0;
          if hour=23 then hour<=0;
          else hour<=hour+1;
          end if;
          else min<=min+1;
          end if;
          else sec<=sec+1;
          end if;

when "01" => if inc='1' then
if inc_reg='0' then inc_reg<='1';
if hour=23 then
hour<=0;
else hour<=hour+1;
end if;
end if;
else inc_reg<='0';
end if;

when "10" => if inc='1' then
if inc_reg='0' then inc_reg<='1';
if min=59 then
min<=0;
else min<=min+1;
end if;
end if;
else inc_reg<='0';
end if;

when "11" => if inc='1' then
if inc_reg='0' then inc_reg<='1';
if sec=23 then
```

```
sec<=0;
else sec<=sec+1;
end if;
end if;
else inc_reg<='0';
end if;
end case;
end if;
end process;

process(state ,clk2hz)
begin
case state is
when "00" =>blink <="000";
when "01" =>blink <=(2=>clk2hz,others=>'0');
when "10" =>blink <=(1=>clk2hz,others=>'0');
when "11" =>blink <=(0=>clk2hz,others=>'0');
end case ;
end process;

process(sec)
begin
case sec is
when 0|10|20|30|40|50 =>qsl<="0000";
when 1|11|21|31|41|51 =>qsl<="0001";
when 2|12|22|32|42|52 =>qsl<="0010";
when 3|13|23|33|43|53 =>qsl<="0011";
when 4|14|24|34|44|54 =>qsl<="0100";
when 5|15|25|35|45|55 =>qsl<="0101";
when 6|16|26|36|46|56 =>qsl<="0110";
when 7|17|27|37|47|57 =>qsl<="0111";
when 8|18|28|38|48|58 =>qsl<="1000";
when 9|19|29|39|49|59 =>qsl<="1001";
when others=>null;
end  case;
case sec is
when 0|1|2|3|4|5|6|7|8|9 =>qsh<="0000";
when 10|11|12|13|14|15|16|17|18|19 =>qsh<="0001";
when 20|21|22|23|24|25|26|27|28|29 =>qsh<="0010";
when 30|31|32|33|34|35|36|37|38|39 =>qsh<="0011";
when 40|41|42|43|44|45|46|47|48|49 =>qsh<="0100";
when 50|51|52|53|54|55|56|57|58|59 =>qsh<="0101";
when others=>null;
end case;
end process;

process(min)
begin
case min is
when 0|10|20|30|40|50 =>qml<="0000";
when 1|11|21|31|41|51 =>qml<="0001";
```

```
when 2|12|22|32|42|52 =>qml<="0010";
when 3|13|23|33|43|53 =>qml<="0011";
when 4|14|24|34|44|54 =>qml<="0100";
when 5|15|25|35|45|55 =>qml<="0101";
when 6|16|26|36|46|56 =>qml<="0110";
when 7|17|27|37|47|57 =>qml<="0111";
when 8|18|28|38|48|58 =>qml<="1000";
when 9|19|29|39|49|59 =>qml<="1001";
when others=>null;
end  case;
case min is
when 0|1|2|3|4|5|6|7|8|9 =>qmh<="0000";
when 10|11|12|13|14|15|16|17|18|19 =>qmh<="0001";
when 20|21|22|23|24|25|26|27|28|29 =>qmh<="0010";
when 30|31|32|33|34|35|36|37|38|39 =>qmh<="0011";
when 40|41|42|43|44|45|46|47|48|49 =>qmh<="0100";
when 50|51|52|53|54|55|56|57|58|59 =>qmh<="0101";
when others=>null;
end case;
end process;

process(hour)
begin
case hour is
when 0|10|20 =>qhl<="0000";
when 1|11|21 =>qhl<="0001";
when 2|12|22 =>qhl<="0010";
when 3|13|23 =>qhl<="0011";
when 4|14    =>qhl<="0100";
when 5|15    =>qhl<="0101";
when 6|16    =>qhl<="0110";
when 7|17    =>qhl<="0111";
when 8|18    =>qhl<="1000";
when 9|19    =>qhl<="1001";
when others=>null;
end  case;
case hour is
when 0|1|2|3|4|5|6|7|8|9                     =>qhh<="0000";
when 10|11|12|13|14|15|16|17|18|19 =>qhh<="0001";
when 20|21|22|23                             =>qhh<="0010";
when others=>null;
end case;
end process;

process(clk1khz)
begin
if clk1khz'event and clk1khz='1' then
if cnt=5 then cnt<=0;
else cnt<=cnt+1;
end if;
end if;
```

```
end process;

process(cnt,qhh,qhl,qmh,qml,qsh,qsl,blink)
begin
case cnt is
when 0 => data <=qsl or (blink(0)&blink(0)&blink(0)&blink(0));scan<="000001";
when 1 => data <=qsh or (blink(0)&blink(0)&blink(0)&blink(0));scan<="000010";
when 2 => data <=qml or (blink(1)&blink(1)&blink(1)&blink(1));scan<="000100";
when 3 => data <=qmh or (blink(1)&blink(1)&blink(1)&blink(1));scan<="001000";
when 4 => data <=qhl or (blink(2)&blink(2)&blink(2)&blink(2));scan<="010000";
when 5 => data <=qhh or (blink(2)&blink(2)&blink(2)&blink(2));scan<="100000";
when others=>null;
end case;
end process;

process(data)
begin
case data is
when "0000" => seg7<="1111110";
when "0001" => seg7<="0110000";
when "0010" => seg7<="1101101";
when "0011" => seg7<="1111001";
when "0100" => seg7<="1110011";
when "0101" => seg7<="1011010";
when "0110" => seg7<="1011111";
when "0111" => seg7<="1110000";
when "1000" => seg7<="1111111";
when "1001" => seg7<="1111011";
when others=>seg7<="0000000";
end case;
end process;
end one;
```

第7章实验2参考程序

自动售货机的VHDL源程序:

```
library ieee;
use ieee.std_logic_1164.all;
use ieee.std_logic_arith.all;
use ieee.std_logic_unsigned.all;
entity shop is
port(clk : in std_logic;
     set,get,sal,finish: in std_logic;
     coin1,coin2: in std_logic;
     price,quantity: in std_logic_vector(3 downto 0);
     item0,act: out std_logic_vector(3 downto 0);
     seg7: out std_logic_vector(6 downto 0);
     scan : out std_logic_vector(2 downto 0);
     act10,act5:out  std_logic);
end shop;
architecture one of shop is
```

```
type ram_type is array(3 downto 0) of std_logic_vector(7 downto 0);
signal ram:ram_type;
signal clk1khz,clk1hz:std_logic;
signal item:std_logic_vector(1 downto 0);
signal coin:std_logic_vector(3 downto 0);
signal pri,qua:std_logic_vector(3 downto 0);
signal y0,y1,y2:std_logic_vector(6 downto 0);
begin
process(clk)
variable count :integer range 0 to 9999;
begin
if clk'event and clk='1' then
if count=9999 then clk1khz<=not clk1khz;count:=0;
else count:=count+1;
end if;
end if;
end process;

process(clk1khz)
variable count :integer range 0 to 499;
begin
if clk1khz'event and clk1khz='1' then
if count=499 then clk1hz<=not clk1hz;count:=0;
else count:=count+1;
end if;
end if;
end process;

process(set,clk1hz,price,quantity,item)
variable count :integer range 0 to 9999;
begin
if set='1' then
ram(conv_integer(item))<=price&quantity;
act<="0000";
elsif clk1hz'event and clk1hz='1' then
act5<='0'; act10<='0';
if coin1='1'  then
if coin <"1001" then
coin<=coin+1;
else coin<="0000";
end if;

elsif coin2='1'  then
if coin <"1001" then
coin<=coin+2;
else coin<="0000";
end if;
elsif sal='1' then
item<=item+1;
elsif get='1' then
if qua>"0000" and coin>=pri then
```

```
coin<=coin-pri;
qua<=qua-1;
ram(conv_integer(item))<=pri&qua;
if item="00" then act<="1000";
elsif item="01" then act<="0100";
elsif item="10" then act<="0010";
elsif item="11" then act<="0001";
end if;
end if;
elsif finish ='1' then
if coin>"0001" then
act10<='1';
coin<=coin-2;
elsif coin="0000" then
act5<='1';
coin<=coin-1;
else
act10<='0';
act5<='0';
end if;
elsif get='0' then
act<="0000";
for i in 0 to 3 loop
pri(i)<=ram(conv_integer(item))(4+i);
qua(i)<=ram(conv_integer(item))(i);
end loop;
end if;
end if;
end process;
process(item)
begin
case item is
when "00" => item0<="0111";
when "01" => item0<="1011";
when "10" => item0<="1101";
when "11" => item0<="1110";
end case;
end process;

process(coin)
begin
case coin is
when "0000" => y0<="1111110";
when "0001" => y0<="0110000";
when "0010" => y0<="1101101";
when "0011" => y0<="1111001";
when "0100" => y0<="1110011";
when "0101" => y0<="1011010";
when "0110" => y0<="1011111";
when "0111" => y0<="1110000";
when "1000" => y0<="1111111";
```

```
when "1001" => y0<="1111011";
when others=>  y0<="0000000";
end case;
end process;

process(qua)
begin
case qua is
when "0000" => y1<="1111110";
when "0001" => y1<="0110000";
when "0010" => y1<="1101101";
when "0011" => y1<="1111001";
when "0100" => y1<="1110011";
when "0101" => y1<="1011010";
when "0110" => y1<="1011111";
when "0111" => y1<="1110000";
when "1000" => y1<="1111111";
when "1001" => y1<="1111011";
when others=>  y1<="0000000";
end case;
end process;

process(pri)
begin
case pri is
when "0000" => y2<="1111110";
when "0001" => y2<="0110000";
when "0010" => y2<="1101101";
when "0011" => y2<="1111001";
when "0100" => y2<="1110011";
when "0101" => y2<="1011010";
when "0110" => y2<="1011111";
when "0111" => y2<="1110000";
when "1000" => y2<="1111111";
when "1001" => y2<="1111011";
when others=>  y2<="0000000";
end case;
end process;

process(clk1khz,y0,y1,y2)
variable cnt:integer range 0 to 2;
begin
if clk1khz'event and clk1khz='1' then
cnt:=cnt+1;
end if;
case cnt is
when 0 => scan <="001"; seg7<=y0;
when 1 => scan <="010"; seg7<=y1;
when 2 => scan <="100"; seg7<=y2;
when others=>null;
end case;
```

```
end process;
end one;
```

第7章实验3参考程序

出租车计费器的VHDL源程序：

```
library ieee;
use ieee.std_logic_1164.all;
use ieee.std_logic_unsigned.all;
entity taxi is
   port( clk : in std_logic;
         start: in std_logic;
         stop : in std_logic;
         pause : in std_logic;
         speedup : in std_logic_vector(1 downto 0);
         money:out integer range 0 to 8000;
         distance:out integer range 0 to 8000);
   end taxi;
   architecture one of taxi is
   begin
   process(clk,start,stop,pause,speedup)
   variable money_reg,distance_reg:integer range 0 to 8000;
   variable num:integer range 0 to 9;
   variable dis:integer range 0 to 100;
   variable d:std_logic;
   begin
   if stop='1' then
   money_reg:=0;
   distance_reg:=0;
   dis:=0;
   num:=0;
   elsif start='1' then
   money_reg:=600;
   distance_reg:=0;
   dis:=0;
   num:=0;
   elsif clk'event and clk='1' then

   if start='0' and speedup="00" and pause='0' and stop='0' then
   if num=9 then
   num:=0;
   distance_reg:=distance_reg+1;
   dis:=dis+1;
   else num:=num+1;
   end if;

   elsif start='0' and speedup="01" and pause='0' and stop='0' then
   if num=9 then
   num:=0;
   distance_reg:=distance_reg+2;
   dis:=dis+2;
```

```
else num:=num+1;
end if;

elsif start='0' and speedup="10" and pause='0' and stop='0' then
if num=9 then
num:=0;
distance_reg:=distance_reg+5;
dis:=dis+5;
else num:=num+1;
end if;

elsif start='0' and speedup="11" and pause='0' and stop='0' then
distance_reg:=distance_reg+1;
dis:=dis+1;
end if;
if dis>=100 then
d:='1';
dis:=0;
else d:='0';
end if;
if distance_reg >=300 then
if money_reg<2000 and d='1' then
money_reg:=money_reg+120;
elsif money_reg>=2000 and d='1' then
money_reg:=money_reg+180;
end if;
end if;
end if;
money<=money_reg;
distance<=distance_reg;
end process;
end one;
```

译码模块 VHDL 源程序：

```
library ieee;
use ieee.std_logic_1164.all;
use ieee.std_logic_unsigned.all;
entity decoder is
port(clk20m : in std_logic;
      money_in:in integer range 0 to 8000;
   distance_in:in integer range 0 to 8000;
         seg7:out  std_logic_vector(6 downto 0);
         scan:out std_logic_vector(7 downto 0);
          dp : out std_logic);
    end decoder;
architecture two of decoder is
signal clk1khz:std_logic;
signal data:std_logic_vector(3 downto 0);
signal m_one,m_ten,m_hun,m_tho:std_logic_vector(3 downto 0);
signal d_one,d_ten,d_hun,d_tho:std_logic_vector(3 downto 0);
begin
```

```
process(clk20m)
variable count :integer range 0 to 9999;
begin
if clk20m'event and clk20m='1' then
if count=9999 then clk1khz<=not clk1khz;count:=0;
else count:=count+1;
end if;
end if;
end process;

process(clk20m,money_in)
variable comb1 :integer range 0 to 8000;
variable comb1_a,comb1_b,comb1_c,comb1_d:std_logic_vector(3 downto 0);
begin
if clk20m'event and clk20m='1' then
if comb1<money_in then
if comb1_a=9 and comb1_b=9 and comb1_c=9 then
comb1_a:="0000";
comb1_b:="0000";
comb1_c:="0000";
comb1_d:=comb1_d+1;
comb1:=comb1+1;
elsif comb1_a=9 and comb1_b=9 then
comb1_a:="0000";
comb1_b:="0000";
comb1_c:=comb1_c+1;
comb1:=comb1+1;
elsif comb1_a=9 then
comb1_a:="0000";
comb1_b:=comb1_b+1;
comb1:=comb1+1;
else
comb1_a:=comb1_a+1;
comb1:=comb1+1;
end if;
elsif comb1=money_in then
m_one<=comb1_a;
m_ten<=comb1_b;
m_hun<=comb1_c;
m_tho<=comb1_d;
elsif comb1>money_in then
comb1_a:="0000";
comb1_b:="0000";
comb1_c:="0000";
comb1_d:="0000";
comb1:=0;
end if;
end if;
end process;
```

```
process(clk20m,distance_in)
variable comb2 :integer range 0 to 8000;
variable comb2_a,comb2_b,comb2_c,comb2_d:std_logic_vector(3 downto 0);
begin
if clk20m'event and clk20m='1' then
if comb2<distance_in then
if comb2_a=9 and comb2_b=9 and comb2_c=9 then
comb2_a:="0000";
comb2_b:="0000";
comb2_c:="0000";
comb2_d:=comb2_d+1;
comb2:=comb2+1;
elsif comb2_a=9 and comb2_b=9 then
comb2_a:="0000";
comb2_b:="0000";
comb2_c:=comb2_c+1;
comb2:=comb2+1;
elsif comb2_a=9 then
comb2_a:="0000";
comb2_b:=comb2_b+1;
comb2:=comb2+1;
else
comb2_a:=comb2_a+1;
comb2:=comb2+1;
end if;
elsif comb2=money_in then
m_one<=comb2_a;
m_ten<=comb2_b;
m_hun<=comb2_c;
m_tho<=comb2_d;
elsif comb2>distance_in then
comb2_a:="0000";
comb2_b:="0000";
comb2_c:="0000";
comb2_d:="0000";
comb2:=0;
end if;
end if;
end process;

process(clk1khz,m_one,m_ten,m_hun,m_tho,d_one,d_ten,d_hun,d_tho)
variable cnt:std_logic_vector(2 downto 0);
begin
if clk1khz'event and clk1khz='1' then
cnt:=cnt+1;
end if;
case cnt is
when "000" => data <=m_one;dp<='0';scan<="00000001";
when "001" => data <=m_ten;dp<='0';scan<="00000010";
when "010" => data <=m_hun;dp<='1';scan<="00000100";
when "011" => data <=m_tho;dp<='0';scan<="00001000";
```

```
    when "100" => data <=m_one;dp<='0';scan<="00010000";
    when "101" => data <=m_ten;dp<='0';scan<="00100000";
    when "110" => data <=m_hun;dp<='1';scan<="01000000";
    when "111" => data <=m_tho;dp<='0';scan<="10000000";
    end case;
    end process;
     process(data)
    begin
    case data is
    when "0000" => seg7<="1111110";
    when "0001" => seg7<="0110000";
    when "0010" => seg7<="1101101";
    when "0011" => seg7<="1111001";
    when "0100" => seg7<="1110011";
    when "0101" => seg7<="1011010";
    when "0110" => seg7<="1011111";
    when "0111" => seg7<="1110000";
    when "1000" => seg7<="1111111";
    when "1001" => seg7<="1111011";
    when others=>seg7<="0000000";
    end case;
    end process;
    end two;
```

第7章实验4参考程序

电梯控制器的VHDL源程序：

```
library ieee;
use ieee.std_logic_1164.all;
use ieee.std_logic_arith.all;
use ieee.std_logic_unsigned.all;
port( clk : in std_logic;
    full: in std_logic;
    stop : in std_logic;
    close : in std_logic;
    clr : in std_logic;
    up1,up2,up3,up4,up5 : in std_logic;
    down2,down3,down4,down5,down6 : in std_logic;
    k1,k2,k3,k4,k5,k6 : in std_logic;
    g1,g2,g3,g4,g5,g6: in std_logic;
  door : out std_logic_vector(1 downto 0);
     led:out std_logic_vector(6 downto 0);
     ud : out std_logic;
     alarm : out std_logic;
     up,down : out std_logic);
end elevator;
architecture one of elevator is
signal clk1hz:std_logic;
signal k11,k22,k33,k44,k55,k66 : std_logic;
signal up11,up22,up33,up44,up55: std_logic;
signal down22,down33,down44,down55,down66 : std_logic;
```

```
signal q1:integer range 0 to 6;
signal kk,uu,dd,uu_dd:std_logic_vector(5 downto 0);
signal opendoor:std_logic;
signal updown:std_logic;
signal en_up,en_down:std_logic;
begin
kk<=k66 & k55 & k44 & k33 & k22 & k11;
uu<='0'&up55&up44&up33&up22&up11;
dd<='0'&down22&down33&down44&down55&down66;
uu_dd<=kk or uu or dd;
ud<=updown;

process(clk)
begin
if clk'event and clk='1' then
if k1='1' then
k11<=k1;
elsif k2='1' then
k22<=k2;
elsif k3='1' then
k33<=k3;
elsif k4='1' then
k44<=k4;
elsif k5='1' then
k55<=k5;
elsif k6='1' then
k66<=k6;
end if;
if up1='1' then
up11<=up1;
elsif up2='1' then
up22<=up2;
elsif up3='1' then
up33<=up3;
elsif up4='1' then
up44<=up4;
elsif up5='1' then
up55<=up5;
end if;
if down2='1' then
down22<=down2;
elsif down3='1' then
down33<=down3;
elsif down4='1' then
down44<=down4;
elsif down5='1' then
down55<=down5;
elsif down6='1' then
down66<=down6;
end if;
```

```
if clr='1' then q1<=0;alarm<='0';
elsif full='1' then
alarm<='1';
q1<=0;
door<="10";
else alarm<='0';
if opendoor='1' then
door<="10";
q1<=0;
up<='0';
down<='0';
elsif en_up='1' then
if stop='1' then
door<="10";
q1<=0;
elsif close='1' then q1<=3;
elsif q1=6 then
 door<="00";
 updown<='1';
 up<='1';
 down<='0';
 elsif q1>=3 then
 door<="01";
q1<=q1+1;
else q1<=q1+1;door<="10";
end if;
elsif en_down='1' then
if stop='1' then
door<="10";
q1<=0;
elsif close='1' then q1<=3;
elsif q1=6 then
 door<="00";
 updown<='0';
 up<='0';
 down<='1';
 elsif q1>=3 then
 door<="01";
q1<=q1+1;
else q1<=q1+1;door<="10";
end if;
end if;
if g1='1' then led<="1001111";
if k11='1' or up11='1' then
k11<='0';
up11<='0';
opendoor<='1';
elsif uu_dd>"000001" then
en_up<='1';
opendoor<='0';
elsif uu_dd="000000" then
```

```
opendoor<='0';
end if;

elsif g2='1' then led<="0010010";
if updown='1' then
if k22='1' or up22='1' then
k22<='0';
up22<='0';
opendoor<='1';
elsif uu_dd>"000011" then
en_up<='1';
opendoor<='0';
elsif uu_dd="000010" then
en_down<='1';
opendoor<='0';
end if;
else
if k22='1' or up22='1' then
k22<='0';
down22<='0';
opendoor<='1';
elsif uu_dd>"000010" then
en_down<='1';
opendoor<='0';
elsif uu_dd="000011" then
en_up<='1';
opendoor<='0';
end if;
end if;

elsif g3='1' then led<="0000110";
if updown='1' then
if k33='1' or up33='1' then
k33<='0';
up33<='0';
opendoor<='1';
elsif uu_dd>"000111" then
en_up<='1';
opendoor<='0';
elsif uu_dd="000100" then
en_down<='1';
opendoor<='0';
end if;
else
if k33='1' or up33='1' then
k33<='0';
down33<='0';
opendoor<='1';
elsif uu_dd>"000100" then
en_down<='1';
opendoor<='0';
```

```
elsif uu_dd="000111" then
en_up<='1';
opendoor<='0';
end if;
end if;

elsif g4='1' then led<="1001000";
if updown='1' then
if k44='1' or up44='1' then
k44<='0';
up44<='0';
opendoor<='1';
elsif uu_dd>"001111" then
en_up<='1';
opendoor<='0';
elsif uu_dd="001000" then
en_down<='1';
opendoor<='0';
end if;
else
if k44='1' or up44='1' then
k44<='0';
down44<='0';
opendoor<='1';
elsif uu_dd>"001000" then
en_down<='1';
opendoor<='0';
elsif uu_dd="001111" then
en_up<='1';
opendoor<='0';
end if;
end if;

elsif g5='1' then led<="0100100";
if updown='1' then
if k55='1' or up55='1' then
k55<='0';
up55<='0';
opendoor<='1';
elsif uu_dd>"011111" then
en_up<='1';
opendoor<='0';
elsif uu_dd="010000" then
en_down<='1';
opendoor<='0';
end if;
else
if k55='1' or up55='1' then
k55<='0';
down55<='0';
opendoor<='1';
```

```
elsif uu_dd>"010000" then
en_down<='1';
opendoor<='0';
elsif uu_dd="011111" then
en_up<='1';
opendoor<='0';
end if;
end if;

elsif g6='1' then led<="0100000";
if k66='1' or down66='1' then
k66<='0';
down66<='0';
opendoor<='1';
elsif uu_dd<"100000" then
en_down<='1';
opendoor<='0';
end if;
 else en_up<='0'; en_down<='0';
end if;
end if;
end if;
end process;
end one;
```

第 7 章实验 5 参考程序

1. 分频模块

```
ibrary ieee;
use ieee.std_logic_1164.all;
use ieee.std_logic_arith.all;
use ieee.std_logic_unsigned.all;
entity qr is
generic(clk3MHZ:integer:=16);
port(clk_sys:in std_logic;
rst:in std_logic;
clk_3MHZ:out std_logic);
end qr;
architecture one of qr is
begin
P1:process(clk_sys)
variable cnt1:integer range 0 to clk3MHZ;
begin
if rst ='0' then
cnt1:=0;
elsif clk_sys'event and clk_sys='1'then
if cnt1=clk3MHZ -1 then
cnt1:=0; clk_3MHZ<='1';
else
cnt1:=cnt1+1; clk_3mhz<='0';
end if;
```

```
end if;
end process P1;
end one;
```

2. LCD显示驱动模块

```
library ieee;
use ieee.std_logic_1164.all;
use ieee.std_logic_arith.all;
use ieee.std_logic_unsigned.all;
entity qt is
      Port(clk : in std_logic;
          Reset : in std_logic;
          lcd_rs :out std_logic;
          lcd_rw : out std_logic;
          lcd_e :buffer std_logic;
          data :out std_logic_vector(7 downto 0);
          stateout : out std_logic_vector(10 downto 0));
          end qt;
          architecture three of qt is
          constant IDLE  :std_logic_vector(10 downto 0):="00000000000";
          constant CLEAR  :std_logic_vector(10 downto 0):="00000000001";
          constant RETURNCURSOR  :std_logic_vector(10 downto 0):="00000000010";
          constant SETMODE  :std_logic_vector(10 downto 0):="00000000100";
          constant SWITCHMODE  :std_logic_vector(10 downto 0):="00000001000";
          constant SHIFT  :std_logic_vector(10 downto 0):="00000010000";
          constant SETFUNCTION  :std_logic_vector(10 downto 0):="00000100000";
          constant SETCGRAM  :std_logic_vector(10 downto 0):="00001000000";
          constant SETDDRAM  :std_logic_vector(10 downto 0):="00010000000";
          constant READFLAG  :std_logic_vector(10 downto 0):="00100000000";
          constant WRITERAM  :std_logic_vector(10 downto 0):="01000000000";
          constant READRAM  :std_logic_vector(10 downto 0):="10000000000";
          constant cur_inc   :std_logic :='1';
          constant cur_dec   :std_logic :='0';
          constant cur_shift   :std_logic :='1';
          constant cur_noshift   :std_logic :='0';
          constant open_display   :std_logic :='1';
          constant open_cur   :std_logic :='0';
          constant blank_cur   :std_logic :='0';
          constant shift_display   :std_logic :='1';
          constant shift_cur   :std_logic :='0';
          constant right_shift   :std_logic :='1';
          constant left_shift   :std_logic :='0';
          constant datawidth8   :std_logic :='1';
          constant datawidth4   :std_logic :='0';
          constant twoline   :std_logic :='1';
          constant oneline  :std_logic :='0';
          constant font5x10   :std_logic :='1';
          constant font5x7   :std_logic :='0';
          signal state :std_logic_vector(10 downto 0);
          signal counter :integer range 0 to 127;
          signal div_counter  :integer range 0 to 15;
```

```
signal flag  :std_logic;
constant DIVSS   :integer :=15;
signal char_addr   :std_logic_vector(5 downto 0);
signal data_in   :std_logic_vector(7 downto 0);
component qe
  port(address    :in std_logic_vector(5 downto 0);
       data    :out std_logic_vector(7 downto 0));
end component;
signal  clk_int : std_logic;
signal  clkcnt:   std_logic_vector(15 downto 0);
constant divcnt:  std_logic_vector(15 downto 0):="1001110001000000";
signal  clkdiv:   std_logic;
signal   tc_clkcnt:  std_logic;
begin

process(clk,reset)
begin
  if(reset='0')then
  clkcnt<="0000000000000000";
  elsif(clk'event and clk='1')then
if(clkcnt=divcnt)then
clkcnt<="0000000000000000";
else
clkcnt<=clkcnt+1;
end if;
end if;
end process;
tc_clkcnt<='1'when clkcnt =divcnt else '0';
process(tc_clkcnt,reset)
begin
if(reset='0')then
clkdiv<='0';
elsif(tc_clkcnt'event and tc_clkcnt='1')then
clkdiv<=not clkdiv;
end if;
end process;
process(clkdiv,reset)
begin
if(reset='0')then
clk_int<='0';
elsif(clkdiv'event and clkdiv='1')then
clk_int<=not clk_int;
end if;
end process;
process(clkdiv,reset)
begin
if(reset='0')then
lcd_e<='0';
elsif(clkdiv'event and clkdiv ='0')then
lcd_e<=not lcd_e;
end if;
```

```
end process;
 aa:qe
  port map(address =>char_addr,data=>data_in);
lcd_rs<='1'when state =WRITERAM or state =READRAM else '0';
lcd_rw <='0' when state =CLEAR or state =RETURNCURSOR or state = SETMODE
or state = SWITCHMODE or state =SHIFT or state =SETFUNCTION
or state =SETCGRAM or state =SETDDRAM or state =WRITERAM else '1';
data<="00000001" when state =CLEAR else
"00000010" when state =RETURNCURSOR else
"000001" & cur_inc & cur_noshift when state =SETMODE else
 "00001" & open_display & open_cur & blank_cur when state =SWITCHMODE else
 "0001" & shift_display & left_shift&"00"when state =SHIFT else
 "001" & datawidth8 & twoline & font5x10 &"00"when state =SETFUNCTION else
 "01000000" when state =SETCGRAM else
 "10000000" when state =SETDDRAM and counter = 0 else
 "11000000" when state =SETDDRAM and counter /=0 else
 data_in when state = WRITERAM else "ZZZZZZZZ";
 char_addr <=conv_std_logic_vector(counter,6)
 when state=WRITERAM and counter<40 else
 conv_std_logic_vector(counter-41+8,6)
 when state=WRITERAM and counter>40 and counter<81-8 else
 conv_std_logic_vector(counter-81+8,6)
 when state =WRITERAM and counter>81-8 and counter<81 else
 "000000";
 --stateout<=state;
 process(clk_int,Reset)
begin
if(Reset ='0')then
state<=IDLE;  counter<=0;
flag<='0'; div_counter<=0;
elsif(clk_int'event and clk_int ='1')then
case state is
when IDLE =>
   if(flag='0')then
state<=SETFUNCTION;  flag<='1';
counter<=0;  div_counter<=0;
else
if(div_counter<DIVSS)then
div_counter<=0;   state<=SHIFT;
end if;
end if;
when CLEAR   =>state<=SETMODE;
when SETMODE  =>state<=WRITERAM;
when RETURNCURSOR  =>state<=WRITERAM;
when SWITCHMODE   =>state<=CLEAR;
when SHIFT       =>state<=IDLE;
when SETFUNCTION  =>state<=SWITCHMODE;
when SETCGRAM    =>state<=IDLE;
when SETDDRAM   =>state<=WRITERAM;
when READFLAG  =>state<=IDLE;
when WRITERAM =>
```

```
        if(counter =40) then
        state<=SETDDRAM;    counter<=counter +1;
        elsif(counter /= 40 and counter<81)then
        state<=WRITERAM; counter<=counter +1;
        else
        state<=SHIFT;
        end if;
        when READRAM     =>state<=IDLE;
        when others      =>state<=IDLE;
        end case;
        end if;
        end process;
        end three;
```

3. RAM显示模块

```
library ieee;
use ieee.std_logic_1164.all;
use ieee.std_logic_arith.all;
use ieee.std_logic_unsigned.all;
entity qe is
port(address : in std_logic_vector(5 downto 0);
    data    : out std_logic_vector(7 downto 0));
    end qe;
    architecture one of qe is
    function char_to_integer(indata :character)return integer is
    variable result :integer range 0 to 16#7F#;
    begin
    case indata is
    when' '=>    result :=32;        when'!'=>    result :=33;
    when'"'=>    result :=34;        when'#'=>    result :=35;
    when'$'=>    result :=36;        when'%'=>    result :=37;
    when'&'=>    result :=38;        when'''=>    result :=39;
    when'('=>    result :=40;        when')'=>    result :=41;
    when'*'=>    result :=42;        when'+'=>    result :=43;
    when','=>    result :=44;        when'-'=>    result :=45;
    when'.'=>    result :=46;        when'/'=>    result :=47;
    when'0'=>    result :=48;        when'1'=>    result :=49;
    when'2'=>    result :=50;        when'3'=>    result :=51;
    when'4'=>    result :=52;        when'5'=>    result :=53;
    when'6'=>    result :=54;        when'7'=>    result :=55;
    when'8'=>    result :=56;        when'9'=>    result :=57;
    when':'=>    result :=58;        when';'=>    result :=59;
    when'<'=>    result :=60;        when'='=>    result :=61;
    when'>'=>    result :=62;        when'?'=>    result :=63;
    when'@'=>    result :=64;        when'A'=>    result :=65;
    when'B'=>    result :=66;        when'C'=>    result :=67;
    when'D'=>    result :=68;        when'E'=>    result :=69;
    when'F'=>    result :=70;        when'G'=>    result :=71;
    when'H'=>    result :=72;        when'I'=>    result :=73;
    when'J'=>    result :=74;        when'K'=>    result :=75;
    when'L'=>    result :=76;        when'M'=>    result :=77;
```

```
when'N'=>     result :=78;        when'O'=>     result :=79;
when'P'=>     result :=80;        when'Q'=>     result :=81;
when'R'=>     result :=82;        when'S'=>     result :=83;
when'T'=>     result :=84;        when'U'=>     result :=85;
when'V'=>     result :=86;        when'W'=>     result :=87;
when'X'=>     result :=88;        when'Y'=>     result :=89;
when'Z'=>     result :=90;        when'['=>     result :=91;
when'\'=>     result :=92;        when']'=>     result :=93;
when'^'=>     result :=94;        when'_'=>     result :=95;
when'`'=>     result :=96;        when'a'=>     result :=97;
when'b'=>     result :=98;        when'c'=>     result :=99;
when'd'=>     result :=100;        when'e'=>     result :=101;
when'f'=>     result :=102;        when'g'=>     result :=103;
when'h'=>     result :=104;        when'i'=>     result :=105;
when'j'=>     result :=106;        when'k'=>     result :=107;
when'l'=>     result :=108;        when'm'=>     result :=109;
when'n'=>     result :=110;        when'o'=>     result :=111;
when'p'=>     result :=112;        when'q'=>     result :=113;
when'r'=>     result :=114;        when's'=>     result :=115;
when't'=>     result :=116;        when'u'=>     result :=117;
when'v'=>     result :=118;        when'w'=>     result :=119;
when'x'=>     result :=120;        when'y'=>     result :=121;
when'z'=>     result :=122;        when'{'=>     result :=123;
when'|'=>     result :=124;        when'}'=>     result :=125;
when'~'=>     result :=126;        when others =>result :=32;
end case;
return result;
end function;
begin
process(address)
begin
case address is
when "000000" =>data<=conv_std_logic_vector(char_to_integer(' '),8);
when "000001" =>data<=conv_std_logic_vector(char_to_integer('c'),8);
when "000010" =>data<=conv_std_logic_vector(char_to_integer('z’),8);
when "000011" =>data<=conv_std_logic_vector(char_to_integer('p'),8);
when "000100" =>data<=conv_std_logic_vector(char_to_integer('m'),8);
when "000101" =>data<=conv_std_logic_vector(char_to_integer('c’),8);
when "000110" =>data<=conv_std_logic_vector(char_to_integer('u'),8);
when "000111" =>data<=conv_std_logic_vector(char_to_integer('@'),8);
when "001000" =>data<=conv_std_logic_vector(char_to_integer('1’),8);
when "001001" =>data<=conv_std_logic_vector(char_to_integer('2'),8);
when "001010" =>data<=conv_std_logic_vector(char_to_integer('6'),8);
when "001011" =>data<=conv_std_logic_vector(char_to_integer('.'),8);
when "001100" =>data<=conv_std_logic_vector(char_to_integer('c’),8);
when "001101" =>data<=conv_std_logic_vector(char_to_integer('o'),8);
when "001110" =>data<=conv_std_logic_vector(char_to_integer('m'),8);
when "001111" =>data<=conv_std_logic_vector(char_to_integer(' '),8);
when "010000" =>data<=conv_std_logic_vector(char_to_integer(' '),8);
when "010001" =>data<=conv_std_logic_vector(char_to_integer(' '),8);
when "010010" =>data<=conv_std_logic_vector(char_to_integer('Q’),8);
```

```
    when "010011" =>data<=conv_std_logic_vector(char_to_integer('Q'),8);
    when "010100" =>data<=conv_std_logic_vector(char_to_integer(':'),8);
    when "010101" =>data<=conv_std_logic_vector(char_to_integer('7'),8);
    when "010110" =>data<=conv_std_logic_vector(char_to_integer('6'),8);
    when "010111" =>data<=conv_std_logic_vector(char_to_integer('9'),8);
    when "011000" =>data<=conv_std_logic_vector(char_to_integer('8'),8);
    when "011001" =>data<=conv_std_logic_vector(char_to_integer('7'),8);
    when "011010" =>data<=conv_std_logic_vector(char_to_integer('9'),8);
    when "011011" =>data<=conv_std_logic_vector(char_to_integer('4'),8);
    when "011100" =>data<=conv_std_logic_vector(char_to_integer('1'),8);
    when "011101" =>data<=conv_std_logic_vector(char_to_integer('6'),8);
    when others =>data<=conv_std_logic_vector(char_to_integer(' '),8);
    end case;
    end process;
    end one;
```

第7章实验6参考程序

1. uart 发送模块

```
LIBRARY IEEE;
USE IEEE.STD_LOGIC_1164.ALL;
USE IEEE.STD_LOGIC_Arith.ALL;
USE IEEE.STD_LOGIC_Unsigned.ALL;

ENTITY send IS
GENERIC(cout:Integer:=5000);                           --用于分频产生 9600Hz
PORT(
clock_48M:  IN  STD_LOGIC;
Datain:     IN  STD_LOGIC_VECTOR(7  DOWNTO 0);   --发送的一字节数据
WR:         IN  STD_LOGIC;
clkout:     OUT STD_LOGIC;
TXD,TI:     OUT STD_LOGIC                              --串行数据,发送中断
);
END;

ARCHITECTURE one OF send IS
SIGNAL Datainbuf,Datainbuf2:    STD_LOGIC_VECTOR(9 DOWNTO 0);--发送数据缓冲
SIGNAL WR_ctr,TI_r,clkout_r,txd_reg:STD_LOGIC;
SIGNAL bincnt:  STD_LOGIC_VECTOR(3  DOWNTO 0);   --发送数据计数器
SIGNAL cnt:     STD_LOGIC_VECTOR(15 DOWNTO 0);
BEGIN

TXD <=txd_reg;
TI    <=TI_r;
clkout  <=clkout_r;

    PROCESS(clock_48M)----------波特率发生进程
    BEGIN
        IF RISING_EDGE(clock_48M) THEN
            IF cnt=cout THEN
                clkout_r<='0';
```

```
            cnt<=X"0000";
         ELSE
            clkout_r<='1';
            cnt<=cnt + 1;
         END IF;
      END IF;
   END PROCESS;

   PROCESS(clock_48M)----------读数据到缓存进程
      BEGIN
      IF RISING_EDGE(clock_48M) THEN
         IF  WR='1' THEN
            Datainbuf  <='1' & Datain(7 DOWNTO 0)  & '0'
                            ;--读入数据，并把缓存组成一帧数据，10位
            WR_ctr  <='1' ;--置开始标志位
         ELSE
            IF TI_r= '0' THEN
               WR_ctr<='0';
            END IF;
         END IF;
      END IF;
   END PROCESS;

   ------------------------主程序进程
   PROCESS (clkout_r)
   BEGIN
     IF RISING_EDGE(clkout_r) THEN
        IF WR_ctr='1' OR bincnt<"1010" THEN--发送条件判断,保证发送数据完整
           IF bincnt<"1010" THEN
              CASE bincnt IS--移位输出
                 WHEN "0000"=>Datainbuf2<=Datainbuf;
                 WHEN "0001"=>Datainbuf2<='0'  & Datainbuf(9 DOWNTO 1);
                 WHEN "0010"=>Datainbuf2<="00"  & Datainbuf(9 DOWNTO 2);
                 WHEN "0011"=>Datainbuf2<="000" & Datainbuf(9 DOWNTO 3);
                 WHEN "0100"=>Datainbuf2<="0000"& Datainbuf(9 DOWNTO 4);
                 WHEN "0101"=>Datainbuf2<="00000"& Datainbuf(9 DOWNTO 5);
                 WHEN "0110"=>Datainbuf2<="000000"& Datainbuf(9 DOWNTO 6);
                 WHEN "0111"=>Datainbuf2<="0000000" & Datainbuf(9 DOWNTO 7);
                 WHEN "1000"=>Datainbuf2<="00000000"& Datainbuf(9 DOWNTO 8);
                 WHEN "1001"=>Datainbuf2<="000000000" & Datainbuf(9);
                 WHEN OTHERS=>NULL;
              END CASE;
              txd_reg  <=Datainbuf2(0);  --从最低位开始发送.
              bincnt<=bincnt + 1;        --发送数据位计数.
              TI_r<='0';
           ELSE
              bincnt<=X"0";
           END IF;
        ELSE                 --发送完毕或者处于等待状态时TXD和TI为高
           txd_reg  <='1';
           TI_r  <='1';
```

```
        END IF;
      END IF;
    END PROCESS;
END;
```

2. uart 接收模块

```
LIBRARY IEEE;
USE IEEE.STD_LOGIC_1164.ALL;
USE IEEE.STD_LOGIC_Arith.ALL;
USE IEEE.STD_LOGIC_Unsigned.ALL;

ENTITY rec IS
GENERIC(cout:Integer:=312);--时钟是48M时用于分频产生16×9600Hz的接收频率
PORT(
clk_48M:    IN  STD_LOGIC;  --系统时钟48M
RXD:        IN  STD_LOGIC;  --
clkout,RI:  OUT STD_LOGIC;  --
Dataout:    OUT STD_LOGIC_VECTOR(7 DOWNTO 0)           --并行数据输出
);
END;

ARCHITECTURE one OF rec IS
SIGNAL startF,RI_r:       STD_LOGIC;
SIGNAL uartbuff:          STD_LOGIC_VECTOR(9  DOWNTO 0);  --接收缓冲区
SIGNAL count:             STD_LOGIC_VECTOR(3  DOWNTO 0);
SIGNAL cnt:               STD_LOGIC_VECTOR(15 DOWNTO 0);
SIGNAL bit_collect:       STD_LOGIC_VECTOR(2  DOWNTO 0);  --采集数据缓存区
SIGNAL clk_equ,bit1,bit2,bit3,bit: STD_LOGIC;

BEGIN
clkout<=clk_equ;
bit1<=bit_collect(0) AND bit_collect(1);
bit2<=bit_collect(1) AND bit_collect(2);
bit3<=bit_collect(0) AND bit_collect(2);
bit <=bit1 OR bit2 OR bit3;
--一位bit数据中的三次采样,这三次采样中取两个以上相同的值作为采样结果.这样可以避免干扰

PROCESS(clk_48M)----------波特率发生进程
BEGIN
   IF RISING_EDGE(clk_48M) THEN
      IF cnt=cout THEN
         cnt<=X"0000";
         clk_equ<='1';
      ELSE
         cnt<=cnt+1;
         clk_equ<='0';
      END IF;
   END IF;
END PROCESS;

PROCESS(clk_equ)
```

```
VARIABLE count_bit:INTEGER;
BEGIN
  IF RISING_EDGE(clk_equ) THEN
     IF startF='0' THEN                    --是否处于接收状态
        IF RXD='0' THEN
           count   <="0000";               --复位计数器
           count_bit :=0;
           RI_r <='0';
           startF<='1';
        ELSE
           RI_r<='1';
        END IF;
     ELSE
        count<=count+1;                    --位接收状态加1
        IF count=X"6" THEN
           bit_collect(0)<=RXD;            --数据采集
        END IF;
        IF count=X"7" THEN
           bit_collect(1)<=RXD;            --数据采集
        END IF;
        IF count=X"8" THEN
           bit_collect(2)<=RXD;            --数据采集
           uartbuff(count_bit)<=bit;
           count_bit:=count_bit+1;                              --位计数器加1
           IF  count_bit<=1 AND uartBuff(0)='1' THEN --判断开始位是否为0
              startF<='0';                 --标志开始接收
           END IF;
           RI_r<='0';
        END IF;
        IF count_bit>9 THEN                --检测是否接收结束
           RI_r<='1';                      --中断标志为高标志转换结果
           startF<='0';
        END IF;
     END IF;
  END IF;
END PROCESS;
RI    <=  RI_r;
Dataout <= uartbuff(8 DOWNTO 1);           --取出数据位
END;
```

3. uart 测试模块

```
LIBRARY IEEE;
USE IEEE.STD_LOGIC_1164.ALL;
USE IEEE.STD_LOGIC_Arith.ALL;
USE IEEE.STD_LOGIC_Unsigned.ALL;

ENTITY uart_test IS
PORT(
clock_48M:  IN  STD_LOGIC;                  --系统时钟
key:        IN  STD_LOGIC_VECTOR(2 DOWNTO 0);            --按键输入
rdata:      IN  STD_LOGIC_VECTOR(7 DOWNTO 0);            --接收到的数据
```

```
wen:        OUT STD_LOGIC;                              --发送数据使能
sdata:      OUT STD_LOGIC_VECTOR(7 DOWNTO 0);           --要发送的数据
dig,seg:    OUT STD_LOGIC_VECTOR(7 DOWNTO 0)            --数码管段和位输出
);
END;

ARCHITECTURE one OF uart_test IS
SIGNAL sdata_r: STD_LOGIC_VECTOR(7 DOWNTO 0);
SIGNAL wen_r:  STD_LOGIC;
SIGNAL seg_r,dig_r: STD_LOGIC_VECTOR(7 DOWNTO 0);

SIGNAL count:       STD_LOGIC_VECTOR(16 DOWNTO 0);      --时钟分频计数器
SIGNAL dout1,dout2,dout3:STD_LOGIC_VECTOR(2 DOWNTO 0); --消抖寄存器
SIGNAL cnt:         STD_LOGIC_VECTOR(1 DOWNTO 0);       --数码管扫描计数器
SIGNAL disp_dat:    STD_LOGIC_VECTOR(3 DOWNTO 0);       --数码管扫描显存
SIGNAL k_debounce:  STD_LOGIC_VECTOR(2 DOWNTO 0);       --按键消抖输出
SIGNAL flag:        STD_LOGIC;
SIGNAL clk:         STD_LOGIC;                          --分频时钟
SIGNAL key_edge:    STD_LOGIC_VECTOR(2 DOWNTO 0);

BEGIN
sdata<=sdata_r;
wen<=wen_r;
seg<=seg_r;
dig<=dig_r;

PROCESS(clock_48M)
BEGIN
   IF RISING_EDGE(clock_48m) THEN
      IF count<120000 THEN
         count<=count+1;
         clk<='0';
      ELSE
         count<=B"0_0000_0000_0000_0000";
         clk<='1';
      END IF;
   END IF;
END PROCESS;
--------------------------------------------<<按键消抖部分
PROCESS (clock_48m)
BEGIN
   IF RISING_EDGE(clock_48M) THEN
      IF clk='1' THEN
         dout1<=key;
         dout2<=dout1;
         dout3<=dout2;
      END IF;
   END IF;
END PROCESS;

PROCESS (clock_48M)
```

```
BEGIN
   IF RISING_EDGE(clock_48M) THEN
      k_debounce<=dout1 OR dout2 OR dout3;             --按键消抖输出
   END IF;
END PROCESS;
key_edge<=NOT (dout1 OR dout2 OR dout3) AND k_debounce;
         -------------------------------------------<<按键消抖部分
PROCESS(clock_48M)                                     --按键 1
BEGIN
   IF RISING_EDGE(clock_48M) THEN
      IF key_edge(0)='1' THEN
         sdata_r(7 DOWNTO 4)<=sdata_r(7 DOWNTO 4)+1;
      END IF;
   END IF;
END PROCESS;

PROCESS(clock_48M)                                     --按键 2
BEGIN
   IF RISING_EDGE(clock_48M) THEN
      IF key_edge(1)='1' THEN
         sdata_r(3 DOWNTO 0)<=sdata_r(3 DOWNTO 0)+1;
      END IF;
   END IF;
END PROCESS;

PROCESS(clock_48M)                                     --按键 2
BEGIN
   IF RISING_EDGE(clock_48M) THEN
      --IF key_edge(2)='1' THEN
         IF   key_edge(2)='0' AND flag='1'   THEN
              flag   <='0';
              wen_r    <='1';
         ELSIF   key_edge(2)='1' THEN
            flag  <='1';
            wen_r <='0';
         ELSE
            wen_r <='0';
         END IF;
      --END IF;
   END IF;
END PROCESS;
PROCESS(clock_48M)
BEGIN
   IF RISING_EDGE(clock_48M) THEN
      IF clk='1' THEN
         cnt<=cnt+1;                                   --数码管扫描计数器
      END IF;
   END IF;
END PROCESS;

PROCESS(clock_48M)
```

```
BEGIN
   IF RISING_EDGE(clock_48M) THEN
      IF clk='1' THEN
         CASE(cnt)    IS---------选择扫描显数据
            WHEN "00"=>disp_dat<=sdata_r(7 DOWNTO 4);--第一个数码管
            WHEN "01"=>disp_dat<=sdata_r(3 DOWNTO 0);--第二个数码管
            WHEN "10"=>disp_dat<=rdata(7 DOWNTO 4);  --第七个数码管
            WHEN "11"=>disp_dat<=rdata(3 DOWNTO 0);  --第八个数码管
            WHEN OTHERS=>    NULL;
         END CASE;
         CASE(cnt) IS
            WHEN "00"=>  dig_r<="01111111";          --选择第一个数码管显示
            WHEN "01"=>  dig_r<="10111111";          --选择第二个数码管显示
            WHEN "10"=>  dig_r<="11111101";          --选择第七个数码管显示
            WHEN "11"=>  dig_r<="11111110";          --选择第八个数码管显示
            WHEN OTHERS=>   NULL;
         END CASE;
      END IF;
   END IF;
END PROCESS;

PROCESS(disp_dat)                                    --七段译码
BEGIN
   CASE disp_dat IS
      WHEN   X"0"=>   seg_r<=X"c0";                  --显示0
      WHEN   X"1"=>   seg_r<=X"f9";                  --显示1
      WHEN   X"2"=>   seg_r<=X"a4";                  --显示2
      WHEN   X"3"=>   seg_r<=X"b0";                  --显示3
      WHEN   X"4"=>   seg_r<=X"99";                  --显示4
      WHEN   X"5"=>   seg_r<=X"92";                  --显示5
      WHEN   X"6"=>   seg_r<=X"82";                  --显示6
      WHEN   X"7"=>   seg_r<=X"f8";                  --显示7
      WHEN   X"8"=>   seg_r<=X"80";                  --显示8
      WHEN   X"9"=>   seg_r<=X"90";                  --显示9
      WHEN   X"a"=>   seg_r<=X"88";                  --显示a
      WHEN   X"b"=>   seg_r<=X"83";                  --显示b
      WHEN   X"c"=>   seg_r<=X"c6";                  --显示c
      WHEN   X"d"=>   seg_r<=X"a1";                  --显示d
      WHEN   X"e"=>   seg_r<=X"86";                  --显示e
      WHEN   X"f"=>   seg_r<=X"8e";                  --显示f
      WHEN   OTHERS=> seg_r<=X"FF";
   END CASE;
END PROCESS;
END;
```

参 考 文 献

[1] 潘松，黄继业．EDA 技术与 VHDL．北京：清华大学出版社，2009.

[2] 杨旭，刘盾．EDA 技术基础与实践教程．北京：清华大学出版社，2010.

[3] 李桂林．数字系统设计与综合实验教程．南京：东南大学出版社，2011.

[4] 王金明．数字系统设计与 Verilog HDL．北京：电子工业出版社，2011.

[5] 陈忠平，高金定，等．EDA 技术与应用．北京：中国电力出版社，2013.

[6] 刘延飞，郭锁利，等．基于 Altera FPGA/CPLD 的电子系统设计及工程实践．北京：人民邮电出版社，2013.

[7] 张文爱，张博．EDA 技术与 FPGA 应用设计．北京：电子工业出版社，2016.

[8] 秦进平．数字电子与 EDA 技术．北京：中国电力出版社，2013.

[9] 周润景．基于 Quartus Prime 的 FPGA/CPLD 数字系统设计实例．北京：电子工业出版社，2016.

[10] 杨军，蔡光卉．基于 FPGA 的数字系统设计与实践．北京：电子工业出版社，2014.